ABHANDLUNGEN DER DEUTSCHEN AKADEMIE DER WISSENSCHAFTEN ZU BERLIN

Klasse für Mathematik und allgemeine Naturwissenschaften
Jahrgang 1954 Nr. 1

ERWIN STRESEMANN

HEMPRICH UND EHRENBERG

Reisen zweier naturforschender Freunde im Orient geschildert in ihren Briefen aus den Jahren 1819—1826

1954

AKADEMIE-VERLAG · BERLIN

Vorgelegt in der Gesamtsitzung vom 25. Februar 1954
Zum Druck genehmigt am gleichen Tage, ausgegeben am 28. Oktober 1954

Erschienen im Akademie-Verlag GmbH., Berlin W 8, Mohrenstraße 39
Veröffentlicht unter der Lizenz-Nr. 1218
des Amts für Literatur und Verlagswesen der Deutschen Demokratischen Republik
Satz und Druck: Buchdruckerei F. Mitzlaff KG., Rudolstadt/Thür. V/14/7 (252)
Bestell- und Verlagsnummer: 2001/54/I/1
Preis: DM 14,—
Printed in Germany

Übersicht

Zur Einführung

Kaum war das napoleonische Joch abgeschüttelt und der Weg nach fernen Ländern endlich wieder frei, da brach der Prinz Maximilian von Wied zu einer Forschungsreise nach Brasilien auf. Adelbert von Chamisso, der vergebens gehofft hatte ihn als Botaniker begleiten zu dürfen, nahm sogleich eine andere Gelegenheit wahr, die Welt zu sehen: Er segelte auf der russischen Brigg „Rurik" zum Stillen Ozean; und während er sich noch auf Teneriffa am Anblick einer fremdartigen Pflanzenwelt entzückte, im Oktober 1815, lichtete ein holländisches Schiff den Anker, mit Carl Reinwardt an Bord, der mehrere Jahre lang die Naturprodukte Javas und der benachbarten Inseln erforschen sollte.

Bald danach hat mancher junge Deutsche, knapp der Lehre entwachsen, gleich diesen Dreien seinen Wissensdurst in der magisch lockenden Ferne zu stillen gesucht. Nirgendwo wurde solchem Tatendrang so viel öffentliche Förderung zuteil wie in Berlin. Der Anatom Karl Asmund Rudolphi, der Botaniker Heinrich Friedrich Link, der Mineraloge Christian Samuel Weiss, vor allem aber der Zoologe Hinrich Lichtenstein waren begierig, ihr Studienmaterial rasch zu vermehren, wozu die Entsendung gut geschulter junger Naturforscher das beste Mittel zu sein schien; und da der Unterrichtsminister Karl Freiherr von Altenstein den Naturwissenschaften zugetan war und solche Bestrebungen kräftig förderte, kamen nach 1816 langwierige Expeditionen in Gang, deren Kosten der preußische Staat durch seine gelehrten Körperschaften oder auch unmittelbar übernahm.

Eine von ihnen hat seinerzeit großes Aufsehen erregt und der Wissenschaft viel eingebracht: die Orientreise der Freunde Dr. Wilhelm Hemprich und Dr. Christian Gottfried Ehrenberg. Sie zählt nicht zu den Entdeckungsfahrten, die unsere geographischen Vorstellungen um vieles bereichert haben, denn zu einem weiten Vorstoß „bis zu den Quellen des Nils" reichten die Mittel nicht, die der Staat aufwenden konnte. Gewaltig aber war der Ertrag für Zoologie und Botanik. Vor Hemprich und Ehrenberg hatte kein sammelnder und beobachtender Naturforscher je die Libysche Wüste durchzogen; als erste unter ihresgleichen wagten sie sich über Oberägypten hinaus nach Nubien, und was ihnen der französische Botaniker Labillardière 1787—1788 in Syrien, der schwedische Naturforscher Forskål 1761—1763 in Arabien, der Engländer Henry Salt 1809—1811 in Abessinien vorweggenommen hatte, wiegt nur leicht, wenn man dagegenhält, was diese gründlich geschulten deutschen Forscher dem Lande wie dem Meer dort abgewannen. Ihre Ernte will freilich nicht nur gewogen oder gezählt, sie will mit dem Maß gemessen sein, das wissenschaftlicher Leistung zukommt.

Dem Biologen ist Ehrenbergs Name geläufig als der eines Pfadfinders auf dem Felde der Mikrobiologie, dessen Streben, mit Hansteins Worten, von Jugend an darauf gerichtet war, die innerste Eigentümlichkeit der lebendigen Naturkörper im Gegensatz zur anorganischen Natur zu erkennen und möglichst bis an die Grenze des Sichtbaren zu verfolgen. Für die Protozoenkunde und die „Mikrogeologie" hat er Unvergängliches geleistet.

Mag auch sein wissenschaftliches Streben sich diesem Ziele schon vor Antritt der großen Reise zugewandt haben, so ist sie doch zu der wichtigsten Episode seines Lebens geworden, denn sie hat seine Einstellung zu den Aufgaben der Biologie endgültig geprägt.

Als EHRENBERG, geboren am 19. April 1795 in Delitzsch, sich zur Reise anschickte, stand er im 26. Lebensjahr. Er hatte im November 1818 in Berlin als Mediziner das Rigorosum bestanden und eine Dissertation „*Sylvae mycologicae Berolinenses*“ verfaßt, worin er zeigte, daß die von ihm genauer studierten Pilzarten nicht, wie damals fast allgemein geglaubt wurde, aus anderen organischen Stoffen entstünden, sondern wie die höheren Organismen aus Samen erwüchsen und sich geschlechtlich fortpflanzten, wobei immerfort ihresgleichen entstehe.

Diese mikroskopischen Untersuchungen und andere, die sogleich folgten, hatten den jungen Botaniker einflußreichen Naturforschern nahegebracht, darunter dem geistvollen C. G. NEES VON ESENBECK, Präsident der Leopoldinisch-Karolinischen Akademie der Naturforscher und Professor der Botanik in Bonn. In ihm hat EHRENBERG damals einen warmen Freund und klugen Berater gewonnen, dessen Briefe ihm auf der Reise Ansporn und Trost werden sollten. Den engsten Freundeskreis aber bildeten ihm einige hochbegabte Berliner Naturforscher seines Alters: Der Botaniker D. F. L. VON SCHLECHTENDAL, seit 1819 Kustos des Kgl. Herbariums, dessen Fachgenosse, der Weltumsegler ADELBERT VON CHAMISSO, der Botaniker und Zoologe K. W. EYSENHARDT und der Zoologe WILHELM HEMPRICH.

WILHELM (FRIEDRICH) HEMPRICH, am 24. Juni 1796 in Glatz als Sohn des dortigen Kreis- und Stadtchirurgus geboren, war von seinen Eltern zum Arzt bestimmt worden und schloß im August 1818 in Berlin sein Studium mit der Verteidigung seiner Dissertation „*De inflammationis notione*“ ab, hatte sich aber schon seit der Kindheit mit ganzer Seele der Tierkunde verschrieben, wobei seine Vorliebe den Wirbeltieren und unter diesen vor allem den Schlangen und Eidechsen galt. Das Zoologische Museum war daher sein liebster Aufenthalt und LICHTENSTEIN der Lehrer, an dessen Wohlwollen ihm besonders gelegen war. Diesem war die Neigung des jungen Mannes zu mühevollen vergleichenden Untersuchungen und seine peinliche Ordnungsliebe hochwillkommen. Solche Gaben zum Besten des Museums zu nutzen, ließ er ihn 1819 gegen eine monatliche Entschädigung von 12 Talern die „*Amphibien*“ gründlich bearbeiten und neu aufstellen und betraute ihn, während er selber von März bis November auf Reisen war, mit seiner Vertretung. Da HEMPRICH, der 1818 seinen Vater verloren hatte und nun mittellos dastand, ja obendrein noch seine Mutter erhalten mußte, mit einem so dürftigen Taschengeld schlechterdings nicht bestehen konnte, vermittelte ihm LICHTENSTEIN eine Anstellung als Lehrer der Naturwissenschaft am Kgl. Kadettenkorps. Im Frühjahr 1819 schreibt HEMPRICH diesem nach London:

„Eins habe ich gethan, von dem ich nicht weiß, ob es der Herr Professor billigen, ich habe nämlich versucht als Docent in der medicin. Facultät und zwar im Fache der vergleichenden Anatomie und Physiologie aufzutreten, was mir freilich manch Stündlein Zeit, bey meiner bekannten Schwäche in diesen Fächern, rauben wird, was mich aber nicht abhalten soll, dem Museum jede nur übrige Stunde zu weihen.“

Und in einem Brief vom 22. Juli 1819 heißt es:

„Mit meiner Arbeit über die Schlangen bin ich ziemlich vorgeschritten und werde bald anfangen können das facit zu ziehen. Ich habe jedes Individuum genau examinirt, die Schilder bey allen gezählt (und beiläufig gesagt in der Regel sehr zuverlässig gefunden), alles an den Individuen bemerkenswerte genau notirt, dann sogleich die Doubletten gesondert, in einer geführten Specialliste, sowohl die Totalsumme der *speciminum* einer *species*, als auch die Summe der davon abgehenden Doubletten, nebst den Nahmen der Geber oder Sender wo sie mir zu Gebothe standen, bemerkt. In derselben Liste habe ich zugleich mir durch Anmerkungen die Exemplare festgehalten, die entweder als Mittelformen, oder weil sie Schneidersche Originalexemplare, bemerkenswerth waren.

Diesen Sommer habe ich nicht gelesen, eben um meine Zeit zu sparen und mich zu schonen, für den Winter aber habe ich neben einem publico über die Zeugung, comparative Physiologie und *zoologia medica* angekündigt, letzteres auf Anrathen des Herrn Geheimrath RUDOLPHI, der es für gut hielt, wenn den Medizinern eine Vorlesung gebothen würde, die so *obiter* die Zoologie durchginge ohne eben eine wissenschaftlich methodische zu seyn. Wenn ich diesem noch hinzufüge, daß ich noch eine kleine Anleitung zur Physik und Naturgeschichte (freilich klein in jeder Hinsicht) für die Cadetten zu schreiben begonnen; so habe ich Ihnen Herr Professor ein Bild von allem meinem Treiben gegeben."

Das war der Freund, dem sich EHRENBERG mehr als allen andern erschloß, mit dem er Freuden und Sorgen, Geld und Wohnung treulich teilte, noch ohne zu ahnen, daß sie das Schicksal in kurzem für fünf abenteuerreiche Jahre auf Gedeih und Verderb verbinden sollte.

Die Schilderung dieser Reise, für welche die Preußische Akademie der Wissenschaften und der Preußische Staat die nach damaligen Begriffen hohe Summe von fast 23 000 Talern aufgewendet haben, ist EHRENBERG uns schuldig geblieben. Allzu groß war die für zwei berechnete Aufgabe für den allein Zurückgebliebenen, der von Natur und Veranlagung nur tiefschürfend oder gar nicht zu arbeiten vermochte. EHRENBERG ließ es dabei bewenden, 1828 den Hergang der verunglückten Expedition in die Libysche Wüste vom September bis Dezember 1820 in großer, allzu großer Ausführlichkeit zu beschreiben. Als ihm dann aber durch Mißgunst und Unverstand seiner Umgebung viele seiner ihm notwendigen Unterlagen entzogen oder verdorben worden waren, glaubte er sich berechtigt, die Aufgabe, die nach seinem Sinn befriedigend zu lösen ihm sowieso unmöglich gemacht worden war, anstatt sich in ihr zu verzehren, lieber unvollendet hinzuwerfen, um sich herandrängenden neuen, wichtigeren widmen zu können, die ihn dann ja auch später zu epochemachenden Leistungen führen sollten. — Da war zunächst das genaue Studium aus dem Bereich der Zoologie mitgebrachter Gegenstände, dann die Reise zum Altai als Begleiter ALEXANDER VON HUMBOLDTS, und schließlich die von ihm hoch über alles andere gestellten „Microscopica". Insgeheim aber hat er bis ans Ende den Gedanken an das alte Vorhaben gehegt und genährt. Der literarische Nachlaß, der nach seinem Tode dem Archiv der Preußischen Akademie der Wissenschaften übergeben wurde, enthielt, sorgsam geordnet und gebündelt, fast alle Briefe, die EHRENBERG während der Reise empfangen hatte, ferner die Tagebücher der beiden Freunde und alle wichtigen Dokumente.

An Hand dieser Unterlagen hat MAX LAUE in seiner 1895 erschienenen Biographie EHRENBERGS den Verlauf der langen Reise auf 80 Seiten bis in die Einzelheiten zu schildern vermocht. So verdienstlich sein Bemühen auch gewesen ist — die Persönlichkeit HEMPRICHS sowohl wie EHRENBERGS wird uns dabei nicht recht lebendig.

Daher habe ich mich entschlossen, die jungen Forscher, beide von edler Geistesbildung, ungewöhnlicher Kenntnis ihres Fachgebiets und universalem Wissensdrang, selber berichten zu lassen und in zeitlicher Anordnung die Briefe ihrer Freunde und Förderer einzuschalten. So erleben wir den ganzen Hergang, vom hoffnungsfrohen Beginn bis zum bitteren Ende, mit ihren Augen schauend, von ihren Gefühlen durchglüht.

Meine Hilfsmittel waren nur zum Teil jene, die LAUE benutzen konnte. Als ich mich 1952 um die Tagebücher bemühte, waren sie im Archiv der Deutschen Akademie der Wissenschaften nicht mehr zu finden; vermutlich sind sie in den Wirren des Jahres 1945 zugrunde gegangen. Dagegen konnte ich eine große Zahl von Briefen und Akten benutzen, die, einst von LICHTENSTEIN gesammelt, bisher im Archiv des Zoologischen Museums der Berliner Universität ungenutzt geruht hatten. Aus ihnen erfahren wir vielerlei Einzelheiten, ohne deren Kenntnis der Lauf der Begebenheiten nicht ganz verstanden werden konnte. Wir werden Zuschauer der tragischen Verwicklungen, in die das Freundespaar verstrickt wurde und denen zu entfliehen ihnen Pflicht und Ehre verboten. Wir teilen ihre Wonne beim Entdecken merkwürdiger Tiere und beim Erforschen ihres inneren Baues, und ihr verbissener Eifer, der Hunger, Durst und Fieber kaum gewahrt, geht auf uns über. Am Ende aber stehen wir in Ehrfurcht vor dem Denkmal, das sich in diesen Briefen die Freundschaft gesetzt hat, die Treue zweier Gefährten, die sich von Grund auf achteten, die sich liebten, weil sie im Wissen und im Wesen sich glücklich ergänzten, und die dem andern zuliebe das eigene Leben wagten.

Aus beiden Archiven haben mir insgesamt über 350 Briefe vorgelegen, unter denen mir 140 wert schienen teils im Auszug, teils ungekürzt veröffentlicht zu werden. Diejenigen, die der Deutschen Akademie der Wissenschaften gehören, sind durch einen vorgesetzten Stern (*) gekennzeichnet worden.

Außer diesen Papieren sind noch fünf Mappen (von ursprünglich sechs) auf uns gekommen, in denen EHRENBERG seine auf der Reise angefertigten Aquarelle und Skizzen, nach Tierklassen geordnet, gesammelt hat — wertvolle Zeugnisse seiner Kunstfertigkeit und Beobachtungsgabe. Ihre Zahl geht hoch in die Hunderte. Die Tagebücher dagegen müssen wohl, wie schon bemerkt, als verloren gelten, ebenso leider auch HEMPRICHS Aufzeichnungen, über welche LICHTENSTEIN 1827 bekanntgab, daß sie ungemein reiche Materialien für Zoologie und vergleichende Anatomie aus allen Tierklassen enthielten.

Mag auch die Gewichtigkeit der schmerzlichen Einbußen an urkundlichem Stoff bedeutend sein, so wird sie doch dadurch verringert, daß der größere Teil einer Reiseschilderung EHRENBERGS, geschrieben von der Hand seiner Tochter CLARA, im Familienbesitz erhalten geblieben ist. Ursprünglich bestand dieses Manuskript aus 302 fortlaufend numerierten und einigen unnumerierten Blättern. Die Blätter 1—128 sind nicht mehr auffindbar. Das noch Vorhandene bezieht sich auf die Ereignisse vom 5. Oktober 1823 bis zu EHRENBERGS Ankunft in Berlin, Frühjahr 1826 und die Folgezeit. Wie aus den 1905 veröffentlichten Lebenserinnerungen CLARA EHRENBERGS (S. 168) hervorgeht, entstand dieses Manuskript 1868 und in den folgenden Jahren in der Schweiz (Montreux, Bex), wo der greise Gelehrte, 1867 am Grauen Star operiert, die Herbstmonate zu verbringen pflegte. Dort haben Vater und Tochter „nach dem mitgenommenen Tagebuch" die afrikanische Reise ausgearbeitet. „Diese Blätter hat HERMANN [der einzige Sohn] mitsamt Vaters Nachlaß erhalten, soweit dieser nicht in dem Literaturarchiv [der Akademie der Wissenschaften] zu Berlin niedergelegt ist."

Von MAX LAUE (1895) wird dieses Manuskript (das in der Folge als „Erinnerungen" gekennzeichnet sei) nicht erwähnt. Er hat es aber augenscheinlich gekannt und neben den ungefähr gleichlautenden Tagebüchern benutzt.

Als LAUE den Reiseverlauf zu schildern hatte, stellte er sich einen anderen Leserkreis vor, als ich ihn mir erwarte. Er überging manches, was dem Naturforscher und Völkerkundler zu erfahren wichtig gewesen wäre. Darum habe ich längere Abschnitte, die sich auf Arabien und die Inseln des Roten Meeres beziehen, unter der Nr. 57 a im Wortlaut der „Erinnerungen" zwischen die „Anmerkungen zu den Briefen" eingeschaltet. Sie seien dadurch der unverdienten Obskurität entrissen.

Mein besonderer Dank gebührt dem Präsidium der Deutschen Akademie der Wissenschaften, das meine Schrift in ihre „Abhandlungen" aufnahm, und dem Archivar der Akademie Herrn LANGE, dessen Sachkenntnis mich mancher Mühe enthob. Wertvolle Förderung ist meinen Untersuchungen ferner durch eine Enkelin des großen Naturforschers, Frau Dr. med. CHARLOTTE PUTZAR-EHRENBERG (Berlin), zuteil geworden, denn ihr Interesse hat bewirkt, daß EHRENBERGS „Erinnerungen" bei ihrer Schwester in Goslar entdeckt und mir zur Verfügung gestellt wurden. Das hier zum ersten Male veröffentlichte Jugendbild EHRENBERGS ist Eigentum eines Nachkommens von C. G. EHRENBERG, des bekannten Schriftstellers OTFRIED v. HANSTEIN (Berlin), dessen Vater, der namhafte Botaniker Prof. JOHANNES HANSTEIN, die erste und gehaltvollste Biographie des großen Naturforschers verfaßt hat.

Literatur

LICHTENSTEIN, H. (1825). Tod des Dr. HEMPRICH in Afrika; Geographische Zeitung der Hertha, 1825, p. 127—131.

HEMPRICH, C. (1827). WILHELM FRIEDRICH HEMPRICH; Neuer Nekrolog der Deutschen III, 1825, p. 774—793. [Mit knapper Schilderung des Verlaufs der Reise, größtenteils nach EHRENBERGS Notizen.]

v. HUMBOLDT, A., u. A. (1827). Bericht über die naturhistorischen Reisen der Herren EHRENBERG und HEMPRICH, gelesen in der kgl. preuss. Akademie der Wissensch. am 13. November 1826; Geographische Zeitung der Hertha, 1827, p. 73—92. [Historische Übersicht der Reise, Übersicht der Resultate für Botanik, Zoologie und Physiologie, Geognosie und Oryktognosie, Länder- und Völkerkunde.]

EHRENBERG, CH. G. (1828). Reisen in Aegypten, Libyen, Nubien und Dongala. Erster Band. Erste Abtheilung. Berlin, Posen und Bromberg. 4⁰. 162 S. Mit einer Landcharte und einer Ansicht des libyschen Wüsten-Abfalls.

HANSTEIN, J. (1877). CHRISTIAN GOTTFRIED EHRENBERG. Ein Tagwerk auf dem Felde der Naturforschung des neunzehnten Jahrhunderts. Bonn. 162 S.

LAUE, M. (1895). CHRISTIAN GOTTFRIED EHRENBERG. Ein Vertreter deutscher Naturforschung im neunzehnten Jahrhundert. 1795—1876. Berlin. 287 S.

EHRENBERG, CLARA (1905). Unser Elternhaus. Ein Familienbuch. Kommissions-Verlag von Max Schildberger. Berlin.

ALSO LEG ICH DIE BLUM AUF DAS GRAB DES GESCHIEDENEN FREUNDES!
ABER DIE REDE VERSTUMMT. — FREUND! DAS VERZEIHE DEM FREUND!

(EHRENBERG, hinterlassener Entwurf)

Reihenfolge der Briefe

1. *Ehrenberg an Nees von Esenbeck

Delitzsch am 5ten Septbr. 1819

Hochwohlgeborner
Innigstverehrter Herr Präsident.

[...] Ich kehre nach Berlin zurück, kehre bald zurück. Ew. Hochwohlgeb. machen mir ja selbst Muth zu Verfolgung des Zieles, wohin ich mit allen meinen Beziehungen strebe. Mögte nur der Weg mir möglich werden, den ich als den allein bis ans Ende führenden erkenne. Anschauung des Lebendigen ist der Weg. Ein Zoolog aus dem Museum gebildet, ein Botaniker aus dem Herbarium entsprossen, ein Mineralog durch Steinpröbchen erweckt und genährt, sind, wenn sie genial erscheinen, zu betrauren, sie führen immer den Hemmschuh mit sich, welcher ihre Kraft schwächt und die Schwingen des Geistes lähmt. Nun giebt es zwar des Lebendigen noch genug bey uns, welches der Anschauung als Gegenstand dienen kann, vielleicht schon auf dem Wege von Stolpen nach Danzig, aber ich bin überzeugt, daß alles Gute aus raschem Eindruck entspringt. Wenigstens schafft so ein Tag was langes Brüten in Jahrzehnten findet. Abwechslung der Formen, schroffe Gegensätze dicht neben einander gedrängt bringen ein rasches und richtiges Urteil wenn es durch Besonnenheit geleitet wird. Ich mögte reisen. Die Idee einer Reise ist mein Ideal. Ich denke nun einmal, daß alles Heil der Menschheit aus der Naturgeschichte entspringen muß. Wäre Sand, der sonst so gute Mensch, ein Naturforscher gewesen so recht im Innersten seiner Seele, er hätte wahrlich den Kotzebue nicht ermordet, nur gemißbilligt und verdrängt. Aber auch von allem Andern ist ja Naturgeschichte die heilige Basis. — [...]

2. Hemprich an Lichtenstein

[Undatiert, Berlin etwa Februar 1820]

Theuerster Herr Professor!

[...] Schon lange (und das hat eigentlich mir ja meine jetzige Lage, die ich Ihnen danke, so behaglich gemacht) sah ich in der Ferne als das Ziel meiner Wünsche eine Reise vor mir schweben. Sie haben erst neulich mir dies Ideal so nahe gestellt, daß ich mich ganz auf dem Gipfel glaubte und daß es gewiß sehr bestimmende Gründe sein müssen, wenn ich schon jetzt daran denke, Sie bey etwas anderem um Ihr Vorwort zu bitten.

Ehrenberg reist höchstwahrscheinlich mit General Menu, wäre es wohl möglich, daß statt Ehrenberg allein, Ehrenberg und ich mit ihm reisen könnten? und wenn es möglich wäre, wäre es wohl Recht wenn ich in meiner Lage die Möglichkeit zur Wirklichkeit zu machen suchte und Sie um Ihren gütigen Beistand, den Sie mir ja gewiß nicht versagen, bäte? Erlauben Sie daß ich Ihnen mit wenigem mein *pro* und *contra* erörtere.

Das Museum, und durch Sie und das Museum die Wissenschaft gewännen um desto mehr, je mehr mit den möglichst geringsten Kosten gesammelt würde. Sie gewinnen doppelt, wenn nicht ein bloßes trockenes Sammeln, sondern nebenher ein ernstes Beachten der Natur von Seiten der Sammler stattfindet. EHRENBERG würde beides treulich thun, und ich glaube ohne Partheylichkeit für ihn behaupten zu können, mehr thun als mancher gleich gut Bewillte. Aber er ist nur Einer, er würde entweder der Masse erliegen und nichts vollkommenes in irgend etwas leisten können, oder nur ein kleines Gebiet wählen, und alles andere zurückstehen lassen müssen. Wie sehr ich also auch entschlossen war und noch bin, allein, oder in Begleitung jedes andern jetzt einer Reise halber meinen Standpunkt nicht zu verlassen; so ist doch hier der Reiz zu lockend, die Hoffnung etwas recht tüchtiges dadurch zu leisten zu sehr in mir gegründet. Der General, ein Mann der die Wissenschaft liebt, dem seine Mittel manchen Ort zugänglich machen dürften, an den der einzelne Forscher sonst nicht gelangt; Freund EHRENBERG als Gefährte — welch fruchtbringende Reisegesellschaft müßte dies sein. [...]

Was die Kosten betrifft, die dies machen würde, so würden diese, denke ich, wenn man dagegen den Gewinn veranschlagt, nicht gar bedeutend seyn, besonders weil wir, ich und EHRENBERG, wohl entbehren können und auch beide das was wir haben schon als etwas gemeinschaftliches anzusehen gewohnt sind. Wollte man nun noch in Anschlag bringen, daß auch wenn ich hier bleibe doch von Seiten des Staats etwas für meine Subsistenz gethan werden müßte, so dürfte die Mehrausgabe nur eine unbedeutende werden. Ich habe meine Rechnung auf folgende Art gestellt. Achtzig Reichsthaler hat mir Herr RÜCKER für meine kleine Naturgeschichte[1] angebothen, 120 weitere hoffe ich wenigstens für die *Synopsis serpentium*, die ich rasch und nach etwas engerem Plan noch enden würde, zu erhalten[2], hundert Reichsthaler hat ein Freund unter unsere Fahnen zu stellen sich erbothen; mit diesen dreihundert Reichsthalern ließen sich drei Viertheil der Schulden, die leider von Studium und Promotion her, neben dem was Ihre Güte mir both, auf mir lasten, decken. Es rückblieben also 100 Reichsthaler Schulden und die Sorge für eine Unterstützung an Mutter und Bruder, endlich die Equipirung. Wenn das Ministerium nun auf mich, der ich noch ein Decennium zu leben und dann das abzuvergelten oder zurückzuzahlen hoffe, einen Vorschuß von 300 Reichsthalern wagte und uns dann jedem jährlich 600 Reichsthaler aussetzen wollte, so ließe sich alles decken. Mein braver treuer EHRENBERG wollte nämlich mit mir entbehren und wir wollten von jenen 600 Reichsthalern jährlich jeder 100 Reichsthaler zurücklassen, um meine Mutter und meinen Bruder damit einigermaßen vor Noth zu sichern. Sollten wir weniger bedürfen, so könnte man wohl auf uns beiderseits rechnen, daß wir uns gern für das nächste Jahr mit weniger begnügten. Bliebe ich hier, würde alles doch auch nicht anders, früher oder später müßte, sollte ich nicht zu Grunde gehen, das Ministerium mir doch unter die Arme greifen, und mich in Stand setzen den Meinigen hilfreich zu werden; und ich hoffe für die an mich gewandte Summe so weit mehr zu nützen. Ich würde vielleicht auch der kleinen Caravane noch durch meine geringe Kenntniß in Chirurgie und Physik, die gerade EHRENBERG abgeht, nützlich und hoffe daß der General, wenn er mich kennengelernt, mich nicht gar ungern in seiner Suite sehen dürfte.

Ich ende, obgleich ich noch gar viel zu sagen hätte. Prüfen Sie für mich, Herr Professor! ich weiß ich bin ein Sprudelkopf, dessen eine Idee sich gar leicht bemeistert. Finden Sie es gut, so werden Sie helfen und fördern was Sie können, wozu sollte ich also noch bitten, wozu Ihnen versichern wie sehr dies ein neues Band zu den vielen schönen werden würde, mit denen an Sie gekettet ist

Ihr

dankbarer HEMPRICH

Meine Eil, meine Regung bitten um Verzeihung, daß sie Ihnen so schlechte Schrift in solchem Styl zu bringen wagten.

3. *Extractum Protocolli der Gesamtsitzung der Akademie der Wissenschaften vom 23. März 1820

Die Akademie beschließt, die Herren HEMPRICH und EHRENBERG, welche den General MENÜ auf seiner Reise in den Orient begleiten werden, dem Ministerio zu diesem Zweck besonders zu empfehlen, und nach Befinden und Gutachten des Geldverwendungs-Ausschusses auch erforderlichenfalls mit Geld zu unterstützen.

BUTTMANN

Der Beschluß der Akademie beruht auf einem Antrage einiger Mitglieder der phys. Classe.

Berlin den 7ten Juni 1820

4. *Allgemeine Instruction für die zu einer Reise nach dem Orient bestimmten Doct. Medicinae Herren EHRENBERG und HEMPRICH

Nachdem die Königliche Akademie der Wissenschaften beschlossen, die Doctoren HEMPRICH und EHRENBERG welche den Königlichen General Major VON MINUTOLI auf seiner Reise nach dem Orient begleiten wollen, zu diesem Zweck aus dem Fonds für wissenschaftliche Unternehmungen mit den zu ihrer Ausrüstung und zu den ersten Jahren der Reise erforderlichen Summen zu unterstützen, so sezt dieselbe hiedurch folgende Vorschriften für sie fest.

[. . .] 4) Von Alexandrien an haben sie sich dem Herrn General VON MINUTOLI anzuschließen, dessen Gesellschaft ihnen unfehlbar großen Vorschub und sehr mannichfältige Vortheile gewähren wird. Doch ist es keineswegs die Absicht der vorgesezten Behörde, daß sie durchaus von H. General abhängig seien, sondern sie sind ermächtigt, sich, falls ihre unterschiednen Zwecke die Befolgung einer und derselben Richtung oder den Aufenthalt an einem und demselben Ort weniger wünschenswerth machen sollten, auf eine Zeitlang oder auf immer von demselben zu trennen, obgleich mit festem Vertrauen erwartet wird, daß sie auf keine Weise Gelegenheit geben werden, das angenehme freundschaftliche Verhältniß dessen sich der Herr General von ihrer Seite versieht, zu stören. Es wird mit besonderem Wohlgefallen vernommen werden, wenn ihnen nach ihrer Rückkehr das Zeugniß gegeben werden kann, daß sie dem Herrn General alle Treue bewiesen haben, die Reisegefährten in so fernen Gegenden einander schuldig sind, und alle Achtung, die seinem Character und seinem Range gebührt.

5) Über die Richtung welche sie ihrer Reise geben werden, läßt sich im Voraus kein fester Plan entwerfen, indem die Jahreszeiten, die örtlichen Verhältnisse und selbst politische Ereignisse zu bedeutende Aenderungen darin herbeiführen können. Daher wird ihnen hier nur zur Pflicht gemacht, ihrem Zuge jederzeit diejenige Richtung zu geben, welche ihnen die reichste Ausbeute für naturhistorische Beobachtungen und für das Einsammeln von Seltenheiten aus diesem Fache verspricht. Man erwartet von ihrer Besonnenheit und ihrer Umsicht, daß sie sehr entlegene Gegenden, in welchen ihnen selbst und ihren gesammelten Beobachtungen der Untergang bereitet sein, mithin der ganze Zweck ihrer Sendung verloren werden könnte oder aus welchen Sammlungen von einiger Erheblichkeit heimzubringen unmöglich wäre, lieber nicht besuchen werden, auch wenn sie etwa in ethnographischer oder antiquarischer Hinsicht sehr interessant wären, sondern daß sie lieber sich nach Gegenden wenden, die wenn auch in diesen letzten Beziehungen

bereits bekannt, dennoch für Naturgeschichte noch eine ungemein reiche Ausbeute erwarten lassen. Zeigt sich daher das Vordringen nach Ober Aegypten nicht etwa unter den gegenwärtigen Umständen sehr ausführbar, so würde man es ihrer Bestimmung angemessener halten, an den Küsten des rothen Meeres den dortigen Naturerzeugnissen näher und gründlicher nachzuforschen, als bisher geschehn ist, um auf gebahnteren Wegen durch Arabien, Palästina, Klein-Asien und Griechenland diese Nachforschungen fortzusetzen. Sollten sie indessen sich veranlaßt finden, die Gelegenheit zu einer gefahrvollern Unternehmung in die innern Gegenden Afrikas zu benutzen, so muß ihnen zur Pflicht gemacht werden, daß sie ihre Sammlungen, Abbildungen, und schriftliche Notizen zuvor auf sicherem Wege nach Berlin befördern.

[. . .] 8) Besonders kann die Akademie sie nicht dringend genug auffordern, der Hauptabsicht ihrer Sendung durch oft wiederholte Erstattung wissenschaftlicher Berichte und Einsendungen ihrer Tagebücher und schriftlich verzeichneten Beobachtungen, Genüge zu leisten. Die Akademie versichert sie hiedurch, daß die öffentliche Bekanntmachung dieser Anzeichnungen ihnen allein vorbehalten bleiben soll und wird nur die allgemeinen Resultate ihrer Entdeckungen, durch welche ihr Ruf in der gelehrten Welt vorläufig vortheilhaft gegründet werden kann, zur öffentlichen Kunde gelangen lassen. Ihre Handschriften sollen ihnen daher treulich aufbewahrt und bei ihrer Rückkehr unverweigerlich zurückgegeben werden, damit sie selbst den Gebrauch davon machen, der für jene Zeit der Wissenschaft den meisten Nutzen versprechen wird.

9) Zu Bestreitung der Kosten dieser Reise hat die Königliche Akademie der Wissenschaften aus dem Fonds für wissenschaftliche Zwecke die Summe von 3500 rthlr. ausgesezt. Von dieser Summe haben sie schon vor ihrer Abreise von hier zu der Ausrüstung und dem Anfang der Reise 700 rthlr. erhalten. Der Rest von 2800 rthlr. ist bei der hiesigen Seehandlungs-Societät für sie deponirt, welche ihnen Creditbriefe bis zum Betrag der deponirten Summe auf die Reise mitgiebt, und auf welche sie bei den auswärtigen Handelshäusern ihren Bedarf an baarem Gelde entnehmen können. Die Akademie hat in der Person des Professor LICHTENSTEIN eines ihrer Mitglieder zur Leitung dieser Geldangelegenheit und zur Aufsicht über dieselbe bestimmt, und macht es den Reisenden zugleich zur Pflicht demselben bei jeder Tratte davon genaue Nachricht zu geben, damit eine Kontrolle über die bezogenen Summen und den verbliebenen Bestand geführt werden könne.

10) Die Akademie hofft, daß die von den Reisenden zu machenden Sammlungen von solcher Wichtigkeit sein werden, daß falls eine längere Fortsetzung der Reise nothwendig werden sollte, die Akademie daraus Grund hernehmen könne bei der hohen vorgesezten Behörde auf fernere Unterstützung für sie anzutragen.

5. HEMPRICH an LICHTENSTEIN

Wien den 2. July 1820 [3]

[. . .] Vor zwey Stunden erhielten wir eine Einladung des Herrn Prof. JOHN, und bey ihm erfuhren wir, daß Herr General MENU einen Brief an uns nach Berlin geschickt und daß er seinen Plan geändert habe und nicht wie früher Anfang September von Neapel aus, sondern nun gegen den 20. July von Triest aus abgehen wolle. Dies mußte uns sehr unerwartet kommen und hat unser Conzept sehr verrückt. Bey allem guten Willen werden wir, ohne der Sache und dem Zweck bedeutenden Schaden zu thun, so schnell uns nicht depechiren können. Ich wollte hier die Ophiologica soweit als ich Ihnen versprochen zu Rande bringen, während EHRENBERG Excursionen machend, Pflanzen und Insekten sammelte. Wir wollten in den drey Wochen unseres Hierseyns eine für die jetzige Zeit charakteristische Probe der Flor und Fauna der Gegend zusammen zubringen suchen, die uns bey ähnlichen Floren aus Alexandrien, Cahira etc. zum Vergleichspunkt dienen sollte. Besonders nützlich würde dies uns durch ein Eingewöhnen in die süddeutsche und subalpinische Flor geworden seyn, und von Insekten dürften wir noch manch interessantes Stück zu hoffen gehabt haben. Gegen den 20. wollten wir, nachdem wir von hier aus neben unseren Sammlungen Ihnen das aus dem Museum acquirirte übersendet hätten, nach Triest abreisen [. . .] Ende July hofften wir in Triest zu seyn, wünschten aber uns dort noch um 8—12 Tage Zeit um die Kästen, Blechbüchsen usw. zu besorgen, das Papier zu kaufen, am Ufer Schieß- und Fischereyübungen zu halten. Sollten wir diesen ganzen schönen Plan so wegwerfen? Ich habe immer den Glauben: Anfang gut, Alles gut. Wer im Beginnen eilt und das Nöthige versäumt muß es hernach bereuen. [. . .]

Man versichert uns hier, daß es schwierig, ja gefährlich sey vor August von Triest abzureisen, und daß erst im August die Schiffsgelegenheiten häufig und paßend würden. Um desto mehr sind wir neugierig zu erfahren, was Herrn General Menu bestimmt so zu eilen. Was das Reisen in Aegypten etc. betrifft, so wird uns dies hier als so wenig kostspielig angegeben, daß wir, wenn sich alles bestätigt, wohl ohne allen Zuschuß auskommen dürften. [. . .]

6. Ehrenberg an Rudolphi

Friesach am 25. July 1820

[. . .] Während unseres Aufenthaltes in Wien habe ich versucht Infusionsthiere zu conserviren und ich fürchte nicht, daß es ganz mißlinge aus fernher wenigstens die größeren senden zu können. Freylich wird man zuweilen danach suchen müssen wie nach der Beyreissischen *fibra simplicissima*, doch habe ich sie beim Suchen wiedergefunden, und gesetzt man erkennte von 10 nur 2 wieder, so wäre ja dieß auch der Mühe werth. Wir haben zu diesem Behuf eine große Menge sehr kleiner Gläser angeschafft. Eine Probe davon werden wir mit anderen unterwegs aufgegriffenen und in Triest noch zu hoffenden Sachen Ihnen von dort aus zusenden. Alle dergleichen conservirte Dinge werden auch gezeichnet und hin und wieder illuminirt, nachdem es die Menge der Gegenstände erlaubt oder nicht. Ferdinand Bauer, der bekannte Neuhollandfahrer und Zeichner der *Flora graeca*, war mir von großem Nutzen, denn ich sah bey ihm die Methode, nach welcher man unterwegs viele Naturkörper in kurzer Zeit genau copiren kann. Freylich ist Bauer ein anerkannt meisterhafter Pflanzenmahler, aber dennoch bin ich etwas kühner geworden und freue mich des kommenden Stoffes. Auf meine Frage: ob denn wirklich an heißen sandigen Stellen alles so todt sey, sagte Bauer, ach nein, da giebt es immer Spinnen Ameisen Fliegen und andere kleine Thiere auch in Menge, nur habe ich mich nicht um alles kümmern können. [. . .]

7. Hemprich an Lichtenstein

Triest den 5. August 1820

Hochgeehrter Herr Professor!

In Eil schreibe ich heute ein paar Geleitzeilchen den ersten Früchten unseres Sammelns, die freilich nur Herrn Professor Klug's Departement zu Gute kommen. Von Wien aus kamen wir nach 9½ Tagen glücklich mit einem Vetturin nach Triest, wo wir Herrn General v. Minutoli im Begriff sich zu verehlichen antrafen. Den 15ten sollten wir absegeln. Wir richteten uns auf dem Lande ¼ Stunde von Triest in einer Wohnung, die Herr Consul Brandenburg für uns zu besorgen die Güte hatte, ein und machten am ersten Tage besonders an *Orthopteren* so bedeutende Acquisitionen, daß wir während der uns offenstehenden 14 Tage etwas erkleckliches zusammenzubringen hofften. Leider aber fand sich, daß wir nicht alle in einem Schiffe segeln konnten, und wir mußten uns entschließen vorauszusegeln und heute als dem 5ten 10 Tage früher abzugehen. [. . .]

8. Hemprich an Lichtenstein

[Eingegangen in Berlin 20. November 1820]

Alexandrien, den 23. September 1820

Hochverehrter Herr Professor!

Der Esel wartet mit dem alten Scheik, der mich begleiten soll. Die Karawane von 10 Kamelen ist abgegangen. Ich sitze als Beduine gekleidet allein noch hier, um Ihnen mit ein paar Zeilen zu sagen, wie sehr ich und mein lieber Gefährte und wie oft ich an Ihre Güte gedacht habe. Leider müssen wir bis jetzt Jeremiaden singen. Wir werden, um zu oekonomisiren, wohl allein reisen müssen, da der General, unter uns gesagt, uns brauchen will um selbst wohlfeiler und doch *à la General* zu reisen. Die kurze Zeit erlaubt mir nicht etwas ausführlicheres darüber zu erzählen, ich verspare es für unsere Ankunft in Derna, wo ich über Malta Ihnen darüber eine ausführliche Note einsenden werde. [. . .]

PS. Alexandrien, den 28ten September 1820.

Noch ein Postscript. Wir sind nach einer Exkursion in die Wüste vor 5 Tagen noch einmal in die Nähe Alexandriens zurückgekehrt. Ich habe dies benutzt und bin hineingeeilt, um die kurze Zeit, die mir zu Gebothe steht, noch zu einigen Zeilen an Sie, verehrter Herr Rektor, zu verwenden. Wir haben, als der Herr General hier ankam, anfangs seinen Plan nach Cairo zu gehen getheilt, später trug er uns an, ihn lieber früher nach Derna zu begleiten und von da aus nach Cairo zu gehen. Er versicherte uns, daß abgerechnet die Ausrüstung wir wohl mit 100 Colonaten (200 fl. Convent Geld) die Reise würden machen können. Der Ort der Reise, ein Land dem Naturforscher noch ganz neu, lockte an und wir entschloßen uns und sagten ja. [. . .]

Wir haben während der 5 Tage unserer Exkursion 400 Insekten, etwa 13 Amphibien in 7 Species, wovon 3 dem Museum neu seyn werden, sieben Vögel, wovon 2 in Weingeist, und eine Zahl interessanter Pflanzen, besonders hübsche *Lichenen*, aufgefunden. [. . .] Wenn einer von uns erst einige Fertigkeit im Abbalgen hat, so werden wir weit mehr Vögel herstellen. Das Aufsuchen der Insekten lernt man täglich besser. Hier z. B. muß man sie aus der harten dürren Erde aushacken. Alles dies läßt mich für die Ausbeute unserer Exkursion gutes hoffen. Freilich greift eine solche Exkursion ungemein an. Ich bin an den Vorderarmen, den Schienbeinen und am Nacken, den Theilen die im Beduinenkleide der Sonne ausgesetzt sind, wund gebrannt, unser Gehülfe Söllner hat so große Brandblasen an den Füßen, daß er kaum gehen kann und Ehrenberg ist nicht weniger angegriffen. Das Reiten auf den Kameelen kann uns nichts nützen und ermüdet auch noch mehr. Unsere Hoffnung steht darauf, daß wir noch jung sind und uns eingewöhnen werden. [. . .]

9. Rudolphi an Lichtenstein

Berlin, 21. November 1820

Tausend Dank für die gütige Mittheilung der Einlage. Es sind sehr brave Leute, deren Offenheit, Talente und Kenntnisse alle Unterstützung verdienen. Lassen Sie alle Minen springen, und noch etzliche.

Ihr Dr. K. A. R.

10. Der Minister von Altenstein an Lichtenstein

Berlin, 29. November 1820

Ew. Wohlgeboren danke ich verbindlich für die gefällig Mittheilung der anliegend zurückerfolgenden Schreiben der Herren Doctoren Ehrenberg und Hemprich. ... Sie sind sehr interessant und es wird nun schon nötig seyn, die Reisenden, welche bereits so weit gegangen sind, kräftig zu unterstützen.

Altenstein

11. Hemprich an Lichtenstein

[Eingegangen in Berlin 16. Dez. 1820]

Im Zelte zu Dsheil el Achderieh,
3 Stunden von Alexandrien, den 1. Oktober 1820

[...] Was den Herrn General betrifft, so hat er uns bey unserer Reise, trotz vielleicht vorhandenem guten Willen, nichts genützt, viel geschadet. Wie kostbar wäre uns noch ein längerer Aufenthalt in Wien gewesen, des Herrn General Eile trieb uns vondannen. Wir kamen in Triest an, der Herr General bestimmte uns den 15. August als den Tag der Abreise. Wir richten uns zum Sammeln ein, ziehen aus der Stadt und glauben alles ganz ruhig und allmählich anschaffen zu können, sieh da, da verheiratet sich unser Herr General, nimmt das ganze Schiff allein in Beschlag und wir segeln schon den 5. ab. Aller Einkauf wird übereilt, manches Nöthige vergessen und unser Geldbeutel, weil wir nun auf unserm Schiff allein accordiren müssen, um ein bedeutendes stärker angegriffen. Wir kommen vor dem Herrn General hier an und richten uns, seinem Plan gemäß, darauf ein, ihn bey seiner Ankunft unmittelbar nach Cairo hinauf zu begleiten. Leicht hätten wir eine Audienz beym Pascha, eigenen Firman etc., wohl auch manche Begünstigung erlangen können, aber wir lehnten alles ab, weil wir mit dem General und durch ihn zu dem allen zu kommen hofften. Der Herr General kam, aber ging allein zum Pascha und überließ es dem Consul uns den Firman usw. zu verschaffen. Bald war der Reiseplan wieder geändert. Statt nämlich den Nil hinauf zu Barke nach Cairo sollte es nun zu Lande nach Derna und von da über die Nitriotis nach Cairo gehen. Die Reise, wird uns versichert, sey sehr wenig kostspielig, ein Kameel koste etwa täglich ein Piaster und alles andere im Verhältniss. Uns lockte die interessante für Naturforscher neue Gegend, durch die die Reise gehen sollte; wir kauften Beduinenkleider, Waffen, Wasserschläuche, Pulver, ließen Kisten zum Transport auf den Kameelen machen, Fäßchen mit Schraubendeckeln, um die Spirituosen unterwegs zu bewahren, nahmen einen Dragoman in Sold und verausgabten so gegen 600 Florin. Wir glaubten nun mit höchstens ebensoviel die Reise zu machen, aber bald zeigte sich, wie sehr wir uns geirrt hatten. Der Herr General nahm einen kleinen Hofstaat mit sich, bestellte 32 Kamele für sich und uns, wovon jedes für die Dauer der Reise 80 Fl. kostete, und beschloß 50 Begleiter mit sich zu führen. Wir mußten besorgen, daß, wenn dies alles, wie aus einigen Äußerungen des Herrn General zu schließen war, auf uns zu gleichen Teilen übergehen sollte, wir in unverantwortliche Ausgaben verwickelt würden, und ich legte daher dem Herrn General in einem Briefe unsere Meinung deshalb vor. In bezug auf unsere früher gegebene Zustimmung zur Reise und auf unsere Instruktion, die es uns zur Pflicht macht, so lange und so weit als möglich dem Herrn General zu folgen, entschlossen wir uns zu einem Beitrag von 1000 Fl. oder 500 Colonaten zur Reisesumme. So waren denn die 1600 Fl. oder 800 Colonaten, die wir noch disponibel hatten, erschöpft, und nur die Erlaubniß des Herrn Generals, ihm zunächst die 1000 Fl.

schuldig zu bleiben, ließ uns noch Geld in den Händen. Wir haben außerdem besonders und auf eigne Kosten eine vierzehntägige Excursion in die Wüste gemacht, die uns etwa 150 Fl. kostete und darum für uns noch besonders interessant ist, weil sie uns gezeigt hat, wie es uns gehen wird, wenn wir ganz allein mit den Arabern unsere Excursionen machen. Bey diesen Excursionen nehmen allerdings Besorgung des Essens, das Zeltaufschlagen, Waschen, Gewehrputzen u. s. w. uns unsern Gehülfen fast ganz, und auch uns kostet es viel Zeit, aber wenn man dazwischen Ruhe und Stillstandstage macht, so werden sie doch ziemlich einträglich. Ich möchte, Herr Rektor, Sie einmal in unser Zelt zaubern können. Kisten und Kasten, Lebensmittel, Pflanzenpaquete, Tonnen und Waffen liegen ringsum an seiner innern Wand, an der Thür gelagert plaudert unser Dragoman mit unserm Wächter dem alten Scheik. Soellner unser Gehülfe wäscht vor der Thüre, Ehrenberg etiquettirt auf einem Brodkasten die Spirituosa und ich, eine Tonne zum Sessel und unser Insektenmagazin zum Tisch, versuche Ihnen das Ganze zu mahlen. — Bis jetzt wenigstens ist uns das Ganze mit seinen Anstrengungen und Mühen recht gut bekommen, und mit Gottes Hülfe sagen wir Ihnen von Derna aus über Malta wieder wie sehr wir sind

Theuerster Herr Rektor

Ihr

dankbarst ergebener

Dr. Hemprich

12. Ehrenberg an Lichtenstein

[Eingegangen in Berlin 23. Jan. 1821]

Bir-el-Ghor, [etwa 26. Okt. 1820]

Hochwohlgeborener Herr Professor!

Heut erlauben Sie, daß ich die Stelle meines Freundes Hemprich vertrete und mich in einem Brieflein an Ew. Hochwohlgeboren ausspreche. Wir sind seit 4 Wochen in der Wüste, seit 14 Tagen in Gesellschaft des Herrn Generals, jetzt an der Grenze von Egypten und den Raubstaaten. Es ist jetzt keine Zeit für uns etwas ausführliches über die bisherigen Resultate der Reise Ihnen vorzulegen, nur wünschten wir recht sehr von der uns begleitenden Beduinenhorde, welche man füglich auch Räuberhorde nennen kann, weniger im Aufbewahren der Naturalien gestört zu werden. Die lybische Wüste ist nichts weniger als eine Wüste in Betracht der Naturforschung. Bey Berlin ist es sandiger und auf dem Sande steriler als hier, aber was hilft uns unser mühsames Zusammentragen der Gegenstände, wenn die Bosheit der nichtswürdigen Begleiter durch absichtliches oder doch einsichtsloses Umwerfen unserer Kisten in einem Moment zerstört oder verdirbt, was wir mit tagelanger Mühe gesichert zu haben meynten. Besonders unglücklich waren wir in dieser Hinsicht mit den Vogelbälgen und welchen! Wenn Sie wüßten, daß wir uns vom Fleische der *Otis houbara* nähren, die unsere Begleiter mit Falken täglich viele fangen. Ein schön ausgebalgtes Exemplar liegt noch wohlerhalten in der Kiste, wäre es nur schon in Herrn Rammelsbergs Händen! Das Verderben der Thierbälge geschieht besonders durch Druck, wodurch die Federn verschoben und gesträubt werden. Die leidige Erfahrung gibt uns freylich nach und nach Schutzmittel ein, und wir verzweifeln deshalb nicht am möglichen Einsenden der Wüstenvögel, von denen zwar die meisten europäisch sind, aber doch einige afrikanisch. Die Insecten halten sich am besten bey unserer Methode, und Herr Prof. Klug, dem Sie uns bestens empfehlen möchten, wird gewiß hin und wieder eine Freude haben. [. . .] Pflanzen sind außer Salzpflanzen in der jetzigen dürren Herbstzeit dürftig. *Cryptogamen* hinreichend. Alle Pflanzen frutificiren und auf jeder *Frutex* finden sich doch gegen 3—5 oft eigene *Cryptogamen.* Steine haben wir überall geschlagen, besonders interessant ist, daß der auf dem Sandstein gelagerte Thonstein dieselben *Helices* versteinert enthält, welche noch jetzt in Unzahl an den Sträuchern hängen. Physikalische Beobachtungen fehlen auch nicht, obwohl uns nichts besonders Auffallendes vorgekommen ist, was nicht schon von früheren Reisenden bemerkt worden wäre. Doch beschäftigt uns die möglichst genaue Erforschung der Bedingungen auch dieser. Rücksichtlich der Spirituosen thun wir das Mögliche, um Herrn Geheimrat Rudolphi Materialien einzutragen, und so viele Mühe uns auch schon durch den Trotz und die Bosheit der sich als Herren gerirenden Araber daraus entstanden ist, so haben wir bis jetzt doch noch eine gute Zahl erhalten. *Dipus*-Arten und die Amphibien erfreuen Hemprich.

Wir reisten, laut unseres eingelieferten Berichtes, in Gesellschaft des Herrn Generals ab, um nach Derna und in die umliegende Gegend zu gehen, von dort über die Jupiter Ammons Oase nach Cairo zurückzukehren. Wir hätten so die Hinreise im Herbst durch den Küstentheil der lybischen Wüste gemacht und dessen botanischen Character kennen gelernt, welcher gewöhnlich in andern Jahreszeiten ist aufgefaßt worden, dabey aus allen übrigen Zweigen der Naturgeschichte etwas gesammelt. Wir hätten in Derna die Regenzeit gefunden, mit ihr den Frühling. Wir wären im Frühjahr auf der Rückreise gewesen an Puncten, wo alle Reisende, die wir sprachen, Üppigkeit der Vegetation gefunden haben, und diese ist es ja, welche als Basis dient für zoologischen Reichthum. Jetzt ist unser Reiseplan mitten in der Wüste geändert worden. Durch das Zögern der Araber, die versprachen in 18 Tagen uns nach Derna zu führen, uns aber schon einige 20 Tage in der Wüste herumführen und erst in 2—3 Tagen den Punct der Grenze erlangen lassen, wo wir die Antwort des Pascha von Derna abzuwarten haben, welche uns erlauben soll sein Gebieth zu betreten, ist der Herr General bestimmt worden aus Mangel an Zeit vom Plan nach Derna abzulassen und nach Augila und Siwa zu reisen. Bisher sind wir, der Instruction folgend, den Plänen des Herrn Generals beygetreten, jetzt aber tritt die Nothwendigkeit ein, von der uns überlassenen Freyheit Gebrauch zu machen nach bestem Erwägen der Umstände uns von dem Herrn General zu trennen. Die ganze bedeutende Summe, welche wir an diese Reise gesetzt haben, wäre verloren, wollten wir im Herbst mit durch die Gegenden ziehen, welche im Frühjahr reichen Stoff für unsere Zwecke biethen. Freylich tritt auch die Nothwendigkeit ein, den Contract rücksichtlich der Kameele, welcher der Verzögerung halber eher zu Ende geht, als unsere Reise geschlossen seyn kann, späterhin zu erneuern und so zu der schon ausgesetzten Summe noch eine neue hinzuzusetzen. Wir selber haben keine Wahl und hoffen auf Ersatz in Naturalien. Zudem wollen die Herren Liman und Dr. Scholtz ebenfalls die Reise weiter fortsetzen. Wir verbinden uns mit ihnen und müssen das übrige dem Glück und dem Himmel überlassen.

Gern möchte ich Ihnen noch mehr und noch ausführlicher über das einzelne schreiben, aber die Uhr ist abgelaufen, die Araber fangen an die Kameele zu packen, und wir müssen *nolenter volenter* ihren Befehlen gehorchen, die sie als Wüstentyrannen aussprechen. Gewöhnlich reisen wir von Sonnenaufgang bis Sonnenuntergang, und wenn einmal eher Halt gemacht wird, so gibt es geschoßene Vögel auszubalgen, Insecten mühsam unter Steinen hervorzusuchen. Zum Zeichnen giebts bis jetzt keine Zeit. Wir hoffen auf Derna wie auf ein Paradies. [. . .]

Ew. Hochwohlgeboren ganz ergebenster

Dr. Ehrenberg

13. *LICHTENSTEIN an HEMPRICH und EHRENBERG
[Eingegangen in Cairo etwa 25. Mai 1821]

Berlin am 25. Februar 1821

Lange habe ich Sie diesmal auf Nachricht von mir warten lassen, meine sehr werthgeschätzten Herrn und Freunde, doch rechne ich darauf, daß Sie nicht lange vor Ankunft dieses Briefes von Ihrer Reise nach Cairo zurückgekehrt sein werden und meine Nachrichten sind dann, wenn Sie zu Ihnen kommen, noch um so frischer. Die Hauptursach dieser Zögerung ist, wie Sie wohl denken können, das liebe Geld gewesen. Freilich hat uns die Nachricht, daß die mitgenommene Baarschaft nur auf eine so kurze Zeit ausreichen werde, Anfangs etwas überrascht, aber Sie haben es vortrefflich gemacht, daß Sie in ihrem Bericht über diesen Punct so ausführlich gewesen sind, daß man die Nothwendigkeit eines Nachschusses daraus einsehen mußte. Nichts destoweniger war schwer auszumitteln, wo das Geld hergenommen werden solle. Die Fonds der Akademie waren erschöpft und kein Titel der Ausgaben in dem Etat des Ministeriums zu finden, auf den man eine neue Geldverwendung für Sie hätte setzen können. Ich hatte in Verbindung mit den Herrn LINK und RUDOLPHI unter abschriftlicher Beifügung Ihrer Berichte das Ministerium um eine außerordentliche Unterstützung gebeten u. zugleich hinzugefügt, daß Beschleunigung der Absendung sehr nothwendig sei. Dennoch wären wir selbst jetzt wohl noch nicht im Stande gewesen, Ihnen die gewünschte Hülfe zu schicken, wenn nicht der Ausweg gefunden wäre, das Geld als Vorschuß auf den schwachen Etat unsers armen Museums zu nehmen. Genug, es sind endlich 1200 Rth. angewiesen und am 13. d. M. von mir erhoben worden. Ich habe davon erst die Forderungen, welche Prof. KLUG, EISENHARDT und RAMMELSBERG noch zu machen hatten, befriedigt und gleich selbigen Tages einen Wechsel zum Betrag von 1580 Fl. an den Herrn Consul BRANDENBURG nach Triest geschickt. Hoffentlich kommt die Summe, welche der Herr Consul dafür gekauft u. nach Aegypten übersandt hat, Ihnen zugleich mit diesem Schreiben zu Händen. Es wäre schön, wenn Sie damit wenigstens so lange ausreichen könnten, bis Ihre nächste Sendung in unsern Händen ist, deren Werth ich Ihnen dann in baarem Gelde wieder zu verschaffen suchen würde. Nur müßten Sie freilich in dem begleitenden Bericht Ihr Bedürfniß wieder möglichst genau darstellen und Ihr Gesuch um neue Unterstützung motiviren, auch wohl eine kleine Berechnung über die bisherigen Ausgaben, wenn gleich vorläufig ohne Beläge, beifügen.

Ihr Entschluß, mit dem Herrn General gleich zuerst nach Derna zu reisen, hatte sich einer anfänglichen allgemeinen Billigung zu erfreuen, und in der That konnte keine Richtung eine in jeder Hinsicht reichere Ausbeute versprechen als die, nach der berühmten Cyrenaica, deren üppige Fruchtbarkeit und deren herrliche Denkmäler einer glänzenden Vorzeit noch von keinem Reisenden untersucht, ja kaum erst wieder gefunden sind. Als indessen Ihr letzter Bericht vom 28st. Oct. einlief und wir daraus die Rückkehr des Herrn Generals erfuhren und daß Sie in Gesellschaft der Herrn SCHOLTZ und LIMAN allein weiter reisen würden, als aus diesem Bericht vollends die Unzuverlässigkeit Ihrer Escorte hervorleuchtete, da sind mancherlei Besorgnisse über das Wagliche Ihrer Unternehmung rege gemacht worden und einige Mitglieder der Akademie, denen die Reisebeschreibung von DELLA CELLA in frischem Andenken war, meinten geradezu, man müsse an aller Möglichkeit, daß Sie sich aus den Gefahren, denen Sie zwischen diesen Räuberhorden ausgesetzt wären, herauswickelten verzweifeln und müsse nur gleich Vermittelung der englischen Regierung nachsuchen um durch den Consul in Tripolis Ihnen womöglich noch zu Hülfe zu kommen, denn dass Sie mit Verlust Ihrer ganzen Habe zu Sklaven gemacht worden, sei noch das Geringste, was man zu fürchten habe. Wir Andern haben indessen guten Muth und vertrauen Ihrer Behutsamkeit, daß Sie sich in Alexandrien über die Schwierigkeiten eines solchen Unternehmens hinreichend werden belehrt u. zu ihrer Überwindung gerüstet haben. [. . .]

In herzlicher Liebe und Freundschaft

Ihr H. LICHTENSTEIN

14. Der Minister VON ALTENSTEIN an RUDOLPHI

Berlin den 3. April 1821

Ew. Wohlgeboren danke ich für die gefällige Mittheilung des anliegend zurückerfolgenden sehr interessanten Briefes unserer Naturforscher in Egypten. Ich pflichte Ihrer Ansicht über den regen Eifer dieser jungen Gelehrten und die wichtigen Resultate ihrer Reise für die Naturwissenschaft, ungeachtet der verunglückten Expedition nach der Wüste, ganz bey und werde mit Vergnügen für das Unternehmen ferner thun was nur immer die Umstände gestatten. Nach einer Äußerung des Herrn Professor LICHTENSTEIN sehe ich einem besonderen Antrag wegen der ferneren Unterstützung der Reisenden entgegen und werde, sobald ich solchen erhalte, das Erforderliche veranlassen.

Ich erneuere Ew. Wohlgeboren die Versicherung meiner aufrichtigsten Hochachtung.

ALTENSTEIN

[Randbemerkung von RUDOLPHI]

Magnifico Lichtensteinio s. p. Legas et agas! Frische Eyer sind gute Eyer.

15. HEMPRICH an LICHTENSTEIN

[Eingegangen in Berlin 26. April 1821]

Alexandrien 23. Dezember 1820

Innigst verehrter Herr Rektor!

Während Sie glauben daß wir, schon ganz einheimisch in Egypten, ruhig sammeln und beobachten, liegen wir von einem Unglück nach dem andern betroffen hier in der sündenreichen aber geldarmen Stadt, umgeben von Pest und Unheil, am Grabe eines Gefährten, am Krankenbett unsers treuen Bedienten, neben unserm leeren Geldsack. Ich möchte scherzen und kann es nicht, es hat uns in diesen Tagen zu ernstlich mitgespielt, und die Gefahr ist noch zu wenig vorüber. Hören Sie, Herr Rektor, im Kurzen die Geschichte unseres Unglücks. — . . . Diese Reise schien sehr gut eingeleitet, aber sie schien es auch nur, der Herr General glaubte Herrn DROVETTI getäuscht zu haben und war selbst, irr ich nicht ganz, das Spiel von Herrn DROVETTI, der ihn diese Reise unternehmen ließ, um ihn einen Theil seines Geldes und die Lust in der Wüste Ruinen zu suchen verliehren zu lassen.

[Folgt Beschreibung der Reise bis zur Trennung vom General.]

Wir zogen nun allein einige Tagereisen weiter bis an die Gränze der Barbarey, natürlich mit dem Nachtheil, jetzt neben uns noch 3 Personen und ihr Gepäck in unserm Zelt zu haben und unsern Domestiken zum Ausstopfen usw. fast gar nicht brauchen zu können, weil die Küche und dergleichen Dienste ihn jetzt ganz forderten. Hier machten wir Halt, um die Antwort von Derna aus zu erwarten, weil uns die Araber abriethen, ohne erhaltene Erlaubniß und Geleitschaft von jenseits, über die Gränze zu gehen. Nachdem wir hier, dreimal das Lager wechselnd um vor räuberischen Anfällen sicher zu seyn, noch an 3 Wochen gelegen hatten, kam einer unserer Bothen, der doch nicht selbst in Derna gewesen war, sondern auf die Zurückkunft seines Gefährten, der dorthin gegangen war, in einem Araberlager drey Tagereisen von Derna gewartet hatte, zurück mit der Nachricht, daß der Bey von Derna, erschreckt von Kriegesgerüchten und der Sage, daß wir nur Spione wären, denen eine Armee des Pascha zur Unterjochung dieser Provinz folge, nicht gewagt habe allein die Erlaubniß zu unserem Eintritt zu geben und deshalb erst nach Tripolis berichtet habe, von wo die Antwort erst in 50—60 Tagen eintreffen könne.' Dies, das unruhige Benehmen unserer Araber und derer einer benachbarten Tribus, der Mangel an Zeit [. . .] und endlich der Mangel an baarem Gelde (weil Niemand, außer uns, dessen etwas mit sich genommen hatte) und die Ungewißheit, ob wir auf den Creditbrief in Bengasi etwas erhalten würden, endlich die Mängel unseres Zeltes und die für die rauhe Winterwitterung nicht hinreichende Bekleidung der meisten von uns, alles dies zusammengenommen gab Gründe genug her, um den Gedanken an das Cyrenaicum für diesmal aufzugeben. Es ward, nach vielem Abwägen der Gründe und Gegengründe beschlossen über Siwa nach Cairo zu gehen. Bis hierher waren wir in einer Gegend, die man nur uneigentlich Wüste nennen kann, da uns Wasser und Holz nie ganz mangelte, in kleinen höchstens 10 Stunden dauernden Märschen fortgerückt, jetzt war es uns bestimmt die Beschwerlichkeiten einer Wüstenreise erst kennen zu lernen. Wir marschierten in Eilmärschen von Morgens 5 Uhr bis Nachts 3 Uhr vier Tage durch eine Wasser- und Pflanzenarme Gegend und kamen am 5ten gegen Mittag in dem erwünschten S i w a an. Die ersten Strauße sah ich hier in der Ferne, Hyänenspuren fehlten nicht, und die wunderliche Bildung der Schlucht, die in das Tal von Siwa führt, entschädigte uns eine Zeitlang für unsere Mühseeligkeiten. Leider traf uns in Siwa neues Unglück. Der General, der vor uns hier gewesen war, schon als Christ nicht willkommen, hatte durch Anfertigung von Zeichnungen und durch einige Unruhen, die sich ein paar Araber seines Gefolges hatten zu Schulden kommen lassen, allgemeine Erbitterung gegen sich erregt, und sich endlich, wie man uns in Siwa erzählte, um Thätlichkeiten auszuweichen, in der Stille davon gemacht. Der Gouverneur, an den unsere Empfehlungen lauteten, war eben mit dem Datteltribut nach Cairo gezogen, und die Imams, die nun das Regiment führten, ließen uns daher, als wir uns mit Vorzeigung des Firmans durch unsern Dragoman anmelden ließen, sagen: sie wollten keine Christen bey sich, und wenn Christen zu ihnen kommen und zeichnen wollten, so möchten sie Soldaten mitbringen (wie Herr Drovetti, der mit den Truppen des Bascha dort war), wollten wir jedoch ruhig in und bey unserem Zelte bleiben und Datteln essen, so wollten sie uns erlauben uns einige Tage bey ihnen aufzuhalten. Hier in Siwa fiel die letzte Hoffnung unserer Gefährten, und auch uns ward wieder ein Theil unserer Erwartungen vernichtet. Wir hofften hier in Siwa auf einem für Naturforscher noch unbekannten Boden durch ein vierzehntägiges Sammeln einigermaßen zu ersetzen, was uns die so kostspielige Reise geraubt hatte. Ein Fäßchen mit Spirituosen hatte uns die Bosheit der Kameele und der Araber schon geraubt, unsere Kisten, die oft an einem Tage 2—3 mal abgeworfen wurden, waren halb zertrümmert, was wir mit Mühe oft in der Nacht, ermüdet vom Tagmarsch uns nicht Ruhe gönnend, zusammengetragen hatten, war wenigstens zur Hälfte vernichtet, jeden Tag zerbrach etwas, ward etwas verderbt. Wir weilten erbittert und mißvergnügt wenige Tage in dem unfreundlichen Siwa und zogen dann durch die Wüste gen Cairo von dannen. Nach 3 Tagen Marsch kamen wir nach D y r a s a , einer anderen benachbarten Oase, wo wir einen Tag ausruheten, von hier in abermals 3 Tagen nach B i r H a j e , wo wir ein Wasser, das schon ein wenig salzig war, fanden. Hier erkrankte uns Liman, und seinetwegen machten wir hier einen Tag Halt. Am anderen Morgen schien er wohler zu seyn und wir marschierten weiter, am Abend verschlimmerte sich sein Zustand und auch unser Bedienter erkrankte, so daß wir am folgenden Tage beyde auf die Kameele binden mußten. Nach zwey sehr beschwerlichen Tagen erreichten wir Bir Lebuk, einen Brunnen dessen Wasser leider so schlecht war, daß es selbst die schon 2 Tage durstenden Pferde verschmähten und das mir, der ich zur Probe mich davon zu trinken zwang, wie es auch die Araber vorhersagten, alsbald Durchfall machte. Wir hatten nur noch einen Schlauch leidlichen Wassers von Bir Haje, es blieb also nichts übrig als vorwärts zu eilen, jenes Wasser gekocht den Kranken aufzusparen und uns das Wasser soviel möglich abzudarben. Der Gerstentrank, jenes alte hippokratische Mittel, und etwas Doversches Pulver war das Einzige was aus unsrer armen Apotheke für unsere Kranken passen wollte. Von hier marschierten wir nun noch 3 Tage bis Bir Hamam, einem Ort mit mehreren Brunnen guten Wassers. Zum Glück war es in diesen Tagen kühl, sonst möchten wir kaum ohne trinkbares Wasser so lange ausgehalten haben, zum Glück fanden wir jeden Tag Holz und konnten so das schlechte Wasser in Form einer Mehlsuppe etwas genießbarer machen. In Hamam warteten wir den Kranken zu Liebe einen Tag, wurden aber den zweyten Tag Morgens durch ein fürchterliches Regenwetter im Zelt so durchnäßt, daß wir, da wenn uns ein zweyter solcher Regenguß überfallen hätte, wir nicht hätten weitermarschieren können, weil die Kameele im schlüpfrigen Boden ausgleiten und fallen, wir alsbald aufbrechen und eilig gegen Alexandrien vorrücken mußten. Erst wollten die Araber in dem Kothe nicht laden, aber wie gewöhnlich half Lärmen und Schreyen. Wir rückten diesen Abend bis 5 Stunden von Alexandrien vor, und des andern Tages gegen Abend kamen wir alle sehr ermattet in Alexandrien selbst an. Wir schlugen unser Zelt zwischen dem katholischen und griechischen Kloster auf. LIMAN ward von dem Preussischen Consul Herrn BUCCIANTI aufgenommen, und wir verlebten noch eine böse Nacht und einen bösen Tag, weil unser Zelt auf uns und unsern armen Kranken den Regen in Strömen herabgoß. Wir konnten in dieser Lage nicht bleiben, und da kein anderes Lokal vorhanden war, sahen wir uns genöthigt uns in einen Saal des Hospitals, den uns die Güte des Herrn Consul v. CAVACCO und des Herrn Dr. MORPURGO einräumte, zu flüchten. Das Hospital, im Viereck gebaut, hat zwey Theile, die durch eine Scheidewand getrennt sind, der Hof ist den Pestkranken gewidmet. [...] Den 12ten Tag erschreckte uns schon am frühen Morgen die Nachricht, daß LIMAN plötzlich sehr schlecht geworden sey, und leider sah ihn EHRENBERG gegen 11 Uhr, als ich mich eben, um die in Eil nicht verschlossenen Koffer zu schließen, nach Hause begeben hatte, verscheiden. Nachmittag um 3½ Uhr geleiteten wir ihn zu seiner Grabstätte auf dem griechischen Kirchhof, wo der eigenthümlich nachlässige plärrende Gottesdienst der Griechen und eine kunstlose Rede eines schwachköpfigen Schweitzers TSCHUDI mit Nahmen, der als Emissair einer Londoner Gesellschaft hier um Juden zu bekehren sein Wesen treibt, dem armen Verblichenen die letzte Ehre anthaten [...]

Gestern erhielten wir einen Brief von Herrn General, der natürlich die Rechnung über das, was er für uns und unsere Gefährten ausgelegt hat, und die Bitte das ganze einzukassieren und ihm bis spätestens zum 1. März zu übermachen enthält. Er hat es so geschickt auszurechnen gewußt, daß wir außer jenen 300 Col. noch etwa 250 an ihn zu zahlen haben, wir ersahen aber zugleich aus der Art wie er Herrn Dr. SCHOLZ und Herrn LIMAN Kost und Transportkameele für Viktualien berechnete, daß wir durch unsere Specirung uns wenigstens 200 Col. erspart haben. Er rechnet z. B. Herrn LIMAN, der außer einem Mantelsack, der keine halbe Kameelladung betrug, gar kein Gepäck hatte, 5 Kameele an, da für uns vier drey Kameele den gesammten Mundvorrath sammt Wasser trugen. Hätten wir ihm die Besorgung überlassen, so wären nach diesem Maaßstabe statt 10, 16 Kameele auf unsern Antheil gekommen. [...] Kurz die Sache ist so, wie wir sie uns dachten. Herr General v. MINUTOLI, zu stolz für sich vom Ministerium oder einer andern Staatsbehörde eine Unterstützung zu der Reise anzunehmen, zu karg aber alles aus eigenen Mitteln zu bestreiten, glaubte, indem er sich eine Zahl Männer, die ihre eigenen Fonds von Seiten der Akademie und des Ministeriums hätten, sich beigeben ließe, von den jenen verstatteten Vortheilen mit zu gewinnen, ohne doch selbst irgend Jemand Dank dafür schuldig zu sein. [...]

Wir gedenken, sobald wir Geld in Händen haben, von hier aus auf dem Kameel bis Bulak zu gehen und dort die erste Station zu machen, die nun nach Maaßgabe der Ausbeute einen oder zwey Monate dauern würde. — Die zweyte Station würde Benisouef, die dritte Siout, die vierte Esneh, die fünfte Ibrim seyn. Von Ibrim würden wir dann, falls es möglich, mit möglichst geringem Gepäck zu Lande nach Dongola gehen. Das mehr oder weniger gelingen dieser Exkursion würde dann bestimmen, ob man noch länger in Ibrim stationire und etwa noch eine Excursion gen das Rothe Meer zu Lande, etwa nach Souachim, oder gen Darfur hin, wage. Jede dieser Excursionen müßte unstreitig gleichsam eine neue Welt aufschließen, und es ist gar nicht unwahrscheinlich, daß sie möglich seyn werden, weil jetzt die in jener Gegend befindlichen Armeen des Pascha die Gegend weit sicherer machen und die Communication erleichtern. [...]

Entschuldigen Sie unser langes Schreiben, das leider in meine, des schlecht schreibenden Hände gekommen ist. Wolle der Himmel bald das Schiff von Triest herbeyführen! Wolle er uns bald unter dem freundlichen Himmel Oberegyptens fern von Pest und Regen vorrücken lassen! Wolle er mit den Wünschen und Hoffnungen, die dieser Brief ausspricht, und mit den Bemühungen, die Sie sich unserthalb machen werden, seyn! Ich zeichne mich wie immer in der innigsten Verehrung als

Ew. Hochwohlgeboren
dankbarst ergebenen
Dr. W. HEMPRICH

16. HEMPRICH an LICHTENSTEIN
[Eingegangen in Berlin 22. April 1821]

Alexandrien den 15. Januar 1821

Innigst verehrter Herr Rektor!

Noch einmal schreibe ich Ihnen, hoffentlich das letzte Mal, aus der Stadt Alexanders, um unserer zweyten Sendung ein paar Begleitzeilen mitzugeben. ...

Mit nächstem Schiffe übermachen wir denBericht nebst ein paar hundert Zeichnungen, alle von Freund EHRENBERG, weil die meinen noch zu schülerhaft aussehen. — Die Pflanzen, Hölzer, Saamen kommen mit nächster Sendung, die hoffentlich 6—8 Collis stark seyn wird und Ende März abgehen dürfte. Mit unseren Bestimmungen müssen Sie es, Herr Rektor, nicht so genau nehmen, oft mag wohl, was wir kühn neue Species nannten, schon bekannt seyn, die Nahmen die wir gaben, sollten uns nur zur Bezeichnung dienen, wir wissen zu genau, daß Sie auch das dem Museum unnütze erst nach genauer Bestimmung und Aufzeichnung wegschaffen, als daß wir Sie erst wegen des geographischen Interesses, den es für uns hat, darum bitten sollten, die wahren Nahmen der Sachen erst aufzumerken, ehe Sie sich deren entäußern. Bey der Bestimmung der Conchylien, unter denen uns doch einiges Gute, unter vielem Wust, zu seyn scheint, wird ihre Güte wohl Herrn KRUSE unterstützen. Auch unsere kleinen Gläschen wagen wir Ihnen besonders ans Herz zu legen, weil sie für uns sehr interessante Dinge enthalten und ohne Ihre gütige Vermittlung nicht leicht guten Platz finden dürften. Unsere Bälge sind schlecht, aber die nächsten werden besser seyn. Dies waren nun einmal ein paar verlohrene Monate. Wir könnens trotz allem unserm Ärger nicht ändern. [. . .]

Voll guter Augurien für unsere Reise, die übermorgen von hier nach Cairo fortgehen soll, und voll guter Erwartungen der Nachrichten von Berlin aus nenne ich mich in tiefster Ehrfurcht

Ew. Hochwohlgeboren
dankbarst ergebenen
Dr. W. Hemprich

Den 17. Januar 1821

Welch ein Land! Wieviel Geduld muß man haben, ehe man nur aus der Stadt kommt. Heut fanden wir wieder keine Kameele, um unsere Sachen nach dem Kanale $\frac{1}{4}$ Stunde von unserer Behausung zu bringen, weil der Pascha, dem sie alle gehören, sie auf die Weide geschickt hat[4]). Was bleibt uns übrig, als, um nicht noch ein paar Tage zu warten, Esel und für die schweren Sachen Träger zu nehmen und 7 Thaler auszugeben, wo wir 2 rechneten. Außer der Stadt kann man wenigstens, wenn man verzögert wird, jeden Augenblick nutzen und hat die Pest, die hier noch immer mordet, nicht so zu fürchten. Heut haben wir zwei Fledermäuse, eine neu aus dem Genus *Vespertilio*, von der sie doch durch Zahnzahl abweicht, am Bauche schön gelb, und eine *Nycteris thebaica* gefangen. Außerdem eine Zahl hübscher Pflänzchen, unter denen viele neu und übersehen. Wir freuen uns auf den Nil, an dem hoffentlich unsere Aerndte erst angeht, und auf das Rothe Meer, wo wir alle Hände voll zu thun haben werden, und empfehlen uns Ihnen und der Akademie, heut wie vorgestern guthen Muths und gesund.

Cairo den 4. Februar 1821

Endlich sind wir vorgestern hier angekommen. Wir hatten in Alexandrien, nachdem endlich der Kanal geöffnet worden war und größere Fahrzeuge ankamen, ein sogenanntes Maasch zur Hälfte gemiethet und dafür 300 Piaster accordirt. Wir fuhren zwar ziemlich langsam, doch alle Tage fortrückend bis hinter Terane, wo ich dann, um für uns die Wohnung zu besorgen, ausstieg und auf einem Esel vollends nach Cairo hineinritt. Ich miethete für uns ein Häuschen in Bulak, dem Hafen Cahiras, was ich, so schlecht es auch war, mit 8 Colon. monatlich bezahlen mußte. [. . .] Da es nun dringend nöthig ist, daß wir uns vor dem Abgange von hier noch mit einem Zelt, Strickgeflechten, um unsere Kisten auf Kameele zu laden, einem Anzuge auf türkische Manier (weil wir uns nicht erst einen europäischen, kostspieligen schaffen wollen, und weder im Matrosenkleide noch im Beduinengewande, die beyde für Exkursionen sehr bequem sind, unsere Visiten bey den Kaschefs etc. machen können), endlich einem Vorrath von Zucker und Kaffee versehen, und da uns die Pest wahrscheinlich schon im März von hier treiben wird, so müssen wir recht sehr bitten, daß man, wenn man aus unserem Unternehmen etwas will werden sehen, schleunigst uns das oben für 1821 erbetene anweise, oder was noch besser wäre, bald eine nahmhafte Summe für uns in Livorno niederlege, wo wir sie dann nach Bequemlichkeit und Gelegenheit baar oder durch Wechsel ganz nach Bedarf ziehen könnten. Entschuldigen Sie Unreinlichkeit und schlechte Schrift, ich schrieb ohne Tisch und Stuhl auf dem Knie.

17. *LICHTENSTEIN an HEMPRICH und EHRENBERG

[Eingegangen in Alexandrien Anfang August 1821]

Berlin am 9t. Juni 1821

Ihr Brief aus Cairo vom 4t. Februar ist der letzte, den wir erhalten haben. Es ist darauf sogleich Alles in Bewegung gesetzt, Ihnen die verlangte Unterstützung auszuwirken, doch ist dieselbe freilich noch nicht so vollständig ausgefallen, als wir gehofft hatten. Vorgestern nemlich erhalte ich endlich ein Rescript des Ministeriums, welches die Auszahlung von 3000 Rth. für 1821 genehmigt, jedoch sollen davon die 1200 Rth. abgehen, welche an Sie im Februar abgeschickt worden sind. Folgendes ist nun meine Disposition. Ich sende auf der Stelle 1500 Fl. an Herrn Consul BRANDENBURG. [. . .] Ich mache mir nun ziemlich sichere Hoffnung, Ihnen aus den Fonds der Akademie der Wissenschaften noch für dies Jahr 1000 Rth. zu verschaffen, welche dann an ein sicheres Handelshaus in Livorno geschickt werden sollen. Ich werde mich bemühen, Ihnen bei diesem Hause einen Credit zu eröffnen, damit Sie noch eher als wir das Geld disponibel haben, schon auf dasselbe ziehen können. Zur allenfalsigen Deckung werde ich das Geld, welches aus dem Doubletten Verkauf des Museums bis gegen Ende des Jahrs eingegangen sein wird, bereit halten. Inzwischen wird hoffentlich die zweite Sendung (von Alexandrien im Januar) hier eingegangen sein und es wird nicht schwer werden, das Ministerium zur Zahlung des Betrages der sich aus der Abschätzung desselben ergeben wird, zu vermögen. Wenn nur dann die dritte Sendung früh genug hier ist und bedeutend genug wird, um mit diesen beiden die Kosten für 1822 zu decken. Wo nicht, so müssen wir uns bemühn, das Ministerium von seinem Beschluß, daß nun alle fernern Kosten aus dem Werth Ihrer Sendungen gefunden werden sollen, abzubringen und einen neuen Zuschuß zu bewirken.

Das Verunglücken der Expedition nach Derna und die Trennung vom General haben allerdings Aufsehn gemacht. Doch ist im Allgemeinen Ihnen viel weniger dabei zur Last gelegt, als ihm, und das härteste, was ich über Sie habe müssen sagen hören, ist, daß es Ihnen an der nöthigen Erfahrung zur Unternehmung einer so schwierigen Reise, wie die nach Derna sei, gefehlt habe. Das sehe man schon daraus, daß Sie sich mit so vielem Gepäck und so starker Begleitung beschwert. Man könne da eigentlich nur als ein *cantans vacuus coram latrone viator* reisen, dann aber freilich nicht viel für Naturgeschichte sammeln. Jetzt sind wir kaum aus einer Angst um Sie befreit, so naht sich die andre. Werden Sie nicht in die Unruhen, die den Orient erschüttern, verflochten werden? und haben Sie nicht vielleicht jetzt schon von dem Widerwillen der Türken gegen Alles was Christ ist zu leiden? Wir wünschen, daß Sie früh genug wieder in Cairo seien, damit Sie dort den Sturm vorübergehn lassen, Sie sind mitten zwischen den Consuln doch wohl noch eher im Hafen. Doch was hilfts, daß ich Ihnen das schreibe, denn wenn Sie dieses lesen, ist ja doch Alles ganz anders und alle diese Sorge hilft Ihnen zu nichts. — Dagegen ist es nöthig, daß ich Ihnen sage, wie der Minister über Ihren Reiseplan denkt. Er ist von dem Gedanken, das rothe Meer zu untersuchen, sehr erbaut und wünscht, daß Sie baldigst ihn ausführen, ohne die Expedition nach Dongola zu unternehmen, weil sie ihm unsicherer und kostbarer scheint. Auch hat er jetzt die Idee, Sie müßten zu Ende 1822 zurückkommen und könnten bis dahin noch soviel sehn und sammeln, daß die Reise schon der Mühe und des Geldes werth wäre. Je früher Sie zurückkämen, desto eher wäre auch an eine Versorgung für Sie zu denken. Späterhin kämen Sie immer mehr aus dem Zusammenhang. Doch das sind nur jetzt so seine Ideen, die sich leicht werden ändern lassen, wenn Ihre fernere Unternehmung viel Resultate bringt und Sie das, was Sie weiter vorhaben, gehörig motivirt ihm vorstellen. Ich schreibe Ihnen, wie gesagt, in der nächsten Woche wieder, und dann hoffentlich ausführlicher.

LICHTENSTEIN

18. *EYSENHARDT an HEMPRICH und EHRENBERG

Königsberg, den 21ten Juny 1821

[...] Euren Brief aus Alexandrien habe ich als ein theures Pfand Eurer Freundschaft erhalten; er war tüchtig durchräuchert. NEES v. ESENBECK schrieb mir, daß er wehmüthig zum Himmel geblickt habe, als er EHRENBERGS von Essig durchweichten Brief empfangen, Heil und Segen für den wackern Jüngling erflehend. In der That hat uns LIMAN's Tod, der, wie Ihr wohl denken könnt, überall das herzlichste Bedauern erweckte, nicht wenig um Euch besorgt gemacht. Es ist himmlisch, eines großen Zweckes wegen das Leben daran gesetzt zu haben: „denn setzet ihr nicht das Leben ein, nie wird euch das Leben gewonnen sein"; aber schöner und fruchtbringender ist es, es blos gewagt, nicht gebüsst zu haben, wenn Einem, wie es bei Euch der Fall ist, das Erstrebte nicht letztes Ziel ist, sondern erst die Mittel an die Hand geben soll, in seiner Verarbeitung kräftig und schlagend zu wirken. — Ich glaube nicht, daß je eine Reise größeres Interesse erregt hat, als die Eurige. LICHTENSTEINS Bericht in der Berliner Zeitung ist auch in der Königsberger Zeitung abgedruckt worden und Ihr seid ein häufiger Gegenstand des Gespräches, und jeder nimmt den herzlichsten Antheil an allem, was Euch betrifft.

Euer
K. W. EYSENHARDT

Ich fragte meinen Collegen, den Prof. v. BAER, der ein sehr tüchtiger und eifriger, und dabei sehr netter und fideler Kerl ist, ob er nicht an Euch schreiben wolle. So eben bringt er mir den beiliegenden Brief.

19. HEMPRICH an LICHTENSTEIN
[Eingegangen in Berlin 16. Juli 1821]

Bulak den 7. März 1821

[...] Seit dem Abgange unseres letzten Schreibens haben wir uns vorzüglich mit Pflanzen beschäftigt, von denen wir sehr viel hübsches und schon fast so viel an Zahl als bekannt ist, ohne alles Bekannte zu haben, besitzen. Unsere nächste Sendung wird also besonders Herrn Prof. LINK Freude machen. Doch hoffe ich werden Sie uns mehrere neue Fledermäuse, die *Nycteris thebaica*, eine Zahl von *Stenoderma microphyllum*, den *Mus cahirinus*, der Stacheln trägt ohne wohl *Echimys* oder *Loncheres* zu sein[5]), den *Totanus stagnatilis*, eine Zahl hübscher Charadrien, hübsche Himantopen, eine wahrscheinlich neue Vögelgattung und eine Zahl Amphibien, endlich ⅔ der bekannten Nilfische, unter denen *Polypterus bichir* dreymal, nicht verachten. Herr Prof. KLUG wird seine Freude an hübschen Hymenopteren haben und nebenher eine Zahl Epizoen begrüßen. Für Herrn Geheimrath RUDOLPHI verwahren wir außer dem Antheil, den er von den vorgenannten meist in Spiritus bewahrten Sachen hat, eine Zahl von Entozoen. Weil wir den Frühling so viel wie möglich nützen wollen, werden wir diese Sachen erst, nachdem wir eine Excursion nach dem Fajum und eine andere nach dem Sinai geendet haben, absenden, und sie wird also noch um vieles stärker werden. Unser Dragoman stopft jetzt schon ziemlich gut aus, und die nächste Sendung wird also auch für Bälge mehr leisten.

... Wie neugierig sind wir auf Ihr erstes Schreiben, das uns in unsern Hoffnungen bestärken oder uns diese rauben wird, jetzt leben wir in einem so zweifelhaften Interregnum, unsre Instruktion, die nur von 3700 Rthlr spricht, läßt uns ohne Rath, wenn uns nun noch durch ein paar Monate keine Summen zukommen, was sollen wir machen? Die Sammlungen verpfänden? Ohne die Bestimmungen eines Hohen Ministeriums zu haben, unsern Credit hier nützen? Die Rückreise nach Verkauf unsrer Effekten mit der Sammlung antreten und so dem Ministerium einen großen Theil der an die Reise gewagten Summen und uns 1½ verlohrne Jahre aufopfern? — Noch hoffen wir, daß das letzte Schiff, das man für dies Frühjahr von Triest erwartet, ehe der Krieg mit Neapel[6]) die Schiffarth hemmt, uns Nachricht bringen werde, sollte auch diese Hoffnung fehlschlagen, so werden wir freilich gezwungen seyn mit Zuziehung mehrerer rechtlicher Männer, denen wir die ganze Lage der Dinge vorlegen, eigenmächtig einen Entschluß zu fassen.

Das hiesige Consulat Sr. Majestät ist gar schlecht bestellt. He. BUCCIANTI, Königl. Preuß. Consul in Alexandrien, ein Grieche, ist gegen den Pascha so verschuldet und mit dem türkischen Gouvernement so in Geschäfte verwickelt, daß er unmöglich protegirend oder empfehlend gegen dasselbe auftreten kann. Er ist sonst ein mit dem Lande sehr genau bekannter Mann, besitzt viele Kenntnisse und einen guten Überblick, hat aber vielleicht zu viel Liebe zu weitaussehenden Plänen, was, vereint mit seinen üblen finanziellen Umständen ihn, der sonst von Charakter sehr brav ist, zu manchem von dem, was man ihm nachsagt, verführt haben könnte. Derselbe mit einem ansehnlichen Gehalt, der ihm seine Selbständigkeit sicherte, wäre vielleicht der beste Repräsentant des Staates u. der preußischen Regierung, den man wählen könnte. Wollte man freilich einen Repräsentanten der preußischen Nation, so würde er als Fremdländer nicht dazu taugen, weil er dann ehrlich wie ein Preuße seyn müßte.

In Cairo war bisher He. DI ROSETTI Consularagent, ein höchst verschuldeter, schwacher, auch eben nicht als ehrlich bekannter, junger Mann. Jüngst hat He. BUCCIANTI für gut befunden ihn zu entsetzen und den Posten interimistisch an He. CIANI zu übertragen, einen Mann der eben so verschuldet, eben so in üblem Rufe und überdem noch ohne alles Ansehen bey dem Gouvernement ist. He. DI ROSETTI nämlich wurde seines Onkels halber, der hier in sehr großem Ansehen stand, von dem Pascha und anderen noch geachtet und kann dadurch den Fremden nützlich werden; was bey He. CIANI nicht der Fall ist. [...] Wenn wir hier sterben sollten — Adieu Nachlaß! [...]

Den 10. März 1821

Das letzte Schiff, das man erwartete, ist aus Triest angekommen ohne für uns Briefe mitzubringen. Wir haben, jetzt in mehreren Monaten über Triest nach allgemeiner Versicherung keine Nachricht erwarten könnend, mit dem He. General Rücksprache genommen. Er rieth uns so fortzuarbeiten, als wenn wir bejahende Antwort hätten, und im Nothfall bey noch längerem Ausbleiben der Summen uns hier indeß Geld zu verschaffen. [...]

Weil wir uns möglich denken, daß man erst mehrere Sammlungen von uns sehn wolle, ehe man wieder gebe, wollen wir, so die Zeit irgend reicht, auch die 3te Sendung zusammenpacken und absenden. Sie ward heute durch eine Gazelle vermehrt. — Es ist die hier häufigste species, doch von *Gazella* abweichend und am nächsten an *Corinna* stehend. Das Exemplar war am Fell beschädigt, wir werden es also zum Skelett benutzen und die Eingeweide in Spiritus setzen. *Antilope Bubalis* kömmt hier in der westlichen Wüste vor[7]), eine andre Art, wahrscheinlich die wahre *Gazella* sahen wir in der Wüste und zwey andre sollen einer mitgetheilten Notiz nach in den Wüsten Oberegyptens streifen. Wir können also auf 5 Arten Antilope Hoffnung machen außerdem ist *Capra ibex* in der östlichen Wüste nicht gar selten, aus der wir uns auch eine Affenspecies die wenigstens weder *Inuus* noch *Sphinx* ist, zu verschaffen hoffen.

[...] Ausser dem *Mus cahirinus* haben wir in unserer Stube noch eine wohl neue Mäusespezies *M. gularis* N. und eine neue Species Wiesel *M. subpalmata* N. gefangen;

beyde leider nur in einem Exemplare. So groß ist also die Fauna der Häuser, was werden uns nicht die Felder geben, wenn unsere Räucherungsapparate, unsere Fallen und Fangeisen erst agiren. [. . .]

Der Herr Baron v. MINUTOLI [. . .] ist vielleicht nicht abgeneigt sein Kabinet zu überlassen, das ihn selbst aber, ehe er es in Berlin sieht, wohl 15 000 Rthlr kosten dürfte und wie man hier behauptet nicht die Hälfte werth ist[8]). Ich verstehe davon nichts, aber man behauptet hier allgemein, der Herr General habe wie Baron SACK sich von seinem Rival im Antiquitätenfach Herrn DROVETTI das in die Hände spielen lassen, was jener wollte. Obgleich also der Aussichten für Bereicherung des Kabinets viele sind und der Herr General viele Bemerkungen unglaublich schnell auf seiner 2 monatlichen Reise gemacht hat, so ist doch dies alles wohl kein Ersatz für LIMAN, er hätte sicher ein Seitenstück zu GAUS' Arbeit geliefert, und unter seiner Leitung hätten wohl vernünftige fouillen angestellt werden können. Wenn aber ein Staat Leuten, die weder von Mechanik, vom Gebrauch der Werkzeuge noch von den Antiken, die sie suchen, einen Begriff haben, die nur alles zerstören und von seinem Ort reißen und so künftigen kenntnisvollen Forschern den Weg verrammen, ja oft nur Araber wählen lassen und selbst weit davon sind, Geld remunerirt, so halten wir das für eine Sünde an Kunst und Wissenschaft. Ich glaube zwar nicht, daß ein Hohes Ministerium auf die uns bekannt gewordenen Vorschläge reflektiren wird, weil sie sich bald als das verrathen was sie sind, doch will ich nur anführen daß ich bestimmt weiß, daß man mit 3000 Piaster monatlich oder 3000 Colon. jährlich täglich 250 Arbeiter anstellen kann. — Wäre man wirklich willens etwas derart zu thun, so dünkt uns müßte man einen kundigen Antiquar und Architekten der zugleich Zeichner ist senden, ihm einen der Mechanik und der Anwendung der Werkzeuge kundigen Gehülfen, der kein Gelehrter nur ein Handwerker zu seyn brauchte, beygeben, beyde ein halbes Jahr im Arabischen unterrichten lassen und hierher senden. Angekommen müßten sie hier noch ein halbes Jahr nur das Terrain kennenlernen und sich in der Sprache ein wenig einüben, von ihrer Bestimmung zu *fouillerie* gar nichts merken lassen um keine Rivalität zu erregen und dann plötzlich am schicklichen indeß ausgewählten Orte beginnen, nie mehr als höchstens 40 Arbeiter anstellen, um sie gehörig übersehen zu können, von der Art und dem Ort wo man die einzelnen Gegenstände findet genaue Notiz nehmen, die unbewegliche Umgebung genau zeichnen, das bewegliche nur nachdem man seinen Zusammenhang mit jener kennt entfernen und dem Vaterlande zusenden. Wir sind am Ort, sehen wie es zugeht und konnten uns also diese Bemerkung nicht versagen. Die Art, wie die meisten Herren ihre Antiken sammeln, kömmt mir so vor als wenn wir Epizoen und Entozoen sammeln wollten, ohne zu bemerken wo und an welchem Thiere wir sie fanden; nur daß zum Unglück die Antiken sich nicht täglich unter denselben Verhältnissen wiederfinden, wie es mit diesen Schmarotzern der Fall ist, und daß also nachträgliche Bekanntwerdung des wo und wie des Fundes hier weit unwahrscheinlicher ist. [. . .]

20. EHRENBERG an LINK†

Bulak bey Cahira am 25. März 1821

[. . .] Voll guter Hoffnungen, Ihnen aus dem so pflanzenreich geschilderten Fajum, wohin wir morgen in kleiner Caravane zu ziehen gedenken, später einen reichhaltigen Ertrag an botanischen Beobachtungen zu liefern, erlaube ich mir heute nur in ein Paar Worten über unsere bisherigen botanischen Sammlungen zu Ihnen zu sprechen. [. . .]

---

† Rand des Briefes zerstört durch die Räucherung (Desinfektion).

Was meynen Sie, Herr Professor, zu den Versteinerungen von Bir Lebuk und Siwa? Sonderbar bleibt es, daß den versteinerten so ähnliche Formen an jenen Stellen noch jetzt die einzigen starken Vegetabilien sind, so wie daß die Conchylien auch an die im Mareotis See und an der dortigen Meeresküste sichtbaren so sehr nahe angrenzen. Sollte auch der *Helix* von Gasr bi efchamam al Scharkie nicht doch noch lebend seyn? Hinsichtlich der *Generatio aequivoca* scheinen die Oasen keine sonderliche Entscheidung zu geben. Wieviele Millionen Infusionsthiere samt ihren Eyern oder Gemmen bringt ein einziger Wasserschlauch in solche Gegenden mit und läßt sie zurück, wenn das alte Wasser entleert wird, um frischem Platz zu machen. Daß sie da sind, daran zweyfle ich nicht mehr, denn die verstohlenen Blicke ins Mikroskop in Siwa zeigten das dortige Wasser so lebendig, als ich das Berliner je gesehen. Dasselbe ist der Fall bei dem Schimmel und dergleichen. Der Austausch der Landesprodukte ist ein so leichtes Mittel zur Übertragung dieser Formen in [unleserlich] Districte, daß ihr Vorkommen daselbst nicht [unleserlich] wird. Wir werden uns sehr bemühen besonders ... genaue Specialkenntnisse der dort vorkommenden Formen uns zu verschaffen. Daß ich *Monas Lens* und *Penicillium* [unleserlich] ... gesehen, ist eine von mir nicht bezweyfelte Sache. Der bekannten Formen gab es aber mehrere.

Was die Winterflor von Cahira anlangt, so haben wir eine bedeutende Menge von Pflanzen eingetragen, ohne jedoch auf sehr auffallende neue Formen gestoßen zu seyn. Unter Echinen *Cheiranthus Plantago Votica Porieta*? *Amaranthus* etc. haben wir wohl einiges Neue, auch ist *Alisma Plantago* der egyptischen Flor, wie wir es bey Cahira gefunden, von unserer so genannten Form abweichend.

Einige *Agarici*, einige Moose, eine Menge von [unleserlich] ... die aber meist gute Bekannte sind, unter ihnen das *Polythrichium trifolii*, stehen an Zahl in rechtem Verhältniß mit den Phanerogamen, und nach Aussage der Eingebohrenen giebt es zur Zeit des ersten Abfalls des Nils von größeren Pilzen eine gute Zahl. Ein niedlicher neuer Pilz wuchert auf den Wurzeln einiger *Medicago* Arten unter der Erde und ist, sonderbar genug, von blaßvioletter Farbe. Er gehört in die Nähe von *Thelephora*, was ebenfalls auffallend ist. [...]

21. *Ehrenberg an Chamisso

Bulak, d. 29. März 1821

Guter lieber Chamisso

[...] Wir sind hier in einem eben nicht sehr gesegneten Lande, so glücklich es auch frühere Reisende mögen geschildert haben. Klee und Haber giebts hier viel, das ist wahr, aber Du siehst wohl ein, daß dies nicht hinreicht zwey feurige Naturforscher zu beglücken, obwohl sich Millionen Esel daran satt fressen. Wir arbeiten was recht ist und mehr und finden doch, wenn wir des Tages Last und Hitze getragen, daß die Erndte kaum die Mühe lohnt. Es wird Dir nicht schwer fallen, Dich in unsre Lage zu denken. Es ist nicht die Arbeit, welche uns unsre Zufriedenheit raubt, wir arbeiten so, will es Gott und das Vaterland, noch einige Jahre; aber wir denken, daß man in Berlin vielleicht mehr erwartet, als wir unter diesen Umständen zu thun vermögen, denn wir selbst haben mehr erwartet. Es liegt uns ungemein viel daran zu wissen, wie man uns dort betrachtet, in welchem Credit oder Nichtcredit wir uns bey den am Brote stehenden befinden. Es wird Dir nicht schwer werden rasch hier und da einige Urtheile zu sammeln. [...] Behalte lieb

Deinen Ehrenberg

22. *CHAMISSO an HEMPRICH und EHRENBERG

Neu Schöneberg, d. 6. Juli 1821

Ich habe mich sehr gefreut, teuerste Freunde, mit Eurem Briefe vom 29. März 1821. Seither sollen aber wieder neuere Briefe da sein u. zwar gar bedenklichen Inhalts. Ich mache umsonst Jagd auf LICHTENSTEIN; ich kann weder ihn, noch Eure Berichte oder Briefe zu sehen bekommen. Ich entscheide mich u. setze mich hin zum traulichen Plaudern mit Euch, meine Lieben. — Seid vor Allem überzeugt, daß man einstimmig, einmütig, überall das Beste von Euch meint, sagt, drucken läßt, daß man Euch liebt, hegt, schätzt, Euch keinerlei Vorwürfe macht. — Auf MINUTOLI ist man dagegen sehr schlecht zu sprechen; man bedauert Euch u. bereut es, schlecht mit Euch angefangen zu haben, aber man mißt Euch die Schuld nicht bei. Soviel aus der allgemeinen Stimmung, die überall ihre Spiegel u. Nachhalle hat. Gott gebe, so erfahrt es Beide in gewünschtem behaglichen Wohlsein: Ihr sollt bereits Briefe u. Hülfsgelder erhalten haben. LICHTENSTEIN ist unerkaltet, immer thätig, immer gewandt; daß er immer derselbe ist u. immer derselbe für Euch, bezeuge ich Euch; übrigens lasse ich ihn gewähren; selbst Kenntniß von dem Geschehenen zu erhalten, ist Schöneberg zu weit von der Stadt entfernt. ERMAN giebt mir den Auftrag, Euch nebst Gruß vorläufig zu sagen, daß an eine Sendung von Instrumenten nicht zu denken sei. Erstlich würde das Geringste hier machen zu lassen Monate Zeit kosten, sodann erhieltet Ihr im glücklichsten Falle nur Scherben. Rechnet also auf nichts, als was Ihr habt. Ich kann Euch auch sagen, daß SAVIGNY sein *système des annélides* (Memoires de l'institut d'Egypte) für Euch an RUDOLPHI geschickt hat; dieser aber durchaus unthunlich geachtet hat, Euch das Buch nachzuschicken. Es wird Euch wohl bei ihm erwarten. — [. . .] LICHTENSTEIN hat einen sehr wohl verfaßten Auszug aus Eurem 1. Berichte in unsern Zeitungen einrücken lassen, von wo er in die gelehrten Zeitschriften übergegangen ist; ich denke täglich die Fortsetzung folgt, aber der gute LICHTENSTEIN (jetzt Rector magnificus) ist leider mit den unerfreulichsten Beschäftigungen überlästigt. Man quält wieder die armen Studenten u. ärgert sie bis auf's Blut; es sollen wieder Verbindungen entdeckt sein u. aufgelöst werden; man hört fortwährend in unserm anscheinlich ruhigen Europa das Wasser unter dem Eise rauschen, u. die gesteigerte Spannung zwischen + u. — droht allerorten sich zu entladen. — Wo auch ein Funke abspringt, weiß jeder gleich zu sagen, wo er herkomme u. wo er hingehe; u. die Meinung ist darüber nicht irre zu leiten. So werden jetzt beiderseits u. allgemein die griechischen Angelegenheiten auf den neapolitanischen Leisten naiv genug geschlagen[9]). Für Euch, meine Lieben, bin ich desfalls nicht unbekümmert; bei Allem, was Ihr vorhabt, oder was man mit Euch ohne Ortskenntniß vorhaben möchte, haltet die Vorsicht zu rate; es gebührt ihr, den Mut an der Hand zu leiten u. auch gelegentlich zurückzuhalten. Wir können von hier nicht urteilen, wie weit der Völkerkrieg der Türken u. Griechen als Religionsangelegenheit durch den Orient fortvibrieren werde, unabhängig u. unangesehen der Ansicht der örtlichen Machthaber, die wohl Alle wie die Glieder des Polypen sich des Schnittes erfreuen werden, der sie zur Selbständigkeit ablösen wird. In Smyrna ist es bereits wie diesseits der Dardanellen; es scheint mir im ganzen nicht die Zeit zu sein, wo Franken im Orient reisen sollten. — Ich wünschte Euch vieles von uns zu sagen, damit Ihr Euch wieder auf 1 Stunde unter uns zu finden glaubtet. Ich habe auch auf langen Jahren Klänge der Heimat vermißt u. weiß, wie es einem thut. Kommt denn im Geiste zu uns herüber u. findet es Alles ungefähr, wie Ihr es gelassen habt. — Ich bin in meinem Hause noch eingezogen still u. glücklich, aber reicher als Ihr mich gelassen habt. Ein sehr kräftiger, tüchtiger Junge stellt sich schon auf die Hinterpfoten — merket Euch, Wanderer, das. Bei HORKEL, LICHTENSTEIN u. mir sind an 3 Tagen 3 Jungen einpassirt, u. zwar zu einer Zeit, wo lauter Mädchen vom Stapel liefen, *tres faciunt collegium*. Der Lichtenstein ist etwas schwach ausgefallen, aber der Horkel kann sich neben meinem sehen lassen; aber der alte Vater ist sehr alt u. schwach; er scheint sein letztes Leben von sich gegeben zu haben, ist Euch übrigens auf das treueste zugethan. —

[. . .] Gott segne Euch, Ihr lieben Freunde! Mit Euch ist unsre Liebe, unser bestes Herz. Ich bin weit entfernt zu bereuen, mich gebunden zu haben, wie ich gethan; wäre ich aber ein ungebundener Mann, so wollte ich u. würde ich bei Euch u. mit Euch sein, in Ägypten, in der Levante, immer weiter, so elend es Euch auch ergehen mag, u. ich wollte nicht der 1. zum Murren sein. — Kinder, verliert nicht den Mut; es ist überall nicht ganz gut u. auch überall nicht ganz schlecht, am besten ist es immer noch, wo man seine Wirksamkeit hat u. wo der Feind gegenüber steht — ich meine, wo uns die Grenze nur durch das gezogen wird, das man eben zu bekämpfen hat. — Ich wollte nur wissen, daß Ihr beide da seid, es aushaltet, vorwärts kommt. Es fällt mir, bei Gott, nicht ein, mich mit meinem bischen Weltumseglung Euch an die Seite zu stellen. Ob Ihr gleich gar nicht weit kommt, braucht Ihr ein bischen mehr Hinterfüße dazu als unsereiner, u. ich nehme den Hut ab! — [. . .]

23. Ehrenberg und Hemprich an den Staatskanzler Fürsten von Hardenberg

Bulak am 30. März 1821

Durchlauchtigster Herr Staatskanzler,
Gnädigster Fürst und Herr!

Obgleich wir die gnädige Erlaubniß Ew. Durchlaucht, die uns Höchst Denenselben unmittelbar unsern Reisebericht zuzufördern erlaubt, schon einmal benutzt und die Ehre gehabt haben dem Herrn Fürsten Staatskanzler im Laufe des Monats Januar dieses Jahres von Alexandrien aus über diese unsere Reise unterthänigst zu berichten, so halten wir es doch für Pflicht, ehe wir einen neuen wichtigen Abschnitt unserer Wanderungen im Orient beginnen, Höchst Denenselben, die mit so gnädiger Rücksicht bisher diese Unternehmung haben begünstigen wollen, davon in unterwürfiger Ergebenheit Nachricht zu geben.

[. . .] Von hier aus haben wir Excursionen nach Fostat, Gyzeh, dem Dschebl achmar, dem Birket el Hadschi, Matarieh, der Insel Dahab, dem Mokkatam und den übrigen interessanten Puncten der Umgebung Cahiras gemacht und unsere Sammlungen zu ordnen und möglichst zu mehren gesucht. Leider sahen wir am 10. Februar unseren Domestiken verscheiden und bleiben nun, da uns unsere Pflicht alles zu sammeln schon seit unserer Rückkehr von der ersten Expedition nach Cyrene von dem Herrn Generalmajor getrennt hatte, ganz allein in dem traurig fernen Lande. Wir gestehen, daß der schlechte Zustand, in welchem sich das Consulat Sr. Majestät in Egypten befindet, viel dazu beygetragen uns unsere Lage unangenehm zu machen, indem wir einen sicheren Anhaltspunkt, wo wir unser Geld hätten deponiren und sonst Rath finden können, seufzend entbehrt haben.

Von Berlin aus erhielten wir sowohl auf unsern im September an die Academie eingeschickten Bericht, als auch auf eine Zahl Privatbriefe an Herrn Professor Lichtenstein, den Bevollmächtigten der Königlichen Academie in Bezug auf unsere Reise, keine Antwort, unsere Reisesumme war aufgegangen und wir hatten schon wagen müssen 500 Colonaten auf die Hoffnung, daß unsere unterthänige Bitte vom September die Anweisung einer kleinen Summe in Triest bewirkt haben würde, zu entlehnen. Wir werden mit dieser Summe höchstens bis Ende May auszureichen im Stande seyn und bedürfen daher dringendst einer gnädigen Bestimmung über uns, unsere Reise und die zu derselben nöthigen Mittel.

Vor einigen Tagen haben wir mit sicherer Gelegenheit unsern zweyten Bericht an die Königl. Academie abgesandt und in demselben den Plan unserer ferneren Reise auseinandergesetzt, wie auch die noch nöthigen Mittel genau berechnet. Wenn durch die hohe Gnade Ew. Durchlaucht eine Summe von 8000—9000 Reichsthalern nebst einem Firman von der Pforte und Empfehlungen an den Pascha und das Englische Gouvernement in Indien uns noch bewilligt werden könnten, wenn Ew. Durchlaucht uns gnädigst unsere Reisezeit bis auf drey und ein halbes Jahr verlängern wollten, so könnten wir wohl, so schwach auch unsere Kräfte sind, etwas der Preussischen Krone würdiges zu leisten versprechen. [. . .]
Da wir uns nicht erkühnen Höchst Denenselben mit Mehrerem lästig zu werden, nehmen wir uns die beglückende Freyheit, uns in unterthäniger Ehrfurcht zu nennen

Gnädigster Fürst und Herr
Ew. Durchlaucht

unterwürfigste Dr. C. G. Ehrenberg
Dr. W. Hemprich

24. Der Minister von Altenstein an Lichtenstein

Berlin, den 20ten July 1821

Ew. Wohlgeboren danke ich verbindlichst für die gefällige Mittheilung des anliegend zurückerfolgenden Schreibens des Herrn Dr. Hemprich [Brief 19], welches mir abermals sehr interessant gewesen ist. Es gereicht Herrn Hemprich zur größten Ehre. Aus allem gehet der grenzenlose Eifer hervor, mit welchem beide sich dem Unternehmen weihen, und doch auch der ruhige Verstand, mit dem sie zugleich handeln. Das Ganze offenbart in jeder Zeile die achtungswerthesten Gesinnungen und was sie auch außer ihrem nächsten Gesichtskreis bemerkt haben ist sehr schätzbar. Ich habe mir einige Extraite aus dem Schreiben fertigen lassen, die ich benutzen werde. Den Reise-Bericht an die Akademie der Wissenschaften werde ich in einem ruhigen Augenblick mit Vergnügen lesen, wenn solche ihn mir nach davon gemachtem Gebrauch vorlegen sollte. Ich wünsche nur, daß bald wieder Etwas über die Reise vorläufig öffentlich bekannt gemacht werden könne, was beweißt, welchen Werth das Unternehmen für die Wissenschaft hat und noch haben wird. Daß beyde Naturforscher nur selten an mich schreiben, billige ich sehr, und ist es gewiß ganz unnöthig, daß sie häufiger als es schon geschehen, an des Herrn Staats-Kanzlers Fürsten von Hardenberg Durchlaucht schreiben. Ich bitte Solche deshalb zu beruhigen und sie meiner herzlichsten Theilnahme an ihrem Unternehmen, meiner Zufriedenheit mit ihren Leistungen und meiner Geneigtheit, sie möglichst dabey zu unterstützen, gefälligst zu versichern. Altenstein

25. Hemprich an Lichtenstein
[Eingegangen in Berlin 5. Juli 1821]

Sackhara den 23. April 1821

Verehrtester Herr Rektor.

[. . .] Am 2ten April zogen wir endlich nach dem Fajum aus. Ein fürchterlicher Chamsin, der uns fast erstickte, erlaubte uns an diesem Tage nur bis Gizeh zu kommen. Die Temperatur war 37° R. Die gewöhnlichen Symptome unerlöschlicher Durst, Appetitmangel, brennende trockene Haut, Fieber und eigenthümlicher bitterer Geschmack im Munde fanden sich bey uns beyden ein, ich aber war am folgenden Tage wieder wohl.

Wir zogen an diesem um einige Stunden weiter, weil Ehrenbergs Zustand nicht mehr erlaubte. Er nahm ein Brechmittel und befand sich den 5ten so wohl, daß wir bis Sackhara vorwärtszogen. Heute zeigte sich das Thermometer zerbrochen und, als wollte sich alles gegen uns verschwören, auch an unserm Stundenring die Feder zerbrochen, so daß wir ihn nicht öffnen konnten. In Sackhara lagerten wir uns in einem Palmenhayn am Dorfe, den Mimosengebüsche umgeben. Hier, in einer Vertiefung des Bodens, von nur ein paar Mimosen beschattet, liegt nun mein Freund bis heute krank. Den 8ten forderte sein Zustand kalte Übergießungen und Blasenpflaster. Ich mußte letztere aus Cairo holen lassen und benutzte diese Gelegenheit, Herrn Geheimrath Rudolphi noch ein paar Zeilen zu übermachen. Den 15ten fing Ehrenberg an sich etwas wohler zu finden, und da sein Zustand Stärkungsmittel forderte, schickte ich unsern Domestiken in die Stadt um Eier, Wein und Insektenkästchen zu hohlen. Um letzteres zu entnehmen, mußte ich ihm den Schlüssel des von uns in Cairo gemietheten Magazins mitgeben. Er ging den 18ten Nachts ab, statt aber des andern Tages wieder zukommen, war er auch am 20ten Mittags noch nicht da. Natürlich stieg Argwohn in mir auf. Ich und Freund Ehrenberg hatten ihn auf Grund guter Empfehlungen angenommen, aber Gelegenheit konnte Diebe gemacht haben. Ich entschloß mich kurz und ging den 20ten Mittags mit dem Dragoman auch in die Stadt. . . .

Bey der Rückkehr nach Sackhara, wo ich gegen Mitternacht ankam, entging ich nur mit Noth der Gefahr zu ertrinken bei der Überfahrth und der Gefahr erschossen zu werden, da ein Naur hinter einem Strauch verborgen auf mich schoss, ihm aber die Flinte versagte. Diese Naur kommen aus Oberegypten, halten sich viel im Fajum und sind die Stammraçe unserer Zigeuner. Sie werden gegen Abgabe vom Pascha geduldet, obgleich sie sämmtlich Räuber sind. Etwa 40 von ihnen liegen eben eine halbe Stunde von uns campirt, was uns zwingt des Nachts sehr genau zu wachen, und was mich bewogen hat, gegen 1 Piaster täglich vom Scheickh des Dorfes mir noch einen Wächter zu entnehmen. Dies meine und unsere Reise- und leider zugleich unsere Unglücksgeschichte. — Das Wetter ist hier gerade um jetzige Zeit für den Franken sehr gefährlich. Glühende Hitze wechselt mit bedeutender Kühle. Selbst die Einwohner fürchten diese Zeit, und ein Tag, den man vorzugsweise Chamesin nennt, der dies Jahr auf heut fällt und den die Araber wie bei uns Ostern mit Geschenken bunter Eyer an ihre Kinder feyern, ist so gefürchtet, daß sie behaupten, wer an diesem Tage erkranke müsse ein ganzes Jahr liegen.

Meine Zeit bringe ich hier mit Insektenjagd zu. Etwa 800 Insekten und 25 Vögel, unter denen einige für das Museum und ein wahrscheinlich ganz neuer, ein *Totanus*, von mir vorläufig *gilvipes* genannt, sind die Beute von 22 Reisetagen. Wäre Ehrenberg nicht erkrankt, so hätten wir wohl das Doppelte.

Weil wir uns möglich denken, daß man uns erst nach Ansicht mehrerer Sammlungen wieder neue Mittel anweisen wolle, habe ich mit Freund Ehrenberg beschlossen, bey unserer Rückkehr aus dem Fajum die Insekten und Vögel abzuschicken, dann Anfang July nach Suez zu gehen, Anfang Oktober von da zurückzukehren, die gesammelten Spirituosa als eine 5te Sendung zu übermachen und dann die Monate Oktober bis Maerz zur Reise nach Oberägypten zu benutzen. Sollten wir bis dahin Genehmigung zur Fortsetzung unsrer Reise bekommen, so würden wir die Monate April, May und Juny noch auf Oberägypten wenden, den Rest des Jahres aber an den südlichen Ufern und Inseln des rothen Meeres zubringen. Diese kleine Abänderung unsres im Bericht vorgelegten Planes haben wir darum gemacht, um, falls wir May 1822 die Reise schliessen, doch wenigstens das rothe Meer gesehen zu haben.

Wir besitzen dato baar noch 80 Col. und haben aus der Verlassenschaft des Herrn LIMAN noch einige 20 zu fordern, was alles wohl durch unsere gegenwärtige Reise consumirt werden wird. In Triest stehn uns noch 400 fl. zu Geboth, da wir aber wieder eine Zahl Bestellungen an Kisten, Spiritus, Schroot etc. gemacht haben, so dürften dann wohl 200 abgehen, also nur 100 Colon. zu rechnen seyn.

Wenn unsre Sendungen Beyfall finden sollten und man bey unsrer Rückkehr die von uns gemachten Anstrengungen billigend erkennt, so würde es uns besonders darum angenehm seyn, weil es vielleicht die Akademie veranlaßte, in der Folge öfter dergleichen Expeditionen vornehmen zu lassen. Für uns wäre es freilich gewinnvoller weniger zu sammeln und mehr zu zeichnen, zu anatomiren etc. aber wir haben uns einmal verpflichtet und müssen also aushalten.

Den 30. April 1821

Noch sind wir an dem selben Platze. EHRENBERGS Befinden gibt Hoffnung, daß wir in 8 Tagen werden weiterziehen können. Unsere Sammlung hält jetzt 1200 Insekten und 40 Vögel. [. . .] Coleoptern und Lepidoptern sind ziemlich wenig da, doch haben wir einige hübsche, Hemiptern sind am sparsamsten und die Formen sehen aus als wären sie europäisch. Von Neuroptern und Diptern giebt es manch hübsches. Ich wollte wir hätten alles das schon in Berlin oder wenigstens über die Quarantäne hinaus.

Den 2. May

Heut hat EHRENBERG den ersten kleinen Spatziergang gemacht. Die Araber haben uns den *Vultur cinereus* gebracht. Von *Percnopterus* haben wir nun wohl genug, 13 Bälge und 1 Skelett. Diese Herren Geyer werden sich allein eine Kiste ausbitten. [. . .]

Den 4. May

Hyaena striata. Canis Dib. (ob *aureus*?). *Rhinolophus tridens* und 2 andere Fledermausarten, die ich, da ich meine Notata in Cairo gelassen, nicht zu bestimmen wage, ferner eine Maus *Rattus* verwandt, dem ich den Nahmen *nudipes* gegeben, ist der Zuwachs unserer Sammlung bis heute. EHRENBERGS Zustand hat sich leider etwas verschlimmert, der Himmel verhüte Unglück. [. . .]

Den 5ten May

[. . .] EHRENBERGS Zustand ist noch immer bedenklich. Meine Lage wahrlich keine angenehme. Allein nun mit aller Arbeit beladen, von Pest umgeben, ohne Nachricht von Berlin, fürchtend, daß trotz Ihrer Güte und dem Zutrauen der Akademie die nöthige Unterstützung entweder mangeln oder zu spät kommen möge, kann wohl ein wenig melancholische Stimmung nicht fehlen. [. . .]

Das Beste hoffend, nämlich Sie, verehrter Herr Rektor, noch einmal gesund zu sehen und zu hören, daß Akademie und Ministerium mit meinem und meines Freundes Thun und Lassen nicht unzufrieden sey, nenne ich mich wie immer

Ihren dankbarst ergebenen
Dr. W. HEMPRICH

Sollt' ich nicht wiederkehren, nicht wahr, Sie sprechen ein Wort für meine Mutter?

26. HEMPRICH an LICHTENSTEIN†

[Eingegangen in Berlin 5. Sept. 1821]

Cairo d. 28ten Mai 1821

Verehrtester Herr Rektor!

Ich habe, Gott sey Dank, nach 10 tägiger böser Ophthalmie den Gebrauch meiner Augen wieder und kann sie nicht beßer brauchen, als Ihnen in Kürze wieder einige Nachricht von uns zu geben. Da EHRENBERGS Reconvalescenz sich bey dem Aufenthalt im Freyen, dem Ausgesetztseyn von Wind und Sonne sehr in die Länge zog, da auch meinen Augen davon Gefahr drohte, mußten wir uns endlich vor 8 Tagen in die Stadt retiriren, wo wir jetzt in einer guten Stube in einem Garten recht gut uns befinden. In 14 bis 20 Tagen soll hoffentlich E. wieder erstarkt seyn, und dann ziehen wir noch einmal aus, um das diesmal nicht erreichte Fajum zu sehen. Ein braver Preuße muß sich ja einmal zurückgeschlagen nicht von neuem Sturm abschrecken laßen!

Von da denken wir mit Beute reich beladen in der Mitte des July rückzukehren und alsbald dem rothen Meere unser Compliment zu machen. Roth fordert nach Goethe grün, grün ist die Farbe der Hoffnung und aus gelb und blau, den Farben der Freude bey den Türken zusammengesetzt, was lauter gute Omina gibt. Zudem haben wir jetzt so viel Böses voraus, daß es uns bald entsetzlich gut gehen muß.

Ihr gütiges Schreiben [vom 25. Febr. 1821] hat uns in Angst versetzt. Das Ministerium hat keine Titel uns zu unterstützen finden können. Ich weiß nicht, unter welchen Titeln man die Summen für die Herren LE MAIRE u. MUND, für He. v. OLFERS etc. bewilligt, aber ich weiß daß sich allenfalls wohl Titel finden ließen

a. Zur Unterstützung junger Leute die sich belehren wollen, um einst mit Gottes Hülfe in die Liste der Gelehrten einzugehen. He. Dr. SCHOLZ z. B. hatte unter diesem Titel schon mehrere Jahre halbes Professorengehalt in Italien u. Frankreich. Wenn man uns jedem etwa 600 Rthl. jährlich — in Summe also 1200 — unter diesem Titel bewilligte?!

b. Zur Vermehrung der Königl. Museen. Ein Titel der jährlich auch wohl 1200 Rthl. verdient.

c. Ostentations- und Schauausgaben. Wir dürfen dies freilich nur unter uns so nennen, aber unter anderem Nahmen müßte eigentlich dieser Titel in den Inventarien der Expensen eines Hohen Ministeriums existieren; dahin schiebe man wieder 1200 Rthl. jährlich und sieh da, durch drey Titelchen, die mir eben einfallen, ist all unser Bedarf gedeckt.

Ich bin, Gott weiß wie, ins Scherzen gekommen, obgleich mir eigentlich gar nicht lustig zu Muthe ist. Wir sind in großer Verlegenheit, weil wir, statt wie wir hofften von Triest aus 400 bis 600 Colonati baar zu erhalten, von He. BRANDENBURG die Anzeige erhalten, daß von 1580 ihm überwiesenen Floren uns nach Bezahlung des Wechsels vom Januar und anderer für uns gemachter Auslagen noch 400 Fl. bey ihm zu Gute ständen. Nun haben wir aber seitdem an Spiritus, Schroot etc. bedeutende neue Bestellungen bey He. BRANDENBURG gemacht, was diese 400 Fl. wohl fast aufgezehrt haben wird. Haben also fast nichts in Triest. Geld müßen wir hier haben, was bleibt uns also übrig als Wechsel in der Hoffnung abzugeben, daß He. BRANDENBURG sie interimistisch honoriren und das Ministerium ihm sie gnädigst bald remboursieren werde. Aber welche Schwierigkeiten macht es hier Abnehmer des Wechsels zu finden. [. . .]

Sollte es nicht möglich seyn uns das nöthige zu verschaffen, so suchen Sie doch gütigst unsre eiligste Zurückberufung zu bewirken, weil dies immer besser ist, als wenn wir aus

† Antwort auf Brief Nr. 13.

Noth und mit Schulden uns selbst die Erlaubniß nehmen müssen, von hier abzureisen. Jedes Jahr wie gesagt *in minimo* 3000 Rthlr, *in maximo* 4000 ist der Bedarf, wir mögen es wenden, wie wir wollen, und da das, was wir hier Januar 1822 brauchen, schon 4 bis 5 Monate früher in Berlin angewiesen seyn muß, damit es uns im Januar auch in Händen sey, so muß von einem Jahr immer in das andre hinein gerechnet werden.

Uns läge sehr viel daran, daß man aushielte, uns kräftig unterstützte und so wie wir hoffen ein gutes Endresultat herbeyführte, einmal weil wir dabey gewinnen, wenn die Reise etwas Ganzes wird, und dann weil die Wissenschaft nicht allein unmittelbar, sondern auch mittelbar, indem zu ferneren dergleichen Unternehmungen Muth gemacht wird, gewinnt. Was mich anbetrifft, ich zweifle allerdings an der Möglichkeit, daß Ihre und der Herren Rudolphi und Link Güte uns wird das Nöthige verschaffen können, und bin schon ganz gefaßt, Ende Oktober mit dem gesammelten Wenigen uns retiriren zu sehen. Wenn nämlich bis Ende Oktober uns aus Triest kein bares Geld und keine Nachricht von Berlin zukommen sollte, so nehmen wir an, man rufe uns zurück und kehren auf möglichst wohlfeilem Wege nach Europa zurück. [. . .]

Es schmerzt uns die geringe Theilnahme eines Hohen Ministeriums an uns und unsrer Unternehmung nicht nur darum, weil die Reise, an die wir wahrlich um einen guten Erfolg zu gewinnen alle Kräfte wenden, dadurch zerstört würde; sondern weil es uns auch für die Folge wenig Unterstützung zu hoffen giebt, die wir doch zu unsrer Ausbildung noch so nöthig haben. Ich habe nothfalls den Muth, mich hier oder dort, *ubi bene*, durch die nie ganz von der Hand gewiesene Medizin nähren zu lassen und der geliebten Zoologie Ade zu sagen; aber was soll Freund Ehrenberg anfangen, wenn im Inventarium des Ministeriums kein Titel für ihn ist? Sollte sich, im Fall man uns bald rückruft, nicht wenigstens für ihn ein Plätzchen, vielleicht als Adjunkt des He. Prof. Klug, finden lassen?

Ich lege das an Ihr gütiges Herz, für mich thut's nicht so Noth, ich helfe mir, besonders, wenn mein Bruder in der Zeit meiner Abwesenheit schon promovirt haben sollte, schon auch ohne das Hohe Ministerium durch und tauge vielleicht auch nicht einmal so viel für die Zoologie als Ehrenberg. [. . .]

Den 30ten Mai

Neue Schwierigkeiten und Bedenklichkeiten. Der He. General Minutoli hatte ein Schiff des Pascha la bella Luizia, Kriegsbrigg, nolisirt; jetzt läßt der Pascha sie nicht abreisen, weil er die griechische Kaper fürchtet. — Sie können sich denken, in welcher Verlegenheit sich der He. General, der sich nun schon so mannigfach getäuscht sieht, befindet! — Wie, wenn nun hier Unruhen gegen Griechen und Franken entstehen? — Was sollen wir thun, welcher Ausweg steht uns offen, um uns und unsre Habseligkeiten zu retten? Man räth uns hier nach Suez, von da nach Tor, etc. und endlich nach Mockaha zu gehen, weil wir so eine ausbeutereiche Reyse machen und in Mockaha immer die Bequemlichkeit haben würden, uns auf einem englischen Fahrzeug nothfalls nach Indien zu retten, aber dazu gehört Geld, und selbst wenn man hier soviel auftreiben sollte, haben wir das Recht, solchen Gewaltschritt zu thun? Andere riethen uns uns bald nach Europa zu salviren, aber in Alexandrien wüthet die Pest furchtbar und wir können nicht wie der He. General eigends ein Schiff nolisiren und uns an einem pestfreyen Ort abholen lassen. Zudem geben wir damit alles auf, und im Fall wirklich Unruhen eintreten, ist Alexandrien noch weniger sicher als Cairo. Der fatale Orient, das fatale Aegypten! Wir wissen wahrlich selbst nicht, ob es räthlich ist, daß man noch viel Geld an die Reise wendet. Manchmal ist es uns, als werde Beständigkeit und Ausdauer siegen; manchmal aber wieder dünken uns die Schwierigkeiten zu mannigfach und zu groß, als daß sich neben ihnen ein gutes Resultat ergeben könne. Erwägen Sie rasch, wir sind auf alles gefaßt, wagen, wenn es Noth thut, alles und wollen zugleich so behutsam seyn als es möglich ist. Nur, wenn man Fortsetzung der Reise wünscht, erinnern wir nochmals, daß weniger als das Geforderte uns Nichts hilft und daß wir für alles andere, nur nicht für Hemmung durch Krankheit und politische Unruhen einstehen können, daß also trotz unserm besten Willen doch das Resultat geringer werden könne als wir hofften. Ließe sich doch nicht vielleicht durch Subscription für die Sache etwas thun? Wir erhielten schon, ohne irgend Anlaß dazu gegeben zu haben, von 2 Ausländern kleine Beyträge, sollte sich nicht auch in Preußen mancher finden, wenn man aufforderte? Prof. Liman ist dahin, der General ist ziemlich unverrichteter Sache auf dem Rückweg, und wenn wir auch umkehren, so ist die ganze große Expedition = Null. Deshalb möchten wir gern aushalten, wollen Ihnen aber auch die großen Schwierigkeiten und die Bedenklichkeiten, die wir selbst haben, nicht bergen. Der Fehler auf unserer Reise ist, daß wir, wie die Preußen bei Jena, nur auf Glück gerechnet hatten und daß uns die Reserven fehlen. Können Sie uns starke Hilfstruppen schicken, siegen wir vielleicht, ohne die, sind wir auf's Haupt geschlagen. [. . .]

27. *Lichtenstein an Hemprich und Ehrenberg

[Eingegangen in Ambukohl Juli 1822]

[Berlin, etwa 6. Sept. 1821]

Welche Freude mir Ihr endlich angelangtes Schreiben vom 28st. Mai—2t. Jun. verursacht habe, werden Sie ermessen können, wenn Ihnen mein Brief von heute vor 8 Tagen zu Händen gekommen ist, den ich noch in voller Angst um Ihr Leben und Ihre Gesundheit niedergeschrieben. Gottlob, daß sie sich so endet. Hoffentlich haben Sie nun alle Haupttrübsale der Reise überstanden, und vor Ihnen liegt nur Freude in Befriedigung Ihres edlen Forschertriebes. Gott gebe Ihnen ferner Kräfte und lasse den Tribut, welchen Sie dem Clima gezollt haben, zu desto festerer Gesundheit Ihnen zu Statten kommen. An Geld soll es fortan hoffentlich nicht mehr fehlen, wenigstens sind Sie doch durch die neueren Creditbriefe auf Livorno u. Marseille und durch die Bevollmächtigung des Herrn Consul Brandenburg vor Geldnoth geschützt. Gebrauchen Sie diesen Credit mit möglichster Sparsamkeit u. Discretion u. Sie können versichert sein, daß Ihre Forderungen honorirt werden. Das Vertrauen in den Erfolg Ihrer Sendung wird natürlich immer größer und wird mit jedem neuen Beitrag an Beobachtungen u. Naturalien, den Sie schicken, noch immer höher steigen. Alles vereinigt sich, sämtliche hohe u. höchste Behörden noch immer günstiger für Sie zu disponiren u. man wird gewiß für Sie thun, was nur immer für Reisende vom preussischen Staat geleistet werden kann. [. . .]

Ihre eingegangene zweite Sendung† betreffend, will ich nur Einiges bemerken. Die Vögel sind recht gut, selbst aus dem Weingeist lassen sich die mehrsten noch recht schön herstellen. Das Abbalgen wird Ihnen mit der Zeit immer besser gelingen [. . .] Die wichtigsten Stücke sind jetzt schon ausgestopft u. paradiren in den Schränken zu Ihrem Ruhm. Besonders schön nehmen sich (außer den Houbaren u. schwarzen Saxicolen) die *Dipus*-Arten[10] aus, von welchen wir nun zugleich die großen siberischen Arten von Eversmann aus Buchara u. dazu den *Pedetes* in mehreren Exemplaren von Krebs vom Cap erhalten haben. Die mehrsten der Ihrigen sind wirklich neu und sind zur Hälfte auch zum Skeletiren u. Anatomiren von Rudolphi benutzt, der darin noch Eingeweidewürmer gefunden u. überdies sich an Ihren übersandten Entozoen sehr gefreut hat. Aber es strömt jetzt von allen Seiten so mächtig zu, daß sich kaum durch die ungeheure Masse

† Enthaltend die Ausbeute der libyschen Reise [„III." Sendung].

alles Neuen durchfinden läßt. Aus Brasilien sind seit Ihrer Abreise 43 Kisten u. Fässer mit Naturalien eingegangen, worunter so unerwartet viel Neues, daß ein ungefährer Ueberschlag schon einen Werth von 12 000 Thaler giebt. Rödig ist auf eine sehr rühmliche Weise in Ihre Fusstapfen, lieber Hemprich, getreten und hat die Amphibien-Sammlung in vollkommene Ordnung gebracht. Sie nimmt jetzt die Wand rings um das ganze Zimmer allein mit Spirituosen in den neuen Repositorien ein. Die trocknen Amphibien sind über denselben an den Wänden angebracht. Wir denken jetzt darauf, an die Stelle des Krokodilbretts in der Mitte einen freistehenden Schrank für die Spirituosen machen zu lassen, die jetzt zukommen. Aber es ist etwas an Gläsern und Weingeist darauf gegangen, zumal da auch die Fische von Rödig ganz in dieselbe Ordnung gebracht sind. Auch bei ihnen sind zwei Repositorien hinzugekommen, und wenn wir Ihre dritte Sendung erhalten, wird schon neue angenehme Verlegenheit wegen des Raumes eintreten.

Die fröhliche Nachricht von Ihrer Herstellung und dem neuen Auszug nach Fajum habe ich gleich an demselben Tage, wo ich sie erhielt, in den Zeitungen ausposaunt, damit alle Ihre Freunde sie gleichzeitig erfahren. . . .

Leben Sie wohl und halten Sie sich der wärmsten Anhänglichkeit versichert, mit welcher ich immer bin

Ihr treuer Freund
Lichtenstein

28. Hemprich an Lichtenstein
[Eingegangen in Berlin 10. Okt. 1821]

Alexandrien d. 2ten August 1821

Verehrtester Herr Professor!

Wie kömmt Hemprich nach Alexandrien werden Sie fragen. Hören Sie und hoffen Sie mit uns, daß nach vielem Unglück endlich die Zeit des Glücks gekommen sey. Sie wissen aus unsern früheren Mittheilungen, daß ich weil Dr. Ehrenbergs Genesung sich verzögerte, allein nach dem Fajum ging und ihn in Cairo zurückließ um ihn in einem Monat von dort abzuholen und mit ihm nach Suez, Tor, dem Sinai u. s. w. zu gehen. Leider ward mir gleich am 3ten Tage nach dem Abgang von Cairo der Dragoman krank, so daß ich und ein deutscher Bedienter [Franz Kreysel aus Schlesien], den wir in Cairo angenommen für alles, Nachtwache mit einbegriffen, allein waren. Dies und die schon etwas weit vorgerückte Jahreszeit machte, daß die Ausbeute der ersten Tage etwas gering war. Ich stationierte deshalb nirgends, bis ich zu einem Dorf kam (S a n h o u r), das durch die Nähe des Sees Moeris, durch seine Palmenwälder, Gärten etc. mir für Jagd und Insektenfang Ausbeute versprach. Hier wollte ich unter dem Zelt eben eine Woche bleiben und ging um am See Moeris zu recognosciren, während ich die beiden Leute beym Gepäck zurückließ. Ich fand zu meiner Freude das Wasser nur ein wenig mit Nitrum geschwängert und ziemlich trinkbar und kehrte zurück, um das Zelt in der Nähe des Sees aufschlagen zu lassen. Wie groß war mein Erstaunen, als ich bey meiner Rückkehr hörte, daß der Dragoman mit einigen Barbarisken Streit gehabt und daß man auf ihn geschossen habe, daß der Scheich el bellard (Ortsrichter) und der Kaimakan (Comandant) mich ersuchen ließen mich mit meinen Effekten in ihr Haus zu begeben, und daß sie mich warnten, ja nicht unter dem Zelt im Freyen zu bleiben, weil sie für nichts stehen könnten. Sehr ungern und wie Unglück ahnend zog ich in das Haus, wo ich eine bequeme Stube und für die Effekten und Domestiken ein hübsches Magazin erhielt. Die ersten Tage ging alles recht gut, wir waren der Nachtwache, die, weil jeder die halbe Nacht nehmen mußte, ein wenig zu anstrengend war, überhoben, Scheich el bellard und Kaimakan behandelten mich mit der größten Achtung, Frantz, der Deutsche, machte einige gute Vögel zur Beute, ich fing hübsche Insekten. Unglücklicherweise kam ich auf den Gedanken, eine Jagdpartie nach dem See zu machen, der Dorfrichter, der Kaimakan etc ließen es sich nicht nehmen mich zu begleiten, und dies war Ursach daß wir nur 2 *Anas aegyptiaca*[11]) habhaft machten. Ich beschloß den wiederhergestellten Dragoman und den Deutschen auf einige Tage hier auf dem Anstand zurückzulassen und mich indeß mit Insektenjagd zu beschäftigen. Während jene noch am See waren, kam leider Dr. Ehrenberg an, der nicht ganz kluger Weise sich ziemlich schwach auf den Weg gemacht hatte, um mir arbeiten zu helfen. Ein Hauptgrund, gegen den ich freilich gar nichts sagen konnte, war der Geldmangel, die Betrügerey des bey ihm zurückgebliebenen Arabers hatte ihn nämlich bald um das ihm zurückgelassene gebracht. Wenn nämlich jemand hier nicht alle Preise ganz genau kennt, so wird er so betrogen, daß er es hernach kaum begreift, ich weiß, daß man uns in den Monaten September und Januar in Alexandrien und Februar und May in Cairo um mehr denn 200 Colon. betrogen hat und kann es berechnen. Ich weiß, daß selbst Herren Consuls mich um 100 Piaster zu bringen sich das Vergnügen gemacht haben. Man muß hier dran denken, daß man nur von Schurken umgeben ist. Dies nebenbey, kurz Freund Ehrenberg kam an, brachte aber die Ophthalmie und den Italiener und den Araber, die ich bey ihm gelassen, venerisch mit. Zu diesem Unglück, nun 3 Patienten in unserer Gesellschaft zu haben, kam das, daß durch den Araber, den Ehrenberg mitbrachte, verrathen ward, daß unser Dragoman, der sich für einen Türken und Soldaten ausgegeben, ein Grieche sey, was mich in einige Verlegenheit brachte und nöthig machte, daß ich all das Ansehen, das ich zum Glück bey den Türken und Arabern hatte, benutzte um Streit zu vermeiden. Mir zu Lieb sagte man ihm kein Wort und ließ ihn als Türken passieren, was bey Türken sehr viel sagen will. Ich ließ, als dies beygelegt war, unsere Jäger vom See zurückrufen und erstaunte nicht wenig als ich hörte, daß der Deutsche schon zwey Tage die Ruhr habe, aber aus Eifer nicht habe zu Hause gehen wollen. Ein vierter Patient, leider kränker als alle anderen, der denn auch nach etwa 18 Tagen verschied, was aber mehr auf Rechnung seiner Unfolgsamkeit als seiner Krankheit kömmt. Durch diese Krankheiten, die Nothwendigkeit bey den Freunden des Scheich el bellard den Arzt zu machen und die Ankunft des Kaschif (Kreiskomandanten) der mehrere Tage weilte und den ich dann *nolens volens* viel besuchen mußte, ward meine Thätigkeit sehr eingeschränkt. Ehrenberg konnte seiner Augen halber nur wenig helfen, und wir brachen also, unmittelbar nachdem wir den armen Frantz begraben hatten, nach Cairo auf. Hier angekommen erfuhren wir, daß wichtige Briefe auf Ordre des He. Buccianti uns mit einem forcirten Courier ins Fajum nachgeschickt worden seyen, die uns nun verfehlt hätten. Da wir nicht wissen konnten, ob diese Briefe uns nicht zurückrufen, so mußten wir mit jeder Anordnung so lange pausiren, bis diese Briefe ankamen. Doch beschlossen wir vorläufig, weil wir im September schon unsere Reise nach Oberägypten und Nubien beginnen mußten, die Reise nach Suez für diesmal aufzugeben, weil die Pilgrime im Monat August die dortige Gegend durch ihren Fanatism unsicher machen und weil die Zeit, da es nicht wahrscheinlich war, daß Ehrenberg vor Mitte August stark genug seyn werde, zur Wüstenreise nach Tor zu kurz war. Wir beschlossen also unmittelbar nach Oberägypten zu gehen und zwar in der Art, dass wir mit Beibehaltung der Barke bis Essouan gingen, von dort an zu Lande mit sämmtlichem Gepäck nach Dongala (4 Monat), in Dongala unser Gepäck, die bis dahin gemachten Sammlungen, unter der sicheren Obhut des Commandanten mit einem treuen Menschen zurückließen, der die Ordre hätte, falls uns je ein Unglück zustieße, alles nach Cairo zu convoyiren und dort nach Vorschrift zu übergeben. Von da aus sollten nun Excursionen nach Suakem, die westlichen Wüsten, den Sennaar, den Cordophan, den Darfur gemacht werden (6 Monat, vielleicht auch mehr, weil 3 Regenmonate). [. . .]

So standen wir als jener Brief aus dem Fajum ankam und uns anzeigte, daß der Pascha auf eine Anzeige des He. Buccianti eine von einem Portugisen in der Provinz Dongola sicher entdeckte Goldmine wolle aufsuchen lassen, und daß man uns einlade, als Mineralogen auf Kosten des Pascha mit dem Sekretair des He. Buccianti und einem Officier des Pascha dahin zu gehen. Wenn sich etwas anfinde, wolle uns He. B. von der etwa vom Pascha zu erhaltenden Gratifikation ¼ abgeben.

[. . .] Die Aussicht, Länder von bedeutendem Interesse sehen zu können und zugleich der Akademie und dem Ministerium Exzesse zu ersparen, mehr als die versprochene Belohnung, machte diesen Brief für uns wichtig, und da wir auch Medikamente aus Alexandrien nöthig hatten, so beschlossen wir, daß Ehrenberg in Cairo bleiben, die abzusendende Sendung ordnen und alles zur Abreyse vorbereiten und ich indeß nach Alexandrien gehen und dort mit He. Buccianti u. durch He. Bojoz mit dem Pascha verhandeln sollte. [. . .]

D. 8ten August. Günstige Aussichten. Der Pascha hat alles bewilligt und no. 2 kömmt in Ausführung. Wir brauchen also keine Zuschüsse aus Europa und bitten nur um Honorirung des am 24ten July auf He. Brandenburg in Triest abgegebenen Wechsels von 624 Colon. Im August 1822, vielleicht auch erst im Oktober, kommen wir zurück, bitten aber Vorsicht halber uns die nöthigen Summen in Triest, Livorno und Marseille schon im May 1822 disponibel zu machen. . . .

12ten August 1821

Noch immer bin ich in Alexandrien. Der Pascha hat sein Wort zurückgenommen, wollte erst die Reise gar nicht zugestehen und hat mir nach vielen Schwierigkeiten erlaubt, daß wir sie ganz auf unsre Kosten machen. Es könnte also möglich seyn, daß ich mich genöthigt sehe noch einen kleinen Wechsel auf 600 bis 1000 Colon. abzugeben; was man denke ich, mit den Umständen und mit den Aussichten eine gute Reise in Gegenden, die noch kein Naturforscher sah, entschuldigen wird. [. . .]

Mit meiner Ankunft in Cairo geht von da wieder eine Sendung ab, die besonders He. Professor Klug erfreulich seyn wird. — Dann wird es eine große Pause geben, auf die, hoffe ich, Trommel- und Paukenschlag von unsrer Seite folgen soll.

Wir haben lauter neue Leute, denn einer war uns gestorben und die beyden andren waren dadurch so erschreckt worden, daß sie mir den Dienst kündigten. Es sind Deutsche, wie es scheint brave Kerls. Ihre Probeschüsse haben sie gut gemacht. Ehrenberg wird sie nun gleich mit dem Abbalgen in die Schule nehmen. Schöne hirschgroße Gazellen, Giraffen, Hippopotame und einen gewaltigen Reichthum der buntesten Vögel hat mir ein Mann, der aus dem Sennaar herabwanderte, zugesichert. — So leben Sie denn wohl, wir wagens. So Gott will in 14 Monaten bin ich wieder in Alexandrien, um entweder nach Europa überzuschiffen oder zur Farth auf dem rothen Meer alles vorzubereiten. —

29. *Nees von Esenbeck an Ehrenberg

Bonn, den 31. December 1820

Theurer Freund!

Ihren Brief von Scheil el Achterieh, vom See Mareotis her, zu beantworten, ist mir ein sehr werthes Anliegen, ob ich gleich noch nicht recht sehe, wie dieses Antwortschreiben zu Ihnen gelangen soll. [. . .]

Möge Sie recht oft auf Ihren Weegen eine *Elpidophora* begrüßen! Damit beginn' ich meinen Brief. Ich könnte ihn auch damit schließen, aber ich habe doch noch Einiges hinzuzusetzen. Mich dünkt, das an sich gutgemeinte Streben der spätern linneschen Botanik, die Anschauungen in der Pflanzenwelt zu vereinfachen, hat geschadet. Man sah überall Aehnliches, weil e i n Typus herrscht, der alles verbindet, man nahm daher, bequem genug, das Aehnliche für gleich an, drang nicht tiefer durch, klagte über Armuth, fand nichts. Ich bin gewiß, Sie werden auf allen Seiten, auch unter Phanerogamen, Neues finden. [. . .]

Ihr
NEES V. ESENBECK

30. *EHRENBERG an NEES VON ESENBECK

Cahira am 10ten Aug. 1821

Innigst verehrter Herr Präsident.

Vor mehr als einem Monat nahm ich mir die Freyheit Ihnen ein paar Zeilen von meiner Hand zuzusenden. Es war die Antwort auf Ihr gütiges Schreiben vom December vorigen Jahres, welches leider auch, wahrscheinlich in Berlin liegen geblieben, erst nach 6 Monaten in meine Hände kam. Ich bedurfte damals des Balsams, den Sie mir reichten, und seine Wirkung war so vortrefflich, daß ich wenige Tage nach meinem Antwortschreiben aufbrechen und mich mit meinem in dem Fajum befindlichen Freunde verbinden konnte. Leider trat freylich sogleich bey meiner Ankunft am Birket el kerun, dem alten See Moeris, eine heftige Augenentzündung ein, welche mich wieder einen Monat lang unthätig machte und nun erst nach unsrer Zurückkunft nach Cahira, sich in Myopie umwandelnd, verschwand. [. . .] Ich bin seit einigen Tagen weit weniger Myops und hoffe, daß auch der Rest sich verlieren werde. Freylich verlangt es Schonung, und Schonung ist faule unausstehliche Zeit. Denken Sie, Herr Präsident, sich unter *Musa*-Blüthen, unter den Blüthen von *Sycomorus, Cassia, Fistula, Sesbania, Mimosa nilotica, Farnesiana, Rhamnus Nabeca, Phoenix dactylifera* und wie die lieben, doch vielleicht nicht so *de fundamento* bekannten Freunde sich alle nennen, die man doch wenigstens so auf seine Art gesehen haben möchte, denken Sie dieß und bey übrigem Wohlbefinden eine neckende Krankheit des Sehorgans, welche das Betrachten verhindert, und beurtheilen Sie meine bisherige Lage. Ich bin manchmal sehr traurig, daß ich so viele Zeit verlieren muß und noch mehr darüber, daß ich wie der sündige Mensch vor dem Paradies stehen soll. Doch ich höre auf, HASSELQUISTS und FORSKÅLS und SEETZENS Klagen zu wiederholen, und melde Ihnen nur noch, daß wir endlich und endlich tröstliche Briefe aus Berlin erhalten haben. [. . .] Dank Ihnen für den Wunsch zur *Elpidophora.* Aller Widersacher ungeachtet halte ich meine *Elpis* noch fest und eher könnte sie mich als ich sie verlieren. — Ihre gütige Ermahnung zur möglichsten Vervielfältigung der Anschauungen in der Pflanzenwelt soll, so Gott will, Frucht bey mir bringen. Es war ja bisher weder das nackte Systematisiren, noch das unsystematische Beobachten meine Lieblingsbeschäftigung, und wo nur irgend Zeit und Umstände samt meiner Fähigkeit es erlauben, schneide ich wohl gern bis aufs Fleisch. Zürnen Sie daher nicht auf mich, wenn mein ungelaunter Wüstenbrief es anders ausgesprochen. Ach wie gern möchte ich allen Pflanzen so recht in das Innere sehen! Leider sehe ich nur immer mehr ein, daß das Reisen solche Arbeit nicht begünstigt. Immer Fragmente und wieder Fragmente. Ist das Glück gut, so reihen sich auch Fragmente in ein nützliches und angenehmes Ganze; aber — wird das Glück gut seyn? Doch ich kehre zur *Elpidophora* zurück — die ich nebst einem *ad vivum atque resectum* für die Acta der mich so hoch ehrenden Leopoldina zubereiten werde. Versteht sich, daß ich Hand in Hand mit meinem Freunde gehe, denn wir sind nicht gesondert.

Sie melden mir ferner die Publikation meiner kleinen letzteren (denn es sind ja wohl hoffentlich nicht die letzten) europäischen Arbeiten. Möge sie Minerva beschützen! Hierzu möchte ich Ihnen noch Eines anvertrauen. Wenn ich Ihren Brief lese, welcher mich zum Mitgliede erster Classe der correspondirenden Botaniker erhebt, so geht es mir wie dem CURIO mit dem CICERO, welcher ersterer dem letzteren bekanntlich schrieb: Du hast mich durch Dein Lob in meinem Vaterlande so geehrt, daß ich mich zurückzukehren scheue.

Ferner habe ich HENSCHELS handhohes Buch über Sexualität der Pflanzen, wovon Ihr Urtheil zu errathen mir große Freude war, bereits gesehen und zwar in Wien bey Herrn Baron v. JAQUIN, aber nur gesehen. Ich wünschte wohl es vor meiner Reise nach Egypten näher kennen gelernt zu haben. Egypten ist ja das Land der Caprification und diese hat doch ein Wort mit zu sprechen. Mich dünkt, daß FRIEDRICH SPRENGELS Beobachtung doch beobachtet sey und mich dünkt, errathe ich anders HENSCHELS Meynung, daß er von den bisher als Geschlechtsorgane aufgeführten Theilen nicht mit mehr Recht andrer Meynung ist, als es einer meiner Lehrer der Physiologie seyn mag, welcher vortrug, daß der Mechanismus des Auges zum Sehen durchaus nicht nothwendig und nicht dienlich sey, sondern daß das Sehen ein rein dynamischer Act wäre. So viel ich weiß hat Prof. HENSCHEL bey dieser Arbeit weniger experimentirt, als das über den Gegenstand Gesagte zusammengetragen und darauf sein Urtheil gegründet. Dem sey wie ihm wolle, aber warum dehnt er nicht seine neue Ansicht über das Thierreich aus, denn es ist ja wohl die Sexualität der Thiere eines und dasselbe mit der Sexualität der Pflanzen? Die Sexualität der Thiere in Zweyfel zu ziehen fällt niemanden ein und doch ist es so wenig erwiesen, daß das Sperma zu den Ovarien gelangt, als daß das Pollen durch den Stilus zu den Saamenbehältern (Ovarien) geht. Nahe an das thierische grenzt die Asclepiadeenbefruchtung wie BROWN sie beobachtet[12]. KOELREUTERS alte Versuche werden noch immer abgedruckt. Ist nicht das Derstamosiom [?] der Conjugaten und Pilze ein Act, welcher dem thierischen Sexualitätsacte gar nahe steht, sowohl in Form als in Wirkung? Doch ich kenne HENSCHELS Arbeit zu wenig, nur durch ein augenblickliches Blättern im Buche und habe wohl seinen Sinn schief aufgefaßt, meyne nur, daß man beym Gespräch über Sexualität der Pflanzen die bisher einseitige comparative Anatomie und Physiologie wohl mit Unrecht aus den Augen läßt. Ob ich recht meyne werden Sie leicht beurtheilen, ich blättere noch im A b c-buche und stolpere nicht gar selten beym Lesen. [. . .]

Daß das *Conjugium fibrarum* auch berücksichtigt werde wünsche ich allerdings, denn ich habe ja bey Beobachtung desselben meinen Geduldsfaden lang ausgesponnen[13]. Giebt andere Beobachtung anderes, dann spinn' ich einen zweyten noch längern Faden.

Ich gratulire Ihnen und der Wissenschaft zu der schönen Ausbeute aus Java. Blaue Berge haben etwas äußerst anziehendes für mich; in Egypten giebts keine und nach Nubien cet. cet. sollen wir nicht gehen oder sollen wir gehen? Doch ja? Der Herr Minister VON ALTENSTEIN wünscht, daß wir diese Reise nicht unternehmen, sondern lieber das Rothe Meer sofort besuchen†, und es ist dieß ja Befehl für uns; dagegen haben wir uns vor Ankunft der Briefe aus Berlin schon völlig ausgerüstet und würden, im Fall wir sie nicht anträten, mehrere große Ausgaben umsonst gemacht haben; zudem geht den 12ten Aug. das letzte englische Paquetboot nach Djedda ab, weil von da an das Rothe Meer der Stürme und des Südostwindes halber aufwärts unzugänglich wird. Sonach verschließt einerseits die irdische und überirdische Ordnung die Thore gen Süd, andrerseits die

† Siehe Brief Nr. 17.

irdische Unordnung die Thüre gen Ost. Gen West waren wir schon und sind gewarnt. Von Norden sind wir gekommen. Was thun? Sollen wir 6 Monate in Cahira von der Fluth umgeben sitzen? Gewiß nicht! Auf denn gen Süd und Dongala! Ein Frühjahr in Dar-foor hat kein Botaniker gesehn. Kosseir und andre Punkte des Rothen Meeres liegen unterwegs. Glück auf wünscht uns so mancher Ehrenmann, der Himmel wird nicht immer auf uns zürnen!

Was meine Beschäftigungen seit dem letzten Briefe anlangt, so können Sie dieselben aus den Prämissen leicht schließen. Über den Sycomor und *Musa* bringe ich doch vielleicht aus dieser Zeit einiges Interessante mit. Die Cucurbitaceen habe ich noch nicht alle gesehn, aber von mehreren die Früchte studirt. Ich ahne einige nicht uninteressante Analogieen. Seit den ersten Tagen der wiederkehrenden Kraft meiner Augen habe ich, um nicht unthätig zu seyn, langsam angefangen die mahlerischen (nicht die botanischen wie ALPIN cet.) Ansichten der ägyptischen Bäume mit Bleystift zu entwerfen, etwas was vielleicht blos mir individuell interessant ist, ich werde es aber doch gelegentlich fortsetzen. Die vergleichenden botanischen Definitionen der Alten und der Araber verlangen eine Kenntniß des Totalhabitus der Pflanzen und es gehört ja doch überhaupt zur Botanik. [...]

Wir grüßen Sie mit Liebe und Hochachtungsvoll. Ich

Ew. Hochwohlgeboren
innigst ergebener
Dr. C. G. EHRENBERG

31. Minister VON ALTENSTEIN an LICHTENSTEIN

Berlin, den 24ten October 1821

So angenehm es mir auch ist, aus Euer Wohlgeboren Berichte vom 12ten d. M. und aus dem mir damit communicirten, anbey zurückgehenden Schreiben des Dr. HEMPRICH nähere Kenntniss von der Reise des letztern und des Dr. EHRENBERG und von dem vortheilhaften Fortgange derselben zu erhalten, so schwierig wird es doch werden die dazu erforderlichen Fonds vollständig zu beschaffen. Nach Ihrer Darstellung wird der jetzige Bedarf sich ungefähr belaufen auf 2430 rth. welche vor Ablauf dieses Jahres noch erforderlich sein dürften.

Zwar hoffe ich für diese Reise bis zu der runden Summe von 2,400 rth. annoch zu Ihrer Disposition stellen zu können. Dieser Betrag ist jedoch als die letzte Bewilligung zu betrachten, welche für dieselbe aus den Fonds meines Ministerii erfolgen kann, so daß also die etwanigen Mehrkosten des fernern Aufenthalts der Reisenden in Aegypten und ihrer Rückreise, aus dem Erlöse des Doubletten-Verkaufs bey dem zoologischen Museo und bey den übrigen betreffenden Instituten /: in welcher Hinsicht ich mich auf die Verfügung vom 30ten May c. beziehe :/ gedeckt werden müssen. Ich ersuche Sie daher, hiernach die nöthigen Einleitungen zu treffen.

Sobald übrigens beyde Reisende die jetzt angetretene große Reise, auf welcher sie 14 Monathe zuzubringen gedenken, beendigt haben, müssen dieselben hieher zurückkehren und kann ihnen ein fernerer Aufenthalt in Aegypten nicht gestattet werden.

Ich beauftrage Euer Wohlgeboren, dieselben von dieser Bestimmung auf sicherm Wege in Kenntniß zu setzen, und wegen der ferneren Reise-Kosten mit der nöthigen Instruction zu versehen.

ALTENSTEIN

32. Minister von Altenstein an Lichtenstein

Berlin, den 15ten November 1821

Ew. Wohlgeboren eröffne ich auf den Bericht vom 8ten d. M. daß die Hauptkasse der wissenschaftlichen Anstalten angewiesen ist, an die Kasse des hiesigen zoologischen Musei einen Vorschuß von dreitausend Thaler zur Deckung der von den Reisenden Hemprich und Ehrenberg bezogenen Sum̄en auszuzahlen.

Uebrigens kann ich indem ich dem Eifer der beyden Naturforscher volle Gerechtigkeit wiederfahren lasse, und das Schwierige ihrer Lage nicht mißkenne, doch nicht umhin, meine Mißbilligung über die großen und alle Erwartungen und Vorausberechnungen übersteigenden, von beiden Reisenden bezogenen Sum̄en zu erkennen zu geben; Ew. Wohlgeboren ersuche ich, ihnen dies zu eröffnen, indem ich es, um sie nicht zu sehr niederzuschlagen, nicht selbst zu thun wünsche. Insbesondere wollen Sie ihnen bemerklich machen, wie unangemessen es sei, von dem ihnen von einzelnen Handlungshäusern zugestandenen Kredit so bedeutend Gebrauch zu machen, ohne zuvor Nachricht hievon zu geben, und mich sonach in die Verlegenheit zu setzen, entweder die Zahlung leisten zu lassen, oder durch deren Verweigerung die ganze Thätigkeit der beiden Reisenden zu lähmen. Zugleich haben Ew. Wohlgeboren ihnen ganz bestimmt zu eröffnen, mit wie viel sie bis zu ihrer Ankunft hieher ausreichen, und daß sie über die Verwendung der säm̄tlichen ihnen gezahlten Gelder sich vollständig ausweisen müssen. Wenn diese Reisende ihre Unternehmung erweitern wollen, so müssen sie so zeitig, daß ihnen, ehe sie deshalb einen Aufwand machen, die Resolution zugehen kann, darüber Bericht erstatten.

Angenehm würde es mir sein, von demjenigen, was Ew. Wohlgeboren dem Hemprich und dem p. Ehrenberg in Gemäßheit der gegenwärtigen Verfügung eröffnet haben, Kenntniß zu erhalten, und wünsche ich daher, daß Sie mir gelegentlich das Koncept Ihres Schreibens an sie vorlegen.

Altenstein

33. Hemprich an Lichtenstein
[Eingegangen in Berlin 24. Nov. 1821]

Alexandrien, d. 4ten September 1821

[...] Bis jetzt ist in Egypten alles ruhig und der Krieg mit den Griechen ist wohl eher Blitzableiter als Blitzzuleiter, wenn er unentschieden sich noch ein paar Jahre fortsetzt, so bleiben wir sicher. Nur wenn er zum Völkerkriege wird, möchte wohl auch Egypten eine Rolle spielen. Was die Erbitterung gegen Franken betrifft, so ist sie hier nicht groß, und eine Dosis Klugheit, Rechtlichkeit, Muth und Geld schützen in den Städten. Auf den Dörfern sind wir ohnehin Herren, denn die einzelnen dort befindlichen Soldaten (die freyen Fellaho kommen nicht in Anschlag), können, auch wenn sie wollen, nicht schaden. Nur die Nähe der Läger, wo Hunderte von Soldaten sind, muß man so viel möglich vermeiden. Abdim Kaschef in Dongola ist ein allgemein belobter Frankenfreund und wird uns schon schützen. Gegen die Beduinen schützen uns unsre Doppelrohre, die strenge Nachtwache und endlich der Glaube, daß wir Zauberer seyen, die keine Kugel tödte. Nur gegen eins ist kein Mittel — gegen die Bosheit der Franken und — — gegen Krankheiten. [...]

34. HEMPRICH an LICHTENSTEIN
[Eingegangen in Berlin 21. Febr. 1822]

Siout, d. 9. October 1821

Verehrtester Herr Rektor!

[. . .] Die Circulare an die Königl. Preussischen und Königl. Grossbritannischen Consuln in der Levante, die englischen Pässe, die Firmans von Constantinopel haben wir erhalten und erkennen abermals, wie viel wir Ihren gütigen Bemühungen für uns verdanken. Wir sind jetzt wieder ganz muthig, weil wir sehen, dass Sie mit uns Nachsicht haben und dass der Herr Minister v. ALTENSTEIN auf Ihr und der Herren RUDOLPHI und LINK gütige Verwendung auf uns unterstützende Rücksicht nehmen will. Wir glauben Sie sowohl als der Herr Baron v. ALTENSTEIN werden es nicht für grundlosen Eigensinn halten, wenn wir die Gelegenheit ein wenig in's Innere Afrikas suchend zu wandern benutzen und den Ausflug nach dem rothen Meere noch etwas aufschieben. Wir haben uns so sicher gestellt, dass das Unglück gross seyn müsste, wenn wir das Unsere verliehren sollten. [. . .] Die Truppen des Pascha sind in den Bergen des Cordophan, nach einem Bericht eines Europaeers von dort gibt es Löwen, Panther, große und kleine Gazellen, Giraffen, Rhinozeren, viele kleinere Säugthiere wunderlicher Form, sehr viel Straussen, Vögel in ungeheurer Mannigfaltigkeit, viele Schlangen, Skorpione und Spinnen von außerordentlicher Grösse. So viel wissen wir aus dem Bericht eines Layen, das übrige gehen wir selbst erfahren.

Mit unsrem, leider starken, Personal sind wir bis jetzt zufrieden, sie lassen sich gut an und beschäftigen sich mit Liebe mit der Jagd. E. . . ., ein Deutscher hat Sinn für Insektenjagd, was uns sehr zu statten kömmt. Weil wir uns bis Essuan nicht aufhalten wollen, so wird bis dahin nicht viel werden, dann aber hoffe ich, soll die Aerndte angehen. [. . .]

35. EHRENBERG an LINK

Luxor in Theben am 27. Oct. 1821

Innig verehrter Herr Professor!

Endlich sind wir in der Thebais und sogar beym alten Theben selbst, dessen skrophulöse Säulen dicht an unsre Barke stoßen. Aus unsern Briefen an Herrn Prof. LICHTENSTEIN und Herrn Geh. Rath RUDOLPHI werden Sie ersehen haben, wie viele Schwierigkeiten man zu überwinden hat, ehe sich in diesem Lande eine Reise einleitet, wie die unsre seyn muß, und wie sehr wir deßhalb Anspruch auf gütige Nachsicht machen müssen. Egypten ist das Land der Geduld. Haben auch die Menschen hier viel Nachsicht miteinander, so hat doch wohl der Himmel noch mehr mit ihnen. Doch vielleicht ändern zwey Jahre Aufenthalt in diesem Lande das in einem gesammelte Urtheil.

Während Dr. HEMPRICH nochmals nach Alexandrien reiste, ging ich zu Ende Augusts mit der gemietheten Barke, unsren Leuten und unsrer Habe aufwärts bis Benisuef. Bey Ankunft desselben in Benisuef hatten wir 4 Säugethiere, 111 Vogelbälge, gegen 900 Insecten, meist große Formen und einige Packete Pflanzen und Sämereyen zusammengetragen. Ich hatte bis dahin noch immer mit dem Körper zu kämpfen, während auch unsre Gehilfen abwechselnd Ophthalmien und Fußgeschwüre befielen. Bey der Abreise von Benisuef gegen Ende Septembers waren wir alle tüchtig und so ist es, dem Himmel sey Dank, noch jetzt.

Während unsrer Trennung bestand ich in Benisuef ein kleines Abentheuer wovon ein ähnliches dem braven SEETZEN an einem andren Ort das Leben kostete. Anfangs nehmlich trugen Kinder, welche uns allerley Thiere sammeln sahen, Insecten, Schlangen u. dergleichen herbey und bekamen, hatten sie etwas brauchbares, ein Bakschisch. Plötzlich hörte dieß auf und ich bekam häufige Besuche von Soldaten, die theils neugierig, theils ungestüm den Inhalt unsrer Kisten zu sehen wünschten, so daß ich sie zuweilen ernst abweisen mußte. Der Dragoman brachte die Nachricht, daß in der Stadt allgemein die Rede gehe, wir fingen Kinder weg, um aus ihnen Gift zu bereiten. Einige Nachfragen dieser Sache wegen bey den Leuten unsrer Barke hörte ich selbst, und worüber ich anfangs lachte, das schien eine ernste Seite zu haben. Ich ließ scharfe Nachtwache halten und hielt sie, obwohl nicht recht gesund wie gewöhnlich, selbst mit. Nach einigen störenden Tagen schickte der Bey, welchen ich wegen eines Streites mit Soldaten bereits besucht und mit meinem Firman bekannt gemacht hatte, einen Caschef, um den Grund mehrerer Klagen über uns zu untersuchen. An demselben Tage hatten zwey Frauen geklagt, daß ein Knabe und ein Mädchen verloren gegangen und eine Dritte, daß ihre Tochter von jemanden aus der fremden Barke sey mit Staub geworfen worden und habe darauf drey Tage lang nicht sprechen können. Einige Worte des authorisirten Dragomans und die Versicherung von meiner Seite, daß die Einsicht in die Kisten dem Herrn Bey persönlich jederzeit offenstehe, daß sie nichts, als Reiß, Bohnen, einige Vogelbälge und allerley Utensilien zur Reise und zu unserm Zwecke enthalten, beruhigten den Caschef. Die Kinder hatte man Nachmittags in einem Winkel spielend beysammen gefunden. Der Bey ließ in der Stadt ausrufen, daß jeder werde in den Nil geworfen werden, der von den fremden Ärzten Böses spreche, oder sie gar beleidige. Nach einigen Tagen machte mir ein koptischer Schriftgelehrter (der Sekretair des Beys) nebst zwey Mamelucken einen Besuch auf der Barke, wahrscheinlich um sich von neuem bey mir umzusehen. Ich arbeitete eben über einem microscopischen Gegenstande und ließ sie das Instrument betrachten. Dieß und ein vergrößerter Fliegenfuß brachte sie sämtlich so zum Erstaunen, daß sie vergnügt und befriedigt die Barke verließen. — So darf uns die Vorsicht selbst in der Nähe von Cahira nicht verlassen. [. . .]

Da mir das Zeichnen der unhaltbaren Gegenstände viele Zeit wegnimmt, so kann ich wenig auf phanerogamische Pflanzen-Formen achten, die nicht als physiologisch wichtig in die Augen fallen. Ihre Bearbeitung muß schon meißt für die Folge aufbehalten werden. Ich habe bisher von den Africa eigenthümlichen Pflanzen diese Abtheilung der Structur und Entwicklung der Frucht stets zu selten gesucht, Saamen und die getrockneten Exemplare werden in den meisten Fällen zur spätern genauen Bearbeitung hinreichen, sorglich muß ich das Herbarium Ihrer besondren gütigen Obhut anempfehlen, da ja unter unsren Augen sich hin und wieder böse Feinde hineinschlichen. Auch gemeine Pflanzen sind uns wichtig, und unsre eigene Sorge für alle und jede einzelne reicht nicht hin, sie vor Zerstörung zu schützen; Ihr Schutz ist ein kräftigerer, und wir sehen deßhalb in Berlin angekommene Pflanzen für gerettet an. [. . .]

Ew. Hochwohlgeboren

dankbarst ergebener

Dr. C. G. Ehrenberg

36. Hemprich an Lichtenstein

[Eingegangen in Berlin 11. Mai 1822]

Syene [= Assuan], d. 10ten Novbr. 1821

An der Gränze Egyptens sind wir endlich. In acht oder zwölf Tagen soll es nun von hier nach Dongola gehen. Unsre Sammlung bestehend in etwa 450 Vögeln, 4500 Insekten, 20 Paketen Pflanzen, einem Fäßchen Spirituosen u. s. w. haben wir in einem Magazine hier niedergelegt. Sie stehen trocken und sind in wohl mit Werg und Pech kalfaterten

Kisten vor Insekten verwahrt. Bey unserer Rückkehr nehmen wir sie selbst mit, weil es zu unsicher ist, sie so weit allein gehen zu lassen. Wir gehn nun mit einer kleinen Barke nach Dongola, was freilich, weil bey jeder Catarakte ausgeladen und eine Strecke weit zu Lande transportirt werden muß, viele Beschwerden macht, aber doch besser und weniger kostspielig ist als die Landreise.

[. . .] Wir kaufen hier 6 bis 8 Kameele, die wir mit uns nehmen und die uns zum Landtransport in den Wasserfällen und später zu unsren Excursionen von Dongola aus dienen werden. Die Kosten dieser Reise tragen sich, wenn uns nicht besonderes Unglück trifft, gewiß ein. Von Säugthieren haben wir noch wenig, ein *Mephitis* (ob *Mustela barbara* Gm.) durch He. SALT, leider ein schlechtes Exemplar, *Hyrax capensis* jung in 2 Exemplaren, *Ichneumon* Männchen & Weibchen in Coitu geschossen und einige Fledermäuse unter denen aber nur ein *Vespertilio* neu. Die ägyptischen Vampyre haben wir noch nicht auftreiben können. In Nubien soll viel Hübsches seyn. Von Vögeln haben wir nun auch den *Vultur fulvus* (die Specimina von *V. cinereus* und *Cathartes percnopterus* werden ihnen wohl indeß zugekom̄en seyn), den *Strix Ascalaphus* (die neue? Eule *S. nobilis* haben wir sie genannt[14]) von Sacckhara aus werden sie doch auch schon haben) in mehreren Exemplaren; einige uns unbekannte Lanien, eine besonders reiche und interessante Suite von Saxicolen, worunter hoffe ich manch neues, ein *Caprimulgus*, der wohl nicht bekannt seyn dürfte, eine Nectarinie mit Sporn oder eine Lerche mit Nectarinienschnabel, wie Sie lieber wollen, mehrere der *Emberiza calcarata* verwandte Arten, eine neue? Art *Pterocles*, 2 neue? Arten *Perdix*, die mit den aus der Wüste einbeschickten nun schon 3 in Egypten gefundene machen, einige nicht aufzufindende Enten u. s. w. Von Amphibien nur eine neue Agame, vielleicht das *Trapelus* Cuviers und ein neuer? Frosch; von Fischen nichts neues. Spinnen und Skorpione, auch Insekten viel Hübsches. [. . .]

37. LICHTENSTEIN an HEMPRICH und EHRENBERG
[Erhalten in Cairo 8. Sept. 1822]

Berlin am 20t. Dec. 1821

Sie werden meine hochgeschätzten Herren meine letzten Schreiben vom 1t. und 8t. Sept. d. J. nebst den Beilagen richtig erhalten und daraus ersehn haben, wie nicht nur die Directoren der naturhistorischen Institute Ihren Eifer dankbar anerkennen, sondern wie selbst des Herrn Staatsministers VON ALTENSTEIN Excellenz Ihren Bestrebungen volle Gerechtigkeit widerfahren lassen und mit welcher ausgezeichneten Freigebigkeit hochdieselben Ihre Entwürfe zu unterstützen bereit waren, indem Sie mich autorisirten, Ihnen zu bedeutenden Summen in Triest, Livorno und Marseille Credit zu eröffnen. Seitdem sind Ihre Schreiben vom 2t. Aug. u. 4t. Sept. an mich und Ihr Bericht vom 13t. Sept. an Se. Excellenz eingegangen, in welchen Sie Ihr Vorhaben die Reise nach Dongola und Sennaar anzutreten bekannt machen und von den erhobenen Summen Rechenschaft geben. Wiewohl nicht zu verkennen ist, daß die Unternehmung einer solchen Reise nicht ohne mitzunehmende Baarschaft geschehn konnte, so konnten wir doch nicht erwarten, daß Sie den eröffneten Credit, der nur in Hinsicht auf die unter gegenwärtigen Umständen mögliche Hemmung der Communication auf 3 Handelsplätze zugleich und zu einem s o ansehnlichen Belauf gestellt war, daß er wenigstens bis in die Mitte des Jahres 1823 ausreichen sollte, a u f e i n m a l erschöpfen würden. Ich habe Sie fast in jedem meiner Briefe darauf aufmerksam gemacht, wie sehr schon im Anfang der Reise die von Ihnen verbrauchten Summen unsre Erwartung überstiegen und wie dringend nothwendig es deshalb sei, daß Sie Ihre Baarschaft zu Rathe halten. Auch waren sowohl der Herr Consul BRANDENBURG in Triest, als die Herrn SENN & GUEBHARD in Livorno angewiesen, Ihnen die disponibel gemachten Summen Terminweise zu zahlen, wie ich Ihnen dasselbe auch in meinem Schreiben vom 16t. Jun. d. J. zu eröffnen nicht unterlassen und zugleich davon Herrn Dr. Morpurgo benachrichtigt habe. Ich gerieth daher in nicht geringe Verlegenheit, als im October von Ihnen die Meldung einging, daß Sie zugleich den vollen Belauf von 1500 fl. auf Livorno und außer den an Herrn Brandenburg von uns im Sommer remittirten Geldern noch im Mai 208 Col im Jul. 624 und im Sept. 1050 Col. entnommen hatten. Es war nun auf einmal ein Betrag von beinahe 4000 Thlr für die auf uns laufenden Wechsel zu decken und es mußte beim Ministerium der Verdacht entstehen, als ob ich selbst Sie zu diesem Verfahren ermuthigt hätte. Nur der besondern persönlichen Gnade, welche Se. Excellenz Ihnen zuwenden, haben Sie es zu verdanken, daß diese Tratten honorirt sind, indem die Wechsel von Livorno und die beiden ersten von Triest bereits wirklich bezahlt sind, für die letzte Post aber das Geld bereit liegt.

Inzwischen haben Se. Excellenz mir mittelst hochgeneigter Rescripten vom 24t. Oct. und 15t. Nov. zu befehlen geruht, Ihnen zu erkennen zu geben, wie hochdieselben nicht umhin können das Beziehen so bedeutender Summen ohne vorgängige zeitige Benachrichtigung höchlich zu misbilligen und wie es bei den ansehnlichen Verwendungen, die für Ihre Unternehmung bereits gemacht sind (und die sich in der That auch schon auf 10,000 Thlr. belaufen) ferner nicht möglich sei noch mehr für dieselbe zu leisten und wie es daher nothwendig werde, daß Sie nach der Rückkehr von der jetzigen Reise, unverzüglich hieher zurückkehren.

Die Königl. Akademie der Wissenschaften, bei welcher mehrmals Anträge auf neue Verwilligungen zu Ihren Gunsten gemacht worden sind, hat sich wiederholt dahin erklärt, daß außer den gleich Anfangs von ihr bezahlten 3,500 Thalern nichts weiter von ihren Fonds für Sie hergegeben werden könne, ohne es andern dringendern wissenschaftlichen Unternehmungen, die den Arbeiten der Mitglieder näher liegen, zu entziehn.

Das Einzige, was daher noch für Sie möglicher Weise aus zu wirken sein wird, ist, daß die Kosten der Rückreise gedeckt werden, falls Sie von den jetzt aufgenommenen Geldern dazu nichts mehr vorräthig haben sollten oder der Verkauf des Reise-Apparats, der Instrumente pp nicht soviel bringt, daß Sie damit die Rückreise bestreiten können. Sie haben uns dann nur frühzeitig genug von Ihrer bevorstehenden Abreise und dem Zustand Ihrer Kasse zu unterrichten, damit die nöthigen Einleitungen dem gemäß gemacht werden können. Es ist nemlich dazu erst noch ein besondrer Antrag von meiner Seite erforderlich, in welchem ich die Nothwendigkeit dieser letzten Ausgabe darzuthun habe. Hoffentlich wird das Ministerium denselben genehmigen, zumal wenn Ihre Unternehmung auf Dongola nach Wunsch ausgefallen sein wird. Auf keinen Fall aber darf der Betrag dieses letzten Zuschusses 1000 rth. übersteigen, für welchen Sie zu rechter Zeit bey Herrn Consul Brandenburg accreditirt werden sollen, und ich muß Sie ebenso dringend bitten, sich danach in Ihren Ausgaben zu richten, als andrerseits bei allen Ihren Ausgaben soviel wie nur immer möglich, darauf Bedacht zu nehmen, daß Ihnen eine Rechenschaft über die bezogenen Summen abgefordert werden wird. Obgleich es nun ganz unmöglich zu verlangen sein wird, daß Sie über jede Ausgabe einen gültigen Belag beibringen sollen, so sorgen Sie nur vor Allem dafür, daß Sie von beglaubigten Personen Atteste bekommen

1.) über den Werth der von hieraus remittirten Gelder nach Abzug von Provision u. Spesen, das heisst, was Sie wirklich in ägyptischem Gelde von dem Banquier oder Consul laut dessen Nota, die statt eines Attestes gelten kann, erhalten haben. Der Verlust wird nach Allem, was wir bis jetzt schon davon wissen, sehr bedeutend sein.

2.) über die gangbaren Preise der täglichen Bedürfnisse der Reise z. B. was ein Kamel täglich Miethe kostet, für wieviel man einen Dolmetscher, einen Bedienten, ein Reitpferd, eine Barke oder dgl. haben kann.

3.) über Ihren besonderen Bedarf auf den unterschiedenen Reisen. Nehmen Sie z. B. so eine General-Rechnung Ihres Maklers oder Lieferanten, der Ihnen das Nöthige an Proviant, Waffen, Pulver u. Blei, Kisten u. Fässer, Weingeist, Papier, Baumwolle pp. besorgt hat und lassen Sie den Consul darunter attestiren, daß dieser Vorrath zu einer Reise von so und soviel Monate wirklich erforderlich gewesen, so werden Sie sich damit schon sehr gültig über eine bedeutende Summe ausweisen können. Lassen Sie immer einmal, wo es nicht anders geht auch einen Belag in arabischer Sprache mit herankommen, das wird nicht schaden und die Königl. Ober-Rechnungs-Kammer schon Jemanden finden, der ihn übersetzt. Auf jeden Fall aber wird Ihre Rechnung sehr lehrreich für die Kenntniß des Landes, und wer weiß, wie sie in der Folge einmal bei einer ähnlichen Unternehmung zu Stattenkommen kann. Darum verschmähen Sie auch Nachweisungen über Kleinigkeiten nicht, sowie wir davon nun schon viele bei Ihrem Tagebuch und der demselben angehängten Rechnung bis Jan. 1821, mitbekommen haben.

Wahrscheinlich kommt Ihnen dieses Schreiben, das ich Ihrem Wunsche gemäß in 3 gleichlautenden Abschriften auf dem Couvert mit Nr. 1. 2. 3 bezeichnet abgehn lasse, erst auf der Rückreise von Dongola nach Alexandrien zu Händen. Je mehr Sie bis dahin Neues gesehn, beobachtet und eingesammelt haben, desto willkommener wird Ihnen der Ruf nach dem Vaterlande erscheinen. Denn sie selbst werden wünschen, von dem Allen zuerst persönlich Rechenschaft und Erläuterung zu geben, die Seltenheiten, die Sie erbeutet haben selbst desto sicherer zu geleiten und Zeugen der Freude zu sein, die wir beim ersten Mustern und Untersuchen derselben empfinden und an den Tag legen werden. Der Wissenschaft liegt auch gar sehr daran, daß Beobachtungen wenig bekannter Länder und Gegenstände sobald wie möglich und so vollständig wie möglich zu öffentlicher Kunde gelangen. Was hätten Sie für Arbeit, wenn Sie die Beschreibung Ihrer Reise nach Dongola in Alexandrien abfassen wollten und wie sehr würden Ihnen die Hülfsmittel fehlen, wie schwer würde es sein, ein solches Manuscript hier zum Druck zu befördern!

Ich sehe daher den Rückruf, den das Ministerium aus den triftigsten finanziellen Gründen an Sie gelangen läßt, als eine für Sie selbst und Ihre Freunde, sowie für das Beste der Wissenschaft gleich ersprießliche und erwünschte Maaßregel an. Nur versäumen Sie nicht, vor Ihrer Abreise noch so vieles von den Natur-Erzeugnissen Aegyptens einzusammeln, als Sie nur irgend bekommen können. Halten Sie sich lieber deswegen noch einige Wochen länger in Cairo auf, solange es nur Ihr Geldvorrath gestattet, um Ihre Sammlung so reich zu machen wie nur immer möglich. Soviel Doubletten Sie uns auch von den Nilfischen, von Insecten, Säugethieren, Amphibien und ausgezeichneteren Vögeln bringen mögen, so werden wir doch damit nicht in Verlegenheit kommen, da alle diese Sachen bis jetzt gar nicht weiter in den Sammlungen vorkommen, als etwa in den wenigen Exemplaren, die von der ägyptischen Expedition noch in Paris sind. Es muß uns aber an solchen Doubletten deshalb gar viel gelegen sein, weil die Kosten Ihrer Reise nachmals aus dem Verkauf derselben soviel wie möglich erstattet werden sollen.

Was Sie aber bis jetzt geschickt haben, davon hat nicht viel abgegeben werden können, da weder das zoologische noch zootomische Museum bis jetzt Gegenstände aus Aegypten besaß und daher alle Exemplare theils ausgestopft, theils zergliedert aufbewahrt sind.

Wir haben nunmehr seit 3 Wochen Ihren dritten ägyptischen Transport hier†, welcher in allem der 4t. ist, den wir von Ihnen erhielten. Der 5t. ist am 8t. Nov. von Triest abgegangen, der 6t. (5t. ägyptische) im October dort angelangt und gegenwärtig noch in Quarantaine. Welche Freude uns die herrlichen Arten von *Mormyrus*, *Polypterus*, *Labrus*, *Characinus*, *Cyprinus* und *Silurus* gemacht haben, können Sie leicht denken. Schade,

† Enthaltend Spiritus-Präparate.

daß von sovielen schönen Arten nur einzelne Exemplare vorhanden waren. Die mehrsten derselben werden wohl skeletirt werden, da sie einmal an das zootomische Museum addressirt waren. Das zoologische Museum wartet desto zuversichtlicher auf Nachsendungen. — Die in Weingeist übersandten Vögel wollen sich nicht sonderlich bearbeiten lassen. Nur mit Mühe hat der Inspector RAMMELSBERG einige davon aufzustellen vermocht, deren Farben jedoch sehr matt geworden sind. Ich wiederhole deshalb meine Bitte, soviel wie möglich noch in abgebalgten Häuten einzusammeln, besonders die größeren u. fremderen Formen zu wählen und die, welche auch in Europa vorkommen, lieber wegzulassen. Daß Sie mit Arsenikseife nicht mehr versehn sind, wird Ihre Bemühungen nicht stören können denn da Sie das, was Sie jetzt sammeln, selbst zu uns bringen, also unterwegs dann und wann die Sachen nachsehn können, so wird kein Schaden zu befürchten sein. Wir erhielten neulich eine kleine Parthie Senegal-Vögel, welche o h n e alles Präservativ abgebalgt waren und sich auf das Treflichste erhalten hatten. Jetzt aber noch alle die Gegenstände, welche Sie zu erhalten gewünscht haben, Ihnen nachzusenden, würde nur die Kosten mehren, ohne Ihnen viel Nutzen zu bringen. Überhaupt mußten diese Sachen vor September in Alexandrien sein, wenn sie Ihnen zu Statten kommen sollten und das war unmöglich, zu bewerkstelligen.

Daß wir mit großer Sehnsucht Ihren nächsten Briefen entgegensehn, können Sie sich wohl vorstellen, denn unstreitig befinden Sie sich gegenwärtig auf dem interessantesten und lohnendsten Punct Ihrer Reise und unsre Wünsche für das Gelingen Ihrer Unternehmung sind um so lebhafter, je weniger wir verkennen können, daß sie nicht ohne Gefahr sei. Besonders aber von dem Augenblick an, wo Sie dieses Schreiben erhalten haben und sich zur Rückkehr anschicken werden, versäumen Sie keine Gelegenheit, uns Mittheilungen über Ihr Vorhaben zu machen, damit wir Ihnen nach den unterschiedenen Puncten, die Sie auf der Rückreise zu berühren denken, unsre Nachrichten zukommen lassen können.

Der Himmel sei ferner mit Ihnen und geleite Sie durch alle Gefahren glücklich zu uns zurück.

In herzlicher Freundschaft

Ihr

H. LICHTENSTEIN

*[P. S.] Vorstehendes officielles, auf Befehl des Ministeriums verfaßtes und von demselben im Concept durchgesehenes Schreiben begleite ich noch mit einigen confidentiellen Zeilen. Soviel Verlegenheit mir auch das Herbeischaffen des Geldes gemacht hat, so weiß ich doch nicht, ob ich Sie von meinem Standpunct aus wegen der grossen Tratten so sehr tadeln darf. Sollte von Ihnen noch etwas Grosses für die Wissenschaft und unsre Sammlungen geschehn, so konnte dies nur durch eine grosse Unternehmung auf einen möglichst fernen Punct geleistet werden und dazu bedurfte es freilich grosser Summen. Ich will daher nicht leugnen, daß ich an Ihrer Stelle wahrscheinlich ebenso gehandelt haben würde. Nur wer Grosses wagt, gewinnt Grosses, und hoffentlich rechtfertigt der Erfolg, was Sie gethan haben. Von meiner Seite bin ich nur Ihretwegen selbst etwas in Angst und besorge, daß die starke Baarschaft, die Sie bei sich führen, die persönliche Gefahr vermehren dürfte. Doch vertraue ich auch wieder Ihrer Umsicht und Ihrer nunmehr wohl ziemlich genauen Kenntniss des bösartigen Characters Ihrer Begleiter. Der Himmel beschütze Sie und lasse Sie beladen mit den Schätzen Sennaars und Dongola's zurückkommen, dann ist Alles gut. Sollten Sie, was doch immer möglich ist, nicht soweit, wie Sie vorhatten, haben vordringen können, so raffen Sie nur vor Ihrer Rückreise noch Alles, was irgend ächt Ägyptisches nur zu bekommen ist, an *Dipus- Meriones-*

Lepus- und Nilfisch-Arten zusammen, um nicht mit leeren Händen heimzukehren. Haben Sie überhaupt nur erst Alles glücklich überstanden und sind gesund wieder bei uns, dann mag geschehn sein, was da will, so ist mir um Sie und Ihr ferneres Fortkommen nicht mehr bange. Ihre Unternehmung und die auf der Reise gesammelten Erfahrungen und Kenntnisse müssen Ihnen Ruhm und Glück bringen. Ihr Manuscript von dem ersten Theil der Reise bewahre ich nun sorgfältiger als je und denke, Sie sollen gleich, wie Sie wieder bei uns sind, Alles zusammen herausgeben. An Verleger, Maler, Kupferstecher pp wird es nicht fehlen und zur Bestreitung der ersten Auslagen lässt sich dann auch wohl noch die Hülfe der Akademie wieder in Anspruch nehmen.

Hiemit sei's für heute genug. Möchten Sie das neue Jahr so glücklich, gesund und zufrieden antreten, wie ich es Ihnen wünsche.

Ihr

LICHTENSTEIN

*PS. Noch eben vor Abgang dieses Schreibens geht Ihr Brief an RUDOLPHI vom 27st. Nov. aus Essuan [= Syene] ein. Die darin enthaltenen Nachrichten über Ihr Wohlbefinden und das Zunehmen Ihrer Sammlungen haben uns alle höchlich erfreut. Wir wünschen von Herzen, dass Sie im Stande sein mögen, Ihre Pläne besonders den auf Nubien in Ausführung zu bringen und wie sehr der Gedanke, Kosseyr und andre Puncte am rothen Meer zu besuchen mit unsern Wünschen übereinstimmen werde, wissen Sie. Nur Geld, Geld, das ist es, woran es fehlen wird. Schwerlich werden wir noch viel schaffen können, wenigstens sehe ich die Summe von 3000 Colonaten als gänzlich unerschwinglich an. Ich muß Sie daher auf größte Sparsamkeit zurückweisen, damit Sie so wenig wie möglich Ihre Rückreise zu übereilen brauchen. Inzwischen werde ich in Gemeinschaft mit RUDOLPHI, LINK und KLUG Alles anwenden, was in unsern Kräften steht, das Ministerium noch zu Nachschüssen zu bewegen und Sie sollen es sogleich erfahren, wenn wir etwas ausgerichtet haben. [. . .] Dass die schöne Sammlung von Antiken, die der Herr General v. MINUTOLI in Aegypten gemacht und über Livorno zur See nach Hamburg gesandt hatte, ein Raub des Meeres geworden ist, werden Sie wohl schon erfahren haben. In der That ein sehr grosser und unersetzlicher Verlust für die Wissenschaft. Es waren 80 Kisten, die mit dem Schiffe untergegangen sind. Gottlob bis jetzt haben wir ja in Ihnen viel Glück gehabt. Kein Stück Ihrer Sammlungen ist verloren gegangen und der Himmel hat Sie selbst schon aus vielen Gefahren und Aengsten errettet. Er walte auch ferner gnädig über Ihrem Geschick.

LICHTENSTEIN

38. *LICHTENSTEIN an HEMPRICH UND EHRENBERG

[Eingegangen in Cairo 25. Nov. 1822]

Berlin, am 23. April 1822

Sie werden meine hochgeschätzten Herrn und Freunde bei Empfang dieses Briefes ohne Zweifel bereits im Besitz meines früheren ausführlichen Schreibens vom 20. Dec. sein [. . .] Nur auf den Fall, dass Sie es nicht erhalten haben sollten, wiederhole ich, dass das Ministerium mir befohlen hat, Ihnen, wenn Sie von Ihrer großen hoffentlich recht glücklichen und ergiebigen Reise zurückgekehrt sein werden, die Rückreise zur Pflicht zu machen, indem die gegenwärtigen Umstände es nicht erlauben eine noch größere Summe, als bereits verausgabt ist, auf Ihre Unternehmung zu wenden. Nur die Kosten Ihrer Rückreise müssen natürlich noch bestritten werden und die soll ich aus dem Verkauf der Doubletten Ihrer Sendung aufbringen, wozu noch wenig Hoffnung vorhanden ist, weshalb ich dann wahrscheinlich aufs Neue zu solicitiren haben werde. [. . .]

[. . .] Wir haben aufs Neue den Tod Ihrer früheren Gehülfen zu beklagen gefunden, die sich gewiß jetzt schon eine große Uebung im Präpariren der Sachen erworben haben würden, indessen Ihre jetzigen noch manches an ihren Arbeiten zu wünschen übrig lassen. Jedoch auch so ist, was Sie geschickt haben†, von großem Wert für die Wissenschaft und wird derselben bedeutenden Nutzen bringen, wenn Sie nach Ihrer Rückkehr alles beschreiben und der Welt bekannt machen, wozu ich nach Kräften alles vorbereite, ohne Ihnen im mindesten durch unzeitige Publication vorzugreifen[15]. Die Zeit erlaubt mir nicht so ausführlich über die Gegenstände zu schreiben wie ich wohl wünschte, daher nur einige Bemerkungen. Die Säugethiere sind alle ohne Ausnahme von bedeutendem Werth, vorzugsweise die Nager und Fledermäuse. [. . .] Ganz neu sind die beiden *Turdi* (300—313 u. 240—48) einige Sylvien und Saxicolen und 1 *Lanius* [. . .] Unter den Amphibien ist wenig was nicht als neu erschiene, und wie belangreich die Sendung der Fische gewesen, habe ich Ihnen schon in meinem neulichen Briefe gemeldet.

Ich schließe mit dem herzlichen Wunsch, daß dieses Schreiben Sie in bestem Wohlsein und bereichert mit den Schätzen Nubiens und Oberaegyptens antreffen möge und daß wir bald auch die erfreuliche Nachricht davon aus Ihren eignen Berichten erhalten.

In aufrichtigster Freundschaft
Ihr
H. LICHTENSTEIN

39. HEMPRICH an LICHTENSTEIN
[Eingegangen in Berlin 22. Juli 1822]

Dongola, d. 16ten Februar 1822

[. . .] Endlich, endlich sind wir im erwünschten Dongola. Sie werden aus unsern frühern Mittheilungen wissen, daß wir zu Anfang Novembers in Essuan [= Syene] angekom̄en, daß wir dort weder Barke noch Kameele fanden, wenigstens letztere so unverhältnißmäßig theuer, daß wir sie nicht miethen konnten. Wir mußten also, da wir mit unsrer aus Cairo mitgebrachten Barke nicht über die Catarakten zu Essuan konnten, einen frühern Entschluß, eine Zahl Kameele zu kaufen, ausführen. Nach vielem Suchen brachten wir 11 Kameele zusam̄en, und kauften dazu noch 2 Esel, beschlossen zu diesen eigenen noch 5 Miethkameele zu nehmen und so mit möglichst wenigem Gepäck nach Dongola zu gehen und von dort aus, falls wir es gerathen finden sollten, das übrige nachzuhohlen. Aber sieh da, es fand sich endlich, weil die wegen Sklaventransport nach Wadi Halfe geschickten Barken zurückkamen, für uns ein Schiffchen, in das sich nun Freund EHRENBERG mit unsern sämmtlichen Effekten, weniges in Essuan mit dem Gesammelten Zurückgelassene ausgenommen, nachdem wir alles erst in einer 4 fachen Reise mit unsern Kameelen über die Catarakten gebracht hatten, einschiffte. Ich ging mit den Kameelen zu Lande nach Wadi Halfe, wo wir entweder ein andres Schiff oder Kameele zu finden hofften. Von unsren europäischen Domestiken hatten wir einen wegen venerischer Krankheit, schon bey Girgeh entlassen müssen, ein zweyter bekam von der Wasserjagd einen Fußkrampf, der ihn nöthigte in Essuan aus unserm Dienst zu gehen, ein dritter, für uns einer der nützlichsten, weil er ein gelernter Jäger ist, und zugleich als Klempner und Schlosser uns allerley arbeiten kann, erkrankte im Augenblick

† Als V. und VI. Sendung.

des Abreisens von Essuan an einem nervösen Catarrhalfieber, so daß uns also nur noch 2 aktiv blieben und wir froh sein mußten in Cairo uns zum Mitnehmen des einen Deutschen noch entschlossen zu haben. In Wadi Halfe trafen wir einige Tage vor Weihnachten glücklich wieder zusammen, der Kranke hatte sich indeß aus dem heftigsten Fiebersturm herausgearbeitet, und da es unmöglich war mit einem Schiff, so klein es auch hätte seyn mögen, über die Klippen der Cataracten zu gehen und keine Kameele zu haben waren, ging alsbald Ehrenberg mit unsern Kameelen von da aus weiter bis Sukkot, von wo er nur unsre Kameele nebst den nöthigen Miethkameelen, um mich und die übrigen Sachen abzuholen, zurückschicken wollte. Nach 12 Tagen kamen unsre Kameele zurück, aber Miethkameele waren nicht zu finden gewesen, unsre Kameele mußten also nochmals, ohne mich, gehen und erst auf der 3ten Reise ging ich mit dem Rest der Sachen selbst nach Sukkot. Nachdem wir dort den ermatteten Thieren einen ganzen Tag Ruhe gegönnt, ging ich dann mit unsren Kameelen, leicht beladen, weil sie durch die vielen Märsche ermüdet nicht mehr viel forttragen wollten, voraus nach Dongola, wo ich dann gestern angekommen bin. Abdim Bey, Commandant der Provinz Dongola, ein herrlicher, braver Mann[16], hat mich dann auf Empfehlung des He. Drovetti sehr gut aufgenommen; augenblicks mir einen Soldaten bis zur Stadt mitgegeben, hat mir ein Haus (*à l'usage du pays* sehr gut) einräumen, mich mit Hühnern, Schaafen, Grünzeug, Futter für die Kameele und Getreide für uns zu Brot versehen lassen und zugleich alsbald 30 Kameele abgeschickt, um unsere Sachen samt Freund Ehrenberg von Sukkot nach Dongola zu bringen, was alles besondern Werth dadurch erhielt, daß hier für Geld nichts zu haben ist.

Die Ausbeute, die hier zu hoffen steht, ist vorzüglich für Ornithologie wichtig, an Pflanzen und Insekten scheint es nicht viel neue Formen zu geben. Nilpferde umbrüllen uns, Gazellen finden sich in Schaaren, wir haben schon 3 Arten und das Gehörn einer grossen *Oryx* verwandten Art, das gegen 5 Fuß lang ist. Vorwärts oberhalb Dongola soll es noch besser werden, und das Cordophan soll einen ungeheuren Vögelreichthum darbiethen. Zebras streifen bis in die Nähe Dongolas, auch Straußen sollen im Sommer herabkommen. Wir glauben wir werden diese Reise nicht bereuen. Ehrenberg hat eine reiche Suite afrikanischer Entozoen und Epizoen, worunter viel Neues, u. nahe 2 Centurien Zeichnungen gesammelt. Von Insekten praedominiren die Hymenopteren, was He. Professor Klug erfreuen wird. Unser Geld wird hoffentlich bis Monat August oder September reichen, und Abdim Bey ist uns auch gleich mit dem Antrag entgegengekommen, uns, falls wir es brauchten, Geld vorzuschießen. Bis Sennaar ist die Straße ganz sicher und frey, nur der Mangel an Getreide und Körnern für die Thiere macht die Reise schwierig, auch der Weg nach Suakem soll frey und, so viel man aus der Aussage Unkundiger schließen kann, für uns sehr interessant seyn. Da alles so gut steht und wir, wenn nicht ein besonderer Fall eintreten sollte, hier mit Ausschluß der Krankheit wohl eben so sicher sind, als in Berlin selbst, sicherer selbst als in der Nähe Cairos, so haben wir unsern Entschluß folgendermaßen gefaßt: [. . .]

Von Säugthieren haben wir in Nubien bis jetzt 2 neue *Meriones*, 3 Arten *Antilope*, an Vögeln *Falco Milvus*, den wir in Egypten nie gesehen, und 3 nicht europäische Falken, 2 Arten *Lanius*, 4 Arten *Turdus* worunter *iliacus* und *viscivorus*? 2 Arten *Columba*, 3 Arten *Pterocles*, 2 Arten *Halieus*, wohl nur *Carbo* u. *Graculus*, 2 Arten *Anas*, eine sehr niedliche kleine *Fringilla*, einen gewiß neuen sehr schönen kleinen *Merops*, 2 Arten *Philedon* die wohl auch noch nicht bekannt, und manches andre hübsche, das mir nicht gleich einfällt. Von Amphibien nur neu *Chamaeleo*, eine *Lacerta* und 2 *Colubri*, von denen mir einer neu scheint. Einen Krebs der Gattung *Potamophilus*. Hübsche Immen, Entozoen und Epizoen. Wenige aber wohl unbeschriebene Pflanzen. Eine ziemlich reiche Suite Mineralien. Unser

Canis Vulpecula ist wohl fast gewiß neuer Art, wenigstens bleibt er constant in Färbung und Größe von *vulpes* verschieden. [. . .]

40. Der Minister von Altenstein an Lichtenstein

Berlin, den 23ten July 1822

Ew. Wohlgeboren danke ich verbindlichst für die gefällig Mittheilung des mir soeben zugegangenen so interessanten Schreibens des Dr. Hemprich d. d. Dongola den 16ten Febr. c. und beeile mich, Ihnen solches nach Ihrem Wunsche sogleich zurückzusenden. Angenehm würde es mir sein, davon eine Abschrift zu erhalten und Ew. Wohlgeboren werden mich daher verpflichten, wenn Sie mir solche gefälligst noch zukommen lassen wollen. Sollten Sie übrigens zum Besten der Reisenden noch etwa Anträge zu machen haben, so stelle ich Ihnen ergebenst anheim, mir solche zugleich gefälligst zukommen zu lassen. Die von den beyden Reisenden unternommene Expedition scheint sehr viel zu versprechen und es wäre schade, wenn sie solche aus Mangel an Hülfsmitteln zu sehr beschränken müßten. [. . .]

40 a. Minister von Altenstein an Lichtenstein

Berlin, den 5ten August 1822

Ich habe aus Euer Wohlgeboren Bericht vom 25ten v. Mon. mit Vergnügen ersehen, welchen glücklichen Fortgang die Reise der Doctoren Hemprich und Ehrenberg sich zu erfreuen hat. Unter so günstigen Umständen ist es allerdings mein Wunsch, daß dieselben ihre Reise bis Ende 1824 in das Innere von Nubien fortsetzen, es wird aber, in Hinsicht der dazu erforderlichen Kosten, welche Sie auf 4500 rl anschlagen, hauptsächlich darauf ankommen, ob aus den Fonds der Akademie der Wissenschaften, wenn nicht der ganze Betrag, doch wenigstens ein bedeutender Theil desselben gedeckt werden könnte. Sollte das Eine oder das Andre nicht zu bewirken sein, so dürfte es mindre Schwierigkeiten finden, daß die Akademie die Kosten vorschußweise trüge und sich aus dem Ertrage des Verkaufs der durch die Einsendungen der Reisenden entstehenden Doubletten ganz oder zum Theil bezahlt machte. Sollte auf diesen Fall ein nicht zu bedeutender Zuschuß nöthig werden, so werde ich mich demnächst für dessen Bewilligung Allerhöchsten Orts gern verwenden.

Ich fordre Sie auf hiernach zweckdienliche Einleitungen zu treffen und sehe Ihrem weitern, bald hierüber zu erstattenden Bericht entgegen.

Der Minister der Geistlichen, Unterrichts- und Medicinal-Angelegenheiten

In Abwesenheit Sr. Excellenz.
Nicolorius.

41. *Ehrenberg an Rudolphi

Insel Argo beim Lager Abdim Beys in Dongola.
2. April 1822

Hochzuverehrender Herr Geheimrath!

[. . .] Heut noch wollen wir bis Musche ziehn u. von da die Insel Argo u. die Ostseite des Nils durchstreifen, nach Beendigung dieser nach Annek gehen u. von da zurückkehren ins Lager des Bey. Wir leben hier fast ganz auf Unkosten des Bey, welcher selbst auf den Excursionen uns einen seiner Soldaten mitgiebt, der alle Victualien für uns u. die Thiere bezahlt u. Ordre hat uns ja nichts ausgeben zu lassen. Nach dieser Excursion denken wir uns an das Sennaar zu machen. — Hier ist eine neue Welt für uns u. wir sind in einem freundlichen Hause. Giebt der Himmel Gesundheit u. Beständigkeit des Regimentes, so wird wohl dieser Punkt der Hauptpunkt unserer Reise werden und unsere Arbeit fördern.

[. . .] Von Insekten u. Pflanzen, deren Abwechslung hier sehr gering ist, haben wir wohl auch einige gesammelte anzuführen, doch nicht in dem Verhältniß von Sakkara. Einige anatomische Resultate aus diesen Zweigen sind das Beste. Die Ansicht der dongolanischen Infusorienformen wird Ihnen Freude machen. Zwei schwarze Punkte am Kopfe der einen machen uns aufmerksam auf sie. Wir wagen noch nicht sie Augen zu nennen. [. . .]

Spur eines Zwerchfells beim *Monitor niloticus*, Pecten oder Campanula im Auge des *Chamaeleon flavoviridis*, große Clitoriden bei *Naja Haje*, daß die ägyptischen 8 äugigen Skorpione (wahrscheinlich viele der anderen auch) nicht 8, sondern 12 Augen haben sind uns interessante Dinge. Die allmälige Ausbildung der Insektenaugen ist ein ergiebiger Gegenstand unserer Untersuchung gewesen, der uns auch große Analogien der Insektenaugen mit den Augen der Wirbelthiere an die Hand gegeben. Besonders interessant war die regelmäßige Ausbildung des schwarzen Pigments. Die einfachen Insektenaugen waren uns nicht zu klein u. man hat mit Unrecht alle zusammengesetzten Insektenaugen auf e i n e n Typus reducirt. Auch über das Tapetum in jüngeren Zuständen haben wir etwas. Wir besitzen einige Tafeln gezeichneter Choanen u. Kehlköpfe, Zungen u. Tracheenverästelungen u. hoffen dies samt dem Uebrigen durch in diesen Gegenden vorkommende Formen nach unseren Kräften durchzuführen. Weitläufiger werden Sie dies in unserem an die Akademie einzusendenden Tagebuche behandelt finden.

[. . .] Das Lebendige des Herzens Afrikas bildet hübsche Gruppen um uns und wir fangen an Freude an unserer Reise zu haben.

Wir sind nun beide darüber einverstanden, die durch manche Mühseligkeit mit allem Reisegepäck glücklich erreichte Gegend festzuhalten u. Alles hier vorkommende *in succum et sanguinem* zu verwandeln nach der Assimilationskraft unseres Geistes. [. . .]

42. HEMPRICH an LICHTENSTEIN

[Eingegangen in Berlin 13. Nov. 1822]

Dongola, d. 15t. April 1822

Verehrtester Herr Professor!

Wir haben schon einmal aus Dongola Sie angeredet und Sie werden aus diesen unsern Zeilen ersehen haben, daß wir nach gar vieler Mühe endlich in Dongola gut aufgenommen worden und daß wir Hoffnung haben, wenigstens für Ornithologie hier recht viel Neues zusammenzubringen. Eine Suite Saxicolen, Falconen und *Pterocles* wird Ihnen viel Freude machen. ABDIM BEY, in dessen freundlichem Schutze wir arbeiten, hat alle Nilpferds und Krokodilfänger aufgeboten, so daß wir hoffen, mit der Sendung, die wir im August von Alexandrien abzusenden gedenken und die wohl 20 nicht leere Collis ausmachen wird, auch das von He. Geheimrath RUDOLPHI gewünschte Skelett des Hippopotam nebst einem Prachtstück von *Crocodilus niloticus*, (wir haben 50′ lange gesehen) übersenden zu können. Leider ist das hiesige Clima den Arbeiten für Europäer so entgegen, daß fast immer einer unsrer Jäger und Ausstopfer, deren Zahl, wie Sie aus frühern Briefen wissen werden, von fünf auf drey geschmolzen, krank ist. Der, der den Arm gebrochen, ist wieder hergestellt, aber dagegen uns ein andrer an Ophthalmie schwer erkrankt und wir müssen Gott danken uns mit mehreren Gehülfen versehn zu haben. Um bey annahendem Sommer, wo das Geschossene immer alsbald ausgestopft werden muß, nicht in Verlegenheit zu kommen, haben wir einen Sklaven für 20 Colon: gekauft, der jetzt, nach 3 Wochen, große Vögel schon ziemlich gut ausstopft. He. RAMMELSBERG wird mit manchen unsrer Vögel wohl zufrieden seyn, aber zu andern sein Haupt schütteln und: Schade! ausrufen, aber wir müssen Sie bitten, ihn an die Mühe zu erinnern, die es macht auf der Reise mit Kamelen die halbtrocknen Vögel so einzupacken, daß sie ganz in Form und Ordnung bleiben. Für Entomologie, andre Zweige der Zoologie und Botanik haben wir für jedes wohl manch hübsches, doch von keinem gar viel. Der erste neue Fisch, ganz wie *Silurus Schilbe* nur zweyflossig, ist uns vor kurzem zugefallen. — Kurz, wenn wir unsern Aufenthalt hier oben verlängern dürfen und uns das Erbetene zugekommen ist, so hoffe ich wird ein Hohes Ministerium und die Akademie mit dem Erfolg nicht ganz unzufrieden seyn.

[. . .] Eins wage ich, theuerster Herr Professor! bittend Ihnen nochmals ans Herz zu legen, meiner Mutter und meines Bruders mögliche Noth nämlich. Ich bleibe länger aus als ich anfangs dachte, und mir würde bang werden, wenn ich nicht hoffte, daß Ihre Güte auf eine oder die andere Art Mittel finden würde um mich vor Vorwürfen, die ich mir bey der Rückkehr über das Unternehmen der Reise zu machen hätte, zu befreyen.

Verehrtester Herr Professor
Ihr
treuergebener
Dr. W. HEMPRICH

43. HEMPRICH an LICHTENSTEIN
[Eingegangen in Berlin 14. Sept. 1822]

Dongola, d. 10ten Mai [1822]

Innig verehrter Herr Professor!

Noch sind wir in Dongola bey dem freundlichen ABDIM Bey und unsre Sammlung fängt an Zierden zu bekommen. Das erste neue Vogelgenus, von uns *Sphenorhynchus* genannt (die Species haben wir dem braven Bey zu Ehren *Abdimii* getauft) in der Nähe von *Scopus* stehend, mit förmlichen Keilschnabel mit oben und unten scharfen Rändern, Maxille an der Spitze ein wenig gekrümmt, Nasenlöcher fast basal der Schneide näher als den Kieferrändern 4‴ lang in eine wenig deutliche Furche die längs des Oberschnabels verläuft, übergehend. Füße: Hühnerfüße. Scheint von Fischen zu leben, setzt sich doch auch auf Bäume, ist von der Größe des *Nycticorax*, erinnert durch eine nakte erhabene fleischrothe Schwiele am Schnabelgrunde an *Musophaga*, durch das nakte Gesicht und die Kehle, die schön blau u. roth gefärbt, an *Tantalus*. — Schöner Ihnen gewiß viel Freude machender Vogel. Der erste *Tantalus Ibis*, ein neuer *Rhynchops*, schöne Rebhühner und Saxicolen, schöne Falken und viel andres Hübsches. Von Amphibien ein Crokodil jung etwa 4′ lang, ein kleines *Trionyx*, sonst nichts neues. Von Fischen ein neuer *Silurus*, wie *Schilbe* nur zweyflossig auf dem Rücken, dann ein *Sudis* der neu seyn muß[17], denn er hat 8 Strahlen der *membrana bracchiostega*, nicht wie die, die CUVIER angiebt, 5. Hübsche anatomische Neuigkeiten. Linse im einfachen Auge der Solpugen — Schnecke mit 8½ Windungen zwischen die Kiemenbögen des *Sudis* eingeschlossen[17] — Glocke[18] im Auge aller bis jetzt untersuchten Amphibien u. s. w. Viel neue Entozoen. Insekten u. Pflanzen leider wenig. Vierzehn Collis sind bereit, giebt der Himmel sein Gedeihen, daß unseren Sachen nicht ein Unglück geschieht, so dürften Ende Jahres 24 Collis in Berlin seyn[†]. Wir haben

† Siehe Brief Nr. 58.

freilich drey Schwerdter schwach aufgehängt über unserm Haupt. Eins, die Krankheit, wovon jetzt hier Dysenterie u. Typhus herrschen, hoffen wir durch Achtsamkeit auf uns und unsre Leute abzuwenden. Das zweyte, Unruhen in den höherliegenden Provinzen fürchten wir, vertrauend auf unsre eigenen Kamele und ABDIM BEY, der uns gewiß den Rückzug sichert, aber nicht. Nur das dritte, Unruhe im Herzen Aegyptens könnte uns in Verlegenheit bringen. Ein Brief Freund MORPURGO's vom 8^br^ versichert uns zwar, es sey alles ruhig u. wir könnten immer fortreisen. Aber andre spätere Nachrichten lassen mich etwas Herandrohendes muthmaßen. Wegen eines bloßen Gerüchts können wir nicht die Flucht ergreifen. Wir bleiben noch und hoffen, daß es leer sey.

Ende August werden wir entweder beyde, oder im Fall EHRENBERG hier bleibt, ich allein in Cairo seyn und sehn was von dem Vielen, was wir direkt von Ihnen oder über Marseille u. Triest gefordert, angekommen, im Fall wir Egypten ruhig finden nach den erhaltnen Bestimmungen von Seiten der Akademie u. des Ministeriums und nach Maßgabe der Stärke der Fonds nach unsrer besten Einsicht handeln und den Erfolg Gott anbefehlen.

Es hilft nicht, wenn ich Ihnen auch den Reiseplan wie wir ihn uns denken mittheile, in 4 Monaten kann er sich nochmals ändern müssen.

Chondek, d. 18ten Mai 1822

[. . .] Gegenwärtig haben wir 17 Kamele (eins ist uns gefallen, wogegen uns ABDIM BEY eins geschenkt) und werden noch auf dieser Reise, weil man Brodt u. alles mit sich schleppen muß, ihre Zahl wohl bis auf 20 machen müssen. Unsre Suite ist folgende: ein Dragoman, Mameluk des Pascha, dem wir monatlich 15 Colon. geben müssen, ein Soldat ABDIM BEYS um uns überall das nöthige in seinem Gebiet umsonst zu verschaffen, 3 Deutsche, die jagen und ausstopfen und samt den beyden vorigen mit uns die hier nöthige (denn man ermordet gern einzelne des Nachts) Nachtwache machen, 1 Sklave der ebenfalls ausstopft u. alles was vorkömmt mitmachen muß und 4 Araber von denen einer bey den in Dongola zurückgelassnen Sachen als Wächter geblieben und 3 mit uns ziehn. Auch dies Personal werden wir für die Folge noch um 3 Personen (mindestens) mehren müssen, weil wir, da von Berber bis Essuan näher als von Dongola ebendahin, in Essuan als einem sichern Orte unsre Hauptniederlage nehmen und dahin unsre Samlungen zurückschicken und von da uns das Nöthige holen lassen wollen und daher 3 bis 4 Leute u. einige Kamele haben müssen, die uns diesen Hin- und Hertransport besorgen. [. . .]

Freilich scheint es auf den ersten Blick als wären 26 Kamele und 13 bis 14 besoldete Leute zu viel und unnütz, aber man weiß daß selbst Leute die gar kein Gepäck führen hier 5 bis 6 Domestiken und 8—10 Kamele haben müssen und wer die Schwierigkeiten einer Reise in diesen Gegenden kennt, der wird eingestehn, daß wir, die wir Kisten, Fässer, Schroot, Pulver, Weingeist, Insektenkistchen, Papier, Baumwolle, Werg, Leinen u. Gott weiß was noch alles mit uns schleppen müssen, so viel gebrauchen. Wir selbst glaubten als wir von Cairo abreißten nicht, was wir jetzt mit Augen sehn.

Beim Aufladen bedingt es 5 Menschen um die Kisten und schweren Ladungen, die wir haben auf die Kamele zu laden (unsre kleinste Ladung ist 3 Centner) 2 oder 3 müssen die beladenen Kamele, damit sie nicht durcheinander laufen und etwas zerbrechen, halten, einer füllt indeß die Wasserflaschen und die andern geben Acht daß nichts gestohlen oder vergessen wird. Die beladenen Kamele werden dann je 4 aneinander gebunden und von einem unsrer Leute so geführt. Wir und der Dragoman steigen auf die Dromedare, die außer unsern in die Sakochen gepackten Wäsche und Kleider die Waffen u. Wasserflaschen tragen und alles andre wandert zu Fuß nebenbey. Wer müde ist steigt auf einen der beyden Esel, oder wechselt mit uns im Reiten der Dromedare ab. Wir brechen gewöhnlich um Mitternacht auf und lagern uns um 9 oder 10 Uhr. Hier legt nun alles erst Hand ans Abladen. Dann gehn 2 Araber mit den Kamelen auf die Weide, unsre Jäger auf die Jagd, wir schlagen die Zelte auf, der zurückgebliebene Araber hohlt Wasser, macht das Brodt, und Nachmittags die Küche. Der Soldat u. der Dragoman treiben indeß das Futter für die Kamele und was sonst zu haben ist, herbey, wir arbeiten oder ruhn uns aus, gegen Sonnenuntergang wird das einzige Mahl eingenommen, dann gewöhnlich von uns noch ein Insektenfang an der Laterne versucht (unsre Jäger, wenn sie nicht zuviel auszustopfen haben oder zu ermüdet sind, gehen Abends noch auf den Anstand) und dann geht es an die Nachtwache, in der, da wir die, die des Tages über am meisten gearbeitet, gern schonen, auf den Mann 2 Stunden kommen. Wenn Sie dazu rechnen, daß die Mücken, die Hitze die hier gewöhnlich 34 bis 35° R ist, und der schlechte Weg diese Anstrengungen doppelt beschwerlich machen, so werden sie eingestehn, daß jeder sein Päckchen zu tragen hat, besonders da noch andre Arbeiten, als Waschen der Wäsche, Putzen der Kamele, Reparaturen an den Sätteln u. s. w. den Arabern zufallen. Unsre Leute murren auch zuweilen, und wenn man es nicht machte wie jener griechische Feldherr beym Rückzug der 10 000, der in voller Rüstung vom Pferde steigend, dem murrenden Troß der Seinen voranlief, so würden wir noch mehr murren hören. [. . .]

In einigen Tagen gehn wir von hier nach Alt-Dongola, von da dann nach Dubbe, wo wir einem Löwen, der dort viel Schaden thun soll, beiläufig mit auf den Dienst lauern wollen. Von Säugthieren sind uns seit 8 Tagen 1 Zibethkatze, 2 Gazellen einer wahrscheinlich neuen Art, mit sehr kleinen Hörnern und 2 Arten neuer Chiroptera zu Beute geworden; an Vögeln eine neue Eule, ein Kukuk, neue *Sterna*, ein *Larus*, *Charadrius hiaticula* den wir früher hier nie gesehen, eine *Fringilla*, dann *Ardea ralloides* und *minuta*; heute haben wir 2 *Trionyx* mit der Angel gefangen und auch einige neue Insekten erbeutet. Noch ein paar Tagereisen weiter und die Kisten werden sich wohl schneller füllen.

Ewig der Ihrige

Dr. W. Hemprich

44. *Lichtenstein an Hemprich und Ehrenberg

[Eingegangen in Cairo Anfang Januar 1823]

Berlin am 5t. Oct. 1822

Endlich meine lieben Herrn und Freunde bin ich im Stande, Ihnen wenigstens etwas über den Erfolg meiner Verwendungen für Ihre Unternehmung mitzutheilen. Aus einliegendem abschriftlichem Schreiben des Herrn Ministers werden Sie ersehen, daß ein Antrag zur Bewilligung von 6000 Rth. bei Sr. Majestät gemacht worden ist. Ich habe alle Hoffnung, daß dieser Antrag werde genehmigt werden und gründe sie besonders auf eine sehr günstige Äußerung die Se. Majestät, als Sie vor einigen Wochen das Museum besuchten und die von Ihnen übersandten Gegenstände in Augenschein nahmen, über Sie und Ihre Unternehmung zu machen geruhten. Es war kurze Zeit, nachdem ich einen Auszug aus Ihrem ersten Schreiben von Dongola in der Staats-Zeitung bekannt gemacht hatte, welchen Se. Majestät mit Theilnahme gelesen zu haben bezeugten und der eben jenen Besuch mit veranlaßt hatte. Es kommt auch nun noch zu Statten, daß der Herr General v. Minutoli wieder hier ist, welcher sich mit aller Wärme für Sie interessiert und bei den Hohen und Höchsten Herrschaften gewiß mit Erfolg für Sie redet. Auch übrigens ist die Stimmung für Ihre Unternehmung die günstigste und ich habe darauf einen neuen Antrag bei der Akademie gegründet und gebeten, daß sie Ihnen den ganzen Bestand aus ihren Fonds zu dem Titel für wissenschaftliche Zwecke von 1822 bewillige. Dieser Bestand kann sich auf beiläufig 2500 Rth. belaufen. Wir hätten dann also, wenn Alles gut geht 8500 Rth. zur Disposition, was sogar höher ist als Ihr Anschlag, wovon denn aber ganz nothwendig auch Ihre Rückreise bestritten werden müßte. [...]

Ich bin nicht ohne Besorgnis, daß die Verzögerung der Entscheidung, die durch die wiederholte Abwesenheit des Herrn Ministers und durch die Abwesenheit fast aller meiner Herrn Collegen herbeigeführt ist, Sie in große Verlegenheit gebracht haben kann. Sie werden nemlich nun inzwischen meine Schreiben, wodurch Sie zurück gerufen wurden, erhalten haben und können dadurch veranlaßt sein, wirklich nicht nur alle nach Cairo zurückzukehren, sondern auch wirklich Anstalten zur Herreise zu treffen, was wieder neue Kosten verursachen wird, wenn Sie jetzt Ihren Entschluß wieder ändern sollen. Hoffentlich werden Sie aber meine Winke verstanden haben, sich nicht zu übereilen und demgemäß in billigem Bedenken z. B. über den Verkauf Ihrer Kamele, Ihres Reise-Apparats u. s. w. geblieben sein. Die große Entfernung, die Unsicherheit des Erfolgs Ihrer damaligen Unternehmung, die Verwickelung der Geldberechnungen, dies Alles muß die Schuld davon tragen. Ich bin mir bewußt, nichts versäumt, noch verdorben zu haben. Auch wird Alles ein herrliches Ende gewinnen, wenn Sie jetzt mit neuen Kräften und doppelter Sicherheit eine neue Expedition organisiren und den aufgefundenen Weg nach Sennaar, Kordofan vielleicht bis Dar Kulla verfolgen, welches ein für die Geographie höchst wichtiges Resultat geben würde. Doch davon Ihnen zu reden, die Sie Alles soviel besser wissen müssen wie wir, ist wohl sehr überflüssig. [...]

Jetzt habe ich auch den Injections-Apparat angekauft und laufe noch nach einem Mikroskop umher ohne bis jetzt etwas recht Ordentliches finden zu können. Sobald ich eins habe, geht es mit den andern bestellten Sachen nach Triest ab, wo möglich schon mit der nächsten fahrenden Post, wo nicht mit der zweiten. Noch ein Paar Worte vom Museum. Es wächst jetzt zum Erstaunen und — Schrecken. Ich gestehe, daß ich oft nicht durchzufinden weiss und halb in Verzweiflung gerathe. Einen Zuwachs des Raumes haben wir jetzt, denn der Nachbar (Professor Tralles) ist heraus und ein Theil seiner Wohnung uns zugefallen. Da sind aber allein im September nicht weniger als sechs grosse Sendungen angekommen 1.) von Krebs aus dem Kafferland 2.) aus Buchara von Eversmann (sehr interessant wegen der Aehnlichkeit mit den Sendungen unsrer nubischen und ägyptischen Freunde) 3.) aus Cochinchina in Bordeaux gekauft 4.) vom Senegal, ebendaher 5.) von Island herrliche Vögel und Säugethiere des Nordens 6.) Paradiesvögel und ostindische Prachtsachen über England. Das Alles unterzubringen, zu bestimmen ist schon schwer, viel schwerer aber noch das Geld herbeizuschaffen, das es kostet. Daher meine Verzweiflung. Wenn Sie erst einmal wieder hier sind, werden Sie tüchtig mit heran müssen.

Doch genug für heute. Glauben Sie, dass ich Tag und Nacht an Sie denke und für Sie besorgt und beschäftigt bin. Rudolphi, Link, Klug pp helfen treulich zureden, aber die Sorge habe ich ziemlich allein.

Von Herzen der Ihrige

Lichtenstein

45. *Ehrenberg an Chamisso

[Eingegangen in Berlin 12. März 1823]

Ambukohl in Schagie am 2ten July 1822

Ihr Chamissone, Ihr Schlechtendale und Ihr Eysenhardte! fragt Euch doch einmal, ob es wohl mit der Pflicht eines Christen sich vereinen läßt von Durst gequälte Mitmenschen in der Mittagshitze schmachten zu lassen? Oder wollt' ihr von den Durstigen getränkt seyn? Ist dem so, meldet's nur, wir werden morgen Muhamedaner.

Übrigens, Gott sey Dank, geht's uns jetzt besser als früher. Sonn- und Festtage haben wir nicht, aber gute Wochentage, und wir sind so ziemlich bis an den Magen von Afrika, finden auch schon dieß und jenes, was uns zeigt, daß wir uns dem Kopfe nähern. Wir anatomiren was die Sonn erlaubt und sind mit unsren anatomischen Bestecken schon weiter als mit der vergleichenden Anatomie der Fauna. 's ist aber ein schlechtes Land, ein Botany Bay und ein St. Helena; auch von der Chamisso Insel rühmten ja die Entdecker nichts Gutes. Weiß Gott wie es möglich ist, daß Isis und Osiris sich hierher verlaufen hatten!

Aber wie mag's Euch gehen? Ob uns wohl der Himmel erlaubt wieder einmal die alten Abende zu erneuern? SCHLECHTENDAL denk' ich mir auf seinem durch die *Flora berolinensis* erbeuteten Lorbeer ruhend, EYSENHARDT in Königsberg an des braven SCHWEIGGERS Stelle, CHAMISSO im Kampf mit AGARDH dem Drachen[19]. Ich zerlederte soeben den *Gryllus succulentus* und ärgerte mich, daß sich kein Herz in ihm finden lasse, deshalb macht' ich einen Spatziergang zu Euch, bey denen unsre Freude wohnt. Haltet sie fest, wir kommen sicher wieder und dann seyd ihr verantwortlich. HEMPRICH ist auf den Giraffenfang ausgezogen, ich erwarte ihn in einigen Tagen zurück. Er nimmt dann diesen Brief an Euch sammt unsrem Sammelsurium und reist damit, um es in beßre Sicherheit zu bringen, nach Cahira. Ich brate indessen hier langsam fort, fange Giraffen und mache Kalender. Nach drey Monaten erwarte ich ihn zurück und wir steigen eine Leiter höher, wo wir hoffentlich das Herz der Jungfrau pochen hören. Mehr über unsre Reise will ich Euch nicht schreiben. Das Frühere findet ihr bereits gedruckt bey Herrn Klein in Leipzig für Einen guten Groschen. Vielleicht haben auch Eure Köchinnen es Euch schon als Hülle irgend eines ausländischen Gewürzes umsonst ins Haus getragen.

Einen kleinen CHAMISSO denke ich mir nie ohne lange Perücke und ohne eine kleine Pflanzentrommel. Mög er groß werden! Gruß ins Haus! [...]

Euer EHRENBERG

46. *EHRENBERG an LINK

[Eingegangen in Berlin 12. März 1823]

Ambukohl, 3. August 1822

Hochzuverehrender Herr Professor!

Wenn ich wüßte, daß Ihnen die Botanik allein am Herzen läge, so würde ich nicht wagen Ihnen aus Ambukohl ein Brieflein zu senden. Die nordafrikanischen Tropen sind keiner Pflanze Freund und machen ebenso die sie bewohnenden Menschen zu hirnlosen Gestalten. Hatten wir uns doch das alte Meroë und seine Nähe ganz anders gedacht. Liegt es doch so nahe, den Grund einer ausgezeichneten Geistesentwicklung eines Menschenstammes in einer besonderen Eigenthümlichkeit der ihn umgebenden Natur zu suchen. Wie groß und ehrwürdig ist die Menschengeschichte und wie klein und erbärmlich die Gestalt dieses Landes! Haben die Urbewohner dieser Gegenden aus sich die Gedanken und die Ausführung der Monumente gewonnen, so haben sie volles Recht gehabt ihre Künstler unter die Götter und auch wohl die Götter unter ihre Künstler zu stellen. Alles was die Natur des von uns durchzogenen Afrikas zeigt, steht weit unter jener alten Kunst oder ist von ihr doch wenigstens erreicht. Wenn es wahr ist was man von Indien hört, so mag wohl Indien die Kraft haben Pyramiden und Säulen zu erwecken, wie aber das arme Aethiopien oder Aegypten es gekonnt, ist räthselhaft wie seine ganze Geschichte.

Sollt' es höher mit dem Nil von Gebel Mammar, vom Habesch stammen? Kurz es muß ja wohl doch ein Land sein, das sich zu Aegypten verhält wie ein wohlbeschriebenes Blatt zu einem unbeschriebenen. Durch das Anstarren eines weissen Blattes, es mögen selbst darauf die Worte Nil, Löwe, Elephant, Nilpferd, Ibis, Pelikan, Käfer, Dum, Lotus stehen, mag wohl ein geübter Denker fruchtbare Bilder aus sich hervorrufen können, aber ob es den Geist eines Knaben entwickeln werde? — Ich muß Ihnen gestehen, daß ich das Zutrauen zu Afrika als Entwicklungspunkt besonders dem der bildenden Künste verloren habe. *Sed haec forsan ultra crepidam.*

Nun will ich Ihnen in Kürze unsere Hoffnungen für die Botanik mittheilen, die leider grade so klein sind als die für Zoologie groß, doch werden sich wohl je höher hinauf desto eigenthümlichere Formen finden. Der Nil ist für einen Botaniker ein äußerst langweiliger Fluß und wie es scheint bis nah an seine Quellen. Wo wir jetzt sind, dachte ich mir früher schon Protern u. Adansonien und schöne Eriken u. noch schönere Liliaceen und Irideen, und riesenhafte Cryptogamen und Formen die PLINIUS Aegipanen u. Satyrn u. Himantopoden nennt. Von alledem ist nichts. Drei Fuß breit Land am Nil, dann 7 Tage, auch 20—25 Tage weit Wüste rechts und links. Die Flor am Nil nicht viel anders als bei Cahira und äußerst armselig. Bei Dschendi sollen neue Bäume kommen, und aus allem was wir hören ist dort eine etwas andere Vegetation. Beduinen haben uns bereits neun verschiedene Namen für Bäume genannt, die bei Dschendi anfangend höher hinaus (im Said) vorkommen. Dschendi ist von Ambukohl sechs Tagereisen weit durch die Wüste. Ein Baum der genannten scheint ein *Ficus* zu sein, ein anderer ist eine neue Palme. Akazien giebt es noch viel (das ist ein böses Zeichen), vielleicht sind neue Arten dabei. Das alles erstickende aegyptische Unkraut Halfe (*Poa cynosuroides*) und Ngil (*Digitaria sanguinalis*) sollen dort nicht mehr vorkommen, das macht uns Muth. Um aber einmal in Botanik zu schwelgen müssen wir fort vom Nil. Noch ein Punkt, welcher Hoffnung giebt ist, daß man allgemein die Gegend um Sennaar für sehr ungesund angiebt, nun sind hier die pflanzenleeren Gegenden (was interessant ist) die gesünderen, demnach ist zu vermuthen, daß es dort viel Vegetation giebt. Vielleicht sind wir auch nahe bei der *Persea*. Im Dschendi nämlich arbeitet man sehr schöne Dromedarsättel aus einem fast schwarzen Holze, welches Politur annimmt. Dies Holz könnte nur aus Indien eingeführtes Ebenholz oder das Holz der berühmten *Persea* sein, wenn es überhaupt zu einem bekannten Baume gehört. —

Vor einigen Tagen fand ich hier zum ersten Mal die *Zapania nodiflora*, die wir bisher umsonst gesucht hatten. DELILE hat viele Pflanzen in Oberaegypten gefunden, die FORSKÅL bei Cahira erwähnt und die wir erst in Dongola sahen. Überhaupt hat FORSKÅL bei Cahira eine besonders an Sträuchern weit reichere Flor gefunden als seine Nachfolger. Liegt es daran, daß er ein ganzes Jahr sich dort aufgehalten und mithin alle Jahreszeiten sah, aber was thut dies bei Sträuchern? Ferner hat DELILE viele FORSKÅLsche arabische Pflanzen in Oberaegypten angetroffen und wir vermehren die Zahl durch Nubier und Dongolaner. Den Pflanzen nach zu urtheilen muß der von den Dänen durchreiste Theil Arabiens ebenso armselig sein als Aegypten und Nubien.

Auch die *Salvadora persica* sahen wir zuerst bei Alt-Dongola, aus ihren Beeren, welche nach Kresse schmecken und sehr süß sind, bereitet man hier eine Art schlechten Wein. Eine andere essbare Frucht ist die von *Aracraca lycioides* N. Sie ist süß, schleimig, klein, schlecht. Dattelbäume sind hier sehr selten und höher keine. Die Frucht der Dumpalme wird genagt, ist aber mehr als schlecht. Dies sind die Genüsse dieses Landes und der Botanik. — Mit den Cryptogamen hat es in Dongola ein Ende. In den letzten drei Monaten habe ich drei mir früher schon bekannte Cryptogamen gefunden, einen *Agaricus*, ein *Lycogala* u. einen *Mucor*, letzterer pflanzt sich leicht wie bei uns auf feuchtes Brod. Flechten und Farren haben wir seit Cahira nicht gesehen.

So eben erhalte ich, es ist schon gegen Abend, das erste Exemplar des *Malapterurus*, wofür wir seit unserer Ankunft in Aegypten jedem Fischer 1 Colonaten geboten. Ich weiß nicht, ob ich mich freuen oder ärgern soll. Um ihn zu anatomischen Untersuchungen zu benutzen ist es schon zu spät am Tage, und morgen ist er längst verfault u. ich kann ihn auch nicht einmal in Spiritus setzen, da wir die zwei auf diese Excursion berechneten Eimerfässchen zur Füllung eines einzigen Fässchens mit Spirituosen völlig aufgewendet und Freund Hemprich das Fässchen selbst schon mit sich nach Dongola und Cahira genommen hat. Vielleicht übermorgen kommt ein von Hemprich aus dem Magazin in Dongola mir zugeschicktes Fass voll Spiritus an, aber bis dahin ist der *Malapterurus* längst aufgelöst. Ich setze den Brief ab, um den Fisch zu anatomiren soviel es geht und ihn zu skelettiren.

Da ich weiß, dass Herrn Geheimrath Rudolphi viel an der Anatomie des *Malapterurus* liegt, so melde ich Ihnen für ihn in Kürze das, was ich von Geoffroy's Beobachtungen abweichendes am elektrischen Organ gefunden. An seinem Anfange und Ende ist der von Geoffroy für das elektrische Organ angesehene Theil am dünnsten, ebenso in der Aftergegend kaum eine Linie dick. In der Mitte des Rückens ist ebenfalls eine dünne Längslinie, so dass es aus 2 Platten zu bestehen scheint, die sich in der Mitte des Rückens vereinigen. Die größte Stärke dieser Platten ist an den Seiten, gerade da, wo innerhalb die Nerven und Gefässe verlaufen (etwas oberhalb dieser Linie), sie beträgt 4 Linien. Die Nerven und Gefässe der rechten Seite haben einen längeren Verlauf als die der linken, gehen von der Basis der Fettflosse nach oben gewendet weg und am Rücken hin zum Schwanze. Die der linken Seite gehen nach rechts, um sich vor der Fettflosse mit der rechten zu vereinen.

Daß der Nerv bei jeder Verzweigung anschwelle, sah ich nicht. Über die Struktur des Organs in der Eil folgendes: Bei Querdurchschnitten sieht man unregelmäßige sehr feine Zellen, die durch feine weiße, sehnige Fasern (nicht Blätter) gebildet, deren Inhalt mithin zusammenhängt u. nicht wirklich gesondert ist. Bei Längsdurchschnitten sieht man parallele sehr feine vertikal gestellte weiße anastomosirende Fasern. Die gallertige Beschaffenheit des Organs erlaubte nicht sehr feine Plättchen loszuschneiden, um sie unterm Mikroskop klar zu durchsehen. Beim ersten Untersuchen habe ich nur gesehen, daß der Inhalt der kleinen Zellen keineswegs einfach körnig ist, sondern daß es ein Geflecht von feinkörnigen Fasern ist. Wer eine *Linkia* unterm Mikroskop gesehen, wird lebhaft an ihre Struktur erinnert. Ein andermal sehe ich hoffentlich mehr und werde dann die Sache mit Freund Hemprich schon ins Klare debattiren. Das nächste Exemplar wird in Spiritus gesetzt. Noch etwas will ich bemerken. Die Fettflosse hatte innen dieselbe Struktur wie das elektrische Organ, doch waren die kleinen Zellen größer u. ihre sehnigen Fasern stärker. Ist die Fettflosse demnach vielleicht der Hauptsitz der Kraft? Das Individuum war todt, am lebenden läßt es sich vielleicht ohne große Mühe entscheiden. Nerven u. Gefäße gehen am rechten Stamme hin, aber keine großen.

Da ich auch die übrigen Körpertheile etwas berücksichtigen wollte, u. die Eingeweidewürmer im Auge behielt, so habe ich das elektrische Organ freilich mehr in Eile abfertigen müssen, als es mir u. dem Herrn Geheimrath Rudolphi lieb sein muß[20]. Hoffentlich finden sich noch mehrere Specimina, freilich wünschte ich nur Geoffroy's Aufsatz darüber zur Vergleichung bei mir zu haben.

Übrigens mögen Sie die Güte haben Herrn Geh. R. Rudolphi zu sagen, daß sich seit Hemprichs Abreise schon wieder schöne Entozoen eingefunden, theils im *Malapterurus*, theils in einem neuen großen *Ichneumon* mit weißem Schwanze u. am meisten in einem neuen Hunde, der jedoch ein altes Exemplar unseres *Canis pygmaeus* sein könnte, ferner in der *Agama Tahb* N. u. in mehreren anderen. Wie es scheint werde ich mich in Ambukohl während HEMPRICHS Abwesenheit sehr gut beschäftigen können. Wären wir Beide beisammen, wäre es freilich besser. Seit der Regenzeit kommen besonders schöne u. große Insekten, deren Anatomie ich lieb zu gewinnen anfange. Viele Uebung u. etwas Geduld wird vielleicht doch etwas brauchbares daraus hervorgehen lassen. Doch von Insekten muß ich Herrn Professor KLUG noch besonders schreiben.

Noch erlauben Sie mir, Herr Professor, Sie mit einem Geschichtchen zu unterhalten. Heut nämlich, vor dem Fisch, kam ein altes Weib vor mein Zelt, um ein Stück Brod zu erbetteln, was hier der vielen Soldaten halber sehr karg ist. Sie sprach ihr Verlangen mit folgenden Worten aus: ja abui, ja habibi, ja tor gebier, ana meskihn, ana jahn (ach lieber Vater, ach großer Ochse, ich bin arm, ich bin hungrig). Daß ich bei dieser Anrede etwas zurück oder hervorfuhr werden Sie wohl glauben, doch war es mir schon bekannt, daß das Wort „Ochs" von hier an bis über Dschendi hinaus eine ehrenvolle Bedeutung habe. Der Bruder des Melek in Ambukohl heißt TOR. Vom Pascha von Aegypten MEHEMED ALI sagt man hier in tiefer Unterwürfigkeit: hu tor gebier gebier carnu tauil (er ist ein großer großer Ochse mit langen Hörnern). Wäre dieß vielleicht doch noch eine Spur vom alten Apis? — Überhaupt fängt das Volk hier an viele Eigenthümlichkeiten zu haben, die an die alte Zeit lebhaft erinnern und die wir uns bemühen werden bis auf Kleinigkeiten festzuhalten. Die Katzen nennt man hier z. B. allgemein nicht Kotta sondern Kahtis, ist das nicht das alte römische Catus vielleicht? Es giebt einen Königsstamm in Schagie, welcher sich Swehr nennt, hieß dieser sonst vielleicht Severus? Ich denke wir dürfen uns durch die Worte Kleinigkeitskrämerei und Wortklauberei nicht abschrecken lassen, das Alles mitzunehmen. Man liebt ja das Gold, wenn es auch aus vielem Sande mit vieler Mühe muß gewaschen werden. Freilich mochte hier oben das römische Wesen nicht eben sehr festgewurzelt sein. — Die Berbersprache hat ganz eigenthümliche Casus u. Anhängsel. Wir wissen nicht, wie weit man sie in Europa kennt, werden aber ein Lexikon mitbringen u. auch wenn es geht eine Art von Grammatik. Sie wird sehr eintönig u. hohl gesprochen u. ist vom Arabischen ganz verschieden, obwohl in ihr viele Dinge, die arabischen Ursprungs sein mögen, mit arabischen Worten benannt werden u. sonderbar genug selbst die Zahlen der Zehner von 30 bis 100. Auch die Zahl 100 hat im Ausdruck Aehnlichkeit, 1000 heißt ganz anders. Von einer eigenen Schrift dieser Sprache haben wir noch keine Spur gefunden (Hieroglyphen?), man bedient sich der arabischen. — Doch ich habe das Maaß eines Briefes überschritten und eile zum Schluß. Über unsere Lage und Reiseplan wird HEMPRICH in Cahira ausführlich berichten, auf die aus Europa angekommenen Briefe, die mir hier nicht zugekommen, Rücksicht nehmend. [. . .] In inniger Hochachtung und Ergebenheit

Ew. Hochwohlgeboren ewig dankbar verpflichteter

Dr. C. G. EHRENBERG

PS Soeben, als ich den Brief siegeln will, schickt mir Flora, als ob sie bereute Böses von sich haben sprechen zu lassen, den Barnuk, was wie ich sehe ebenso wenig *Lycoperdon pedunculatus* heißen darf wie das frühere unter demselben Namen gelegene *Tulostoma*. Es geht dem *Lyc. pedunc.* wie dem *Nostor sphaericum*, es sind Lieblingsnamen der Acryptogamosophen. Die Form, welche ich vor mir habe, ist 4 Zoll lang und gehört allerdings zu *Lycoperdon*, ist aber ein Afrikaner. Dabei sagt mir der schwarze Finder, daß in der Wüste mit diesem Barnuk noch ein anderer schwarzer oder blauer mehr langgestreckter wachse, auf den er mich begierig macht. [. . .]

Den Senna und Gummi Handel haben die Orbabden. Alle Senna kommt aus Suakem, alles Gummi vom Cordophan und Sennaar, dort werden wir die Pflanzen sehen. Die *Cassia*, welche Sie unter dem Namen *C. Senna* in unserem Herbarium finden, wird hier zum purgiren benutzt, man kocht sie mit Durrakörnern, um den Geschmack zu verbessern. Es regnet heut hier wieder gewaltig, hoffentlich zum Besten der Botanik. Seit 3 Jahren hat es nicht geregnet. Die Leute rechnen alles Unglück auf die Ankunft der Türken im Lande.

47. Ehrenberg an Klug

[Eingegangen in Berlin 12. März 1823]

Ambukohl 3ten Aug. 1822

[. . .] Unsre Insectenkisten waren bis zum August dieses Jahres berechnet, und obwohl wir im Juny noch meynten viel übrig zu behalten, so haben sie sich doch im July so rasch gefüllt, daß ich werde müssen zu andren Behältern, die zu fertigen mich die Noth lehren wird, meine Zuflucht nehmen. Bey Abreise Hemprichs besaß ich noch 11 Kisten, heut, nach 14 Tagen, sind schon 6 davon mit schönen schönen Schmetterlingen gefüllt, und will ich viel Dubletten nehmen, so lassen sich die noch übrigen in kurzer Zeit auch füllen. Ich werde müssen die Zahl der Dubletten etwas verringern, um das täglich zukommende Neue in besten Schutz zu bringen. In einer Parthie Schachteln, die ich hier habe, läßt sich schon noch einiges unterbringen und dann noch in Pappkästchen. Da ich ohne Dollmetscher nur mit einem Europäer so mitten in der Wildniß unter Heyden u. Türken bin, so darf ich nicht weit von meinem Nothpfennig gehen, ich habe deßhalb mit Korallen und Geschenken von kleiner Münze gegen 30 rabenschwarze nackte Jungen angeworben, sie mit den mir zu Gebothe stehenden Schmetterlingsscheeren ausgerüstet und lasse mir zutragen. In den ersten Tagen brachten sie mir sorglich alle die Mohldingro (so nennen sie die Schmetterlinge) ohne Farbe, ohne Kopf und Flügel, jetzt ist doch schon immer der 5te tadellos, und ich bezahle sie nur noch für wohlerhaltene mit 1 — 5 — 10 Para. Außer hier war es mir auf der ganzen Reise nur in Benisuef gelungen die Jugend zum Insectenfang aufzuwiegeln, und dort hörte es bald auf, weil man glaubte ich thäte es um die Jungen selbst wegzufangen u. in unsre großen Kisten zu stecken. Da ich nicht weiß wie lange die Flugzeit der einzelnen Arten dauert und da bey unsrer Ankunft und selbst 14 Tage nachher sich hier noch sehr wenig fand, dagegen jetzt ziemlich viel verschiedene Formen fliegen, so sammle ich so viel als möglich auf einmal und verschiebe das Completiren der Dubletten nicht, zumahl da ich sehe, daß die zuerst gefangenen Formen jetzt, nach 14 Tagen, schon rar werden, oder doch nur abgeflogen gebracht werden. Mehrere der erbeuteten besonders größern Insecten scheinen mir Capenser zu seyn, dahin scheint auch eine der Ochsenheimers *Mormo Maura* verwandte große Eule mit Pfauenaugen zu gehören, vielmehr sind es zwey sich sehr ähnliche Formen. Auch ein großer *Sphinx* wie *Sph. Galii* scheint ein Capenser. Der große Ameisenlöwe ist wohl ebenfalls nur *Myrmeleo libelluloides*, obwohl er mir eine andre Flügelzeichnung zu haben scheint, wenn ich mich des Capensers recht erinnere. In den Kisten befinden sich schon mehrere sehr niedliche Formen aus der Nähe des *Papilio Cardamines*, die wohl noch nicht bekannt sind, und anderes Hübsche. Obwohl jetzt seit kurzer Zeit in alle Abtheilungen schöne neue Formen gekommen, so haben sich doch besonders die Piezaten herrlich gemehrt. Da muß es neue Gattungen geben. Ich möchte nur so einmal in Ihre Sammlung gucken, um mich zu überzeugen, ob wohl das meiste neu oder das meiste alt ist. Meiner Erinnerung nach muß vieles neu seyn. In den letzten Tagen habe ich mich damit eifrig beschäftigt, die hiesigen Ameisen in all ihren Formen aufzusuchen, und es ist mir bereits mit sechs Arten gelungen. Noch zwey und ich bin wieder einmal damit fertig. Raupen wollen sich nicht finden lassen, aber ich habe jetzt eine starke Käferzucht, auf die ich, wenn sie mir nicht beschrieen wird, etwas gebe. [. . .]

Daß Sie die Güte haben Verzeichnisse über unsre eingeschickten Kistchen zu fertigen hat uns Herr Professor LICHTENSTEIN zu unsrer Freude geschrieben, und wir müssen Sie allerdings um dessen Fortsetzung gar sehr bitten, da wir allerley Notizen auf die Nummern gründen, die mit letzterer Verwechselung völlig unbrauchbar werden.

48. *EHRENBERG an HEMPRICH in Cairo

Ambukohl, am 6ten Aug. 1822

Lieber HEMPRICH

Die Kamele sind hier, ich bin noch in Ambukohl. Ich erwartete von Dongola die dort liegenden Brete [?], um wenigstens die gesammelten Vögel gut zu verwahren. Du hast sie nicht mitgeschickt u. ich muß mich also so behelfen. Eine Kiste ist schon voll und darinn auch manches Hübsche[21]. Unter den Vögeln nenne ich Dir zwey *Vultur fulvus*, Männchen und Weibchen eines neuen *Lanius* (*orbitalis* N.), dem *L. minor* verwandt, das Weibchen einer prachtvollen großen *Turdus* (*chalybaeus* N.), dunkel stahlgrün mit sammtschwarzen Augen auf den Deckfedern der Flügel. Von Säugthieren außer vielen *Meriones* einige Dipen, ein schöner großer neuer Ichneumon mit weißem Schwanz (*Herpestes leucurus* N.), ist der wahre Abu efn. Ein junger (ob gewöhnlicher?) Ichneumon; ein neuer Hund, wenn es nicht der alte *Canis pygmaeus* ist. 6 Stück von *Lepus capensis.* Außerdem habe ich, ehe der Spiritus ankam, 5 Stück von *Malapterurus* erhalten und davon drey ausstopfen lassen, 2 skeletirt. Einen sechsten habe ich in Spiritus gesetzt. [...]

Unter den neuerlich gefertigten Zeichnungen befinden sich gemalte Tabellen der Insectenaugen, die sich gut ausnehmen und zur Beschreibung der Insecten künftig gute und sonst vernachlässigte Beyträge geben, indem die Augen ihre Farbe verlieren. Ferner mehrere sorgfältigere Insectenanatomien. Ferner *Agama Tahb* N. mit den nötigen Details, ferner *Lacerta reticulata* N. mit den Details. Von dieser habe ich auch eine Zucht angelegt. Ferner einige Tapeta gemalt vom *Canis pygmaeus*? *Herpestes leucurus* und andren. Mit *Scincus stincatus* dem Blauschwanz bin ich auch bald fertig. [...]

Deinem Vorschlag zu Folge werde ich im November nach Daebhe gehen und Dich dort erwarten.

Der deutsche Naturalist soll RUTHE (!) heißen, soll ein gewaltiger Astronom seyn, auf eigne Kosten reisen, morgens nach den Sternen sehen und Nachmittags Insecten fangen. Er soll aus Frankfurth oder Erlangen seyn[22]. [...]

Dein EHRENBERG

49. *EHRENBERG an NEES VON ESENBECK

Ambukohl, 20. August 1822

Verehrtester Herr Präsident!

Als ich meinen letzten Brief aus Dongola an Sie absandte, hatte ich Bange vor der Botanik. Des hagern Flörchens Abbildung habe ich Ihnen ja gesendet. Sie war durstig, die arme Flora. Jetzt sehe ich sie als eine schöne Dame. Der Himmel hat sie weidlich getränkt und sie hat Leben getrunken.

Am Abend noch sah ich mit traurigem Sinn
Auf dürre sandige Steppen hin,
Da strömte der Regen vom Himmel flugs,
Da schwollen die Bächlein, der Nilstrohm wuchs,

Da träumt mir's von hellen Flamm' in der Nacht,
Und als ich am frühen Morgen erwacht,
Da sah ich die Flora in herrlicher Pracht
Da hat mir das Herz in dem Busen gelacht.

Lachen Sie nicht, theuerster Herr Präsident, über meine hölzernen Verse. Es war ein Drang der Seele, der sie schnell geschaffen, und sie mögen Ihnen ein Beweis seyn, wie groß meine Freude ist Ihnen endlich einmal etwas von der mir lieben Flora erzählen zu können. Und es wäre wohl auch etwas Rechtes, wenn es wahr wäre. Ich sitze unter drey Decaden neuer Pflanzengattungen. Neben mir liegt eine 9 Zoll hohe gegen 3 Zoll breite *Stemonitis*?, liegt ein 9 Zoll hohes 6 ½ Zoll breites *Lycoperdon*, liegen *Boleti*, *Agarici* u. s. w. u. s. w. in herrlichen Formen.

Dongola am 22ten October 1822

Den angefangnen Brief habe ich in Ambukohl nicht vollenden können. Es scheint ein trüber Stern über unsrer Reise zu walten. Was wird die Sammlung wohl nützen, wenn nicht wir selbst sie heimwärts begleiten! Man hat uns ja wohl hoffentlich nicht des Sammelns halber hergeschickt. — Ich glaubte mich von der *Febris perniciosa*, in deren Klauen ich wieder war, durch schleunigen Rückzug retten zu müssen, und so sitze ich denn hier in Dongola, ohne noch die Füße brauchen zu können. Aber dann, im Fall ich sie wieder werde brauchen können, soll ich sie brauchen zum vorwärts oder zum rückwärtsschreiten? Vorwärts sehe ich viel Gefahr und vieles zweydeutige, aber herrliche Formen. Wir sind freylich etwas kälter geworden, als daß wir wie Schmetterlinge uns die Flügel im Lichte verbrennen möchten. Aber mit Behutsamkeit, doppelter Umsicht ließe sich doch wohl ein Ein- und Ausgang zu jenen Orten finden. Es scheint doch wahrlich der Mühe werth etwas zu wagen. — Aber die Instruction befiehlt uns gefahrvolle Orte zu meiden. Ich denke mit der pestartigen Krankheit über den Berg zu seyn und harre Hemprichs mit Ungeduld, um mich mit ihm entscheidend zu berathen. Hemprich ist gegenwärtig, wie ich Ihnen früher es als zukünftig geschrieben, mit der Sammlung des Jahres nach Cahira gegangen. [. . .]

Leider habe ich schon wieder zwey Monate durch Krankheit verloren, und ich war dießmal sehr krank und war ganz allein. Meine Leute erkrankten gleichzeitig alle, und eines Tages war keiner im Stande dem andern einen Trunk Wasser oder etwas Brod zu reichen. Ich blickte traurig gen Himmel und siehe, es kam ein Bettler, der, um sich zu nähren, uns Nahrung gab und vom nahen Untergange rettete. — Es war in der Zeit der besten Erndte, und diese war zu meinem großen Schmerz für mich verloren. Doch habe ich mit Hülfe des Himmels einiges gerettet. Kommt Hemprich wieder und bleiben wir gesund, so muß sich ein herrlicher Schatz in unsern Kisten und Papieren sammeln. [. . .]

50. *Hemprich an Ehrenberg
[Erhalten in Assuan 20. Dec. 1822]

Cairo, den 7t September 1822

Lieber Ehrenberg!

Packe Deine Sieben Sachen zusammen, mache Dich so leicht als möglich und folge mir in möglichster Eil. In Essuan oder Luxor (Theben) findest Du mich. Solltest Du Kamele brauchen, so suche Dir durch Abdim Bey Miethkamele zu verschaffen. Entnimm von ihm auch 200 oder 300 Colon. selbst im Fall Du sie nicht brauchst, wir werden sie hier brauchen, denn die Herren haben kein Geld geschickt. [. . .] Man macht von Berlin aus gute Versprechungen, und durch meinen Bruder höre ich, man halte zwei Stellen für uns offen: Prof. SCHWEIGGER für Dich, BARTELS für mich. Ist's wahr? LICHTENSTEIN schreibt nichts davon.

Die Briefe selbst schicke ich Dir nicht, weil sie verlohren gehen könnten. [. . .] Von Dongola aus wähle den Weg durch die Westwüste. Mache wie Du kannst. Gott mit Dir

Dein treuer
HEMPRICH

51. HEMPRICH an LICHTENSTEIN†

[Eingegangen in Berlin 16. Nov. 1822]

Alexandrien, d. 15ten Septbr. 1822

Hochwohlgeborner Herr!
Hochzuverehrender Herr Professor!

Am 8ten Septbr. bin ich, nach einer Reise, deren Mühe und Beschwerden ich mir erlasse Ihnen zu beschreiben, mit 22 Kisten und 2 Fässern mit Naturalien glücklich in Cairo angekommen. Sie werden aus unsern Schreiben von Argo, Dongola, Daebhe, Embukohl wissen, daß erstens der Kameelmangel, der uns in Wadi Halfa u. Essuan zu lange verzögerte, dann eine momentane Unsicherheit, wegen der der um uns väterlich besorgte ABDIM BEY in Dongola uns nicht gleich weiter reisen lassen wollte, uns verzögerte, endlich das Unbrauchbargewordenseyn sämmtlicher Flinten (Dr. EHRENBERG sprang die seine in der Hand, doch ohne ihm zu schaden), der Mangel an Kisten, Insektenkästchen und Nadeln und die Furcht wegen der Baarschaft in Verlegenheit zu kommen / weil wir ABDIM BEYS Anerbietungen nicht ohne vorhergegangene Autorisation annehmen wollten / uns unsere Reise nicht weiter fortsetzen ließ.

Wir beschlossen jedoch, diese Reise als zu sichre und interessante Resultate sowohl in finanzieller Hinsicht für die Sammlungen, besonders den zoologischen Theil, als auch in scientifischer uns bietend, ohne uns durch die von dem, der nie hier war, nicht leicht zu begreifende Beschwerde abhalten zu lassen, noch fortzusetzen. Um alles möglichst sparsam und nützlich einzurichten, entschloß sich Dr. EHRENBERG der Wissenschaft das schwere Opfer zu bringen allein in Embukohl mit einem unsrer Europäer und einigen unsrer Araber zu bleiben, und dort fortwährend das Sammeln, die zootomischen Arbeiten, das Zeichnen u. s. w. fortzusetzen. Fünf unsrer Kameele, die bey ihm zurückblieben, sicherten ihm die Möglichkeit kleine Exkursionen zu machen. Ich sollte die Sammlung nach Cairo begleiten, die übrigen Kameele an einem Orte, wo das Futter wohlfeil, zurücklassen und dann alles uns Nöthige aus Cairo mitbringen. Um aber EHRENBERG in Relation zu setzen mit den Arabern der Wüste, damit diese ihm seltene Thiere u. s. w. überbringen möchten, habe ich vor meiner Abreise nach Cairo eine Reise an einen Brunnen in der Wüste gemacht, von dem ich 4 Straußen, 3 männliche und einen weiblichen, 2 Gazellen von einer *Strepsiceros* verwandten Art, 3 von einer *Oryx* verwandten, 4 von einer neuen ob *senegalensis*? mehrere von *Corinna* u. *Dorcas*, ein *Ovis tragelaphus*, 5 *Hyrax capensis*, 1 *Canis* wie *vulpes* klein mit großen Ohren, ob Fennek?, mehrere Skelete von Gazellen u. s. w., freilich leider wegen Kistenmangel nicht alles ganz gut erhalten, zurück gebracht habe. Von vielem andern erhielt ich gewisse Kunde. Giraffen in Menge giebt es 2 Tage weiter. Löwen auch. Leoparden und eine andre Katze, die neu, wie *jubata* aber mit kleinern dichtern Flecken, heißt hier Fached, habe ich selbst gesehen. Ein Thier wie Bär. Ein wilder Hund, der schwartz und wohl neu, raubt in großen Heerden, heult wie Wolf, fürchtet

† Antwort auf Brief Nr. 34, ohne P. S.

den Menschen wenig. Sonderbares Unglück hat gemacht, daß wir keines habhaft wurden. Noch 2 oder 3 Thiere aus dem genus *Canis*, die ich nur durch die Araber kenne. Viele kleine Thiere genera *Viverra*, *Mephitis* u. s. w. Noch 3 oder 4 Arten Gazellen. Viel Trappen, auch eine andre Art. — Sechs Tage weiter: *Elephas africanus*, *Bos-africanus*? *Sus-africanus*? *Equus Zebra* und *Quagga*, wo nicht neue Art, die Farbe weicht ab. Einstimmig sprach alles mit Bewunderung von den schönen Vögeln, die weiter hinauf die Wälder, in denen auch *Adansonia* blühen soll, beleben!

Eine Probe dieser schönen Südländer sahen wir bey He. LINAN, der aus dem Sennaar zurückkam. Ein Brief von Ihnen, Herr Professor, der uns hier zukam† und der die Versicherung allgemeiner Zufriedenheit mit uns enthielt, der von Schreiben an den Pascha, vom endlichen Uebersenden der Instrumente und Bücher, die wir schon vor 1½ Jahren begehrt, u. s. w. sprach, der unter anderm die Versicherung enthielt:

daß für uns gethan werden sollte was der preußische Staat
nur für einen Reisenden zu thun vermöge

mußte uns bestimmen und ermuthigen.

Ich komme in Cairo an und finde Ew. Hochwohlgeboren Schreiben. Nach tausendfacher Mühe, Wagniß des Lebens und möglichstem Streben der Akademie und dem Ministerium genug zu thun ist d i e s der Dank. Ich gestehe ich hatte dies nicht erwartet, am allerwenigsten hätte ich ein Schreiben, das uns im Innersten verletzt und höchst ungerecht tadelt, von Ihnen unterzeichnet, von Ihnen verfaßt erwartet. Sie haben mir damit böse Stunden gemacht, aber es ist vorübergegangen; denn

hic murus aheneus esto
Nil conscire sibi, nulla pallescere culpa.

Hier einige Worte der Rechtfertigung: [...]

In dem ersten Jahr unsrer Anwesenheit waren wir unglücklich, im 2ten beginnt uns die Sonne des Glücks zu scheinen, aber grade als wir daran waren die Palme zu erringen, muß ein unglückliches Mißverständniß, /denn wir sind ja zu unberühmt um Feinde zu haben/ alles, alles zerstören.

Daß wir über unser Benehmen und die Verwendung der Summen Rechenschaft geben müßten, wußten wir lange und Sie hätten wohlgethan, mein Herr Professor, sich die deshalb an uns gemachten Bemerkungen zu ersparen. Wir sind keine Knaben und würden auch um eine zehnfach größere Summe, als die ganze Reisesumme ist, unsern ehrlichen Nahmen nicht verkaufen. Geben Sie sich die Mühe, mein Herr Professor! Ihre Anschrift durchzulesen und Sie werden selbst eingestehen, daß Sie uns auffallen muß. [...]

Wenn wir Sie betrügen wollten, meine Herrn, so würden Sie 20 Belege und Gegenbelege nicht dafür schützen, denn für wenige Piaster und auch umsonst kann man hier alles mögliche der Art attestirt haben. Hat man also kein Zutrauen zu uns und verlangt etwa, daß wir es durch fingirte Belege, wo wirkliche nicht möglich sind oder von uns aus Nachläßigkeit nicht genommen wurden, erkaufen sollen, so wird der Preis zu hoch gesetzt seyn. Kurz mit nächstem, nämlich so bald ich mit EHRENBERG wieder vereinigt bin, werde ich das Vergnügen haben, Ihnen Rechnung und Belege, so viel deren da sind, zu schicken, die Oberrechenkammer wird sie durchsehen und mit dem, was sie daran auszusetzen hat, sich an m i c h halten. Wir bewahren einen Brief von Ew. Hochwohlgeboren, der uns in Triest traf, worin Sie mir die Ihnen von Wien aus gemachte detaillirte Rechnung verweisen. Wie macht man es Euch Herren also Recht! [...]

Gut, wir haben auf dieser Reise 3000 Col. verbraucht, aber wir haben dafür 13 Monate gereißt, nach Umständen immer 8 zuweilen 10 Leute, anfangs 12 dann 20 Kameele genährt,

† Brief Nr. 27.

ja jene Leute großentheils schon von dieser Summe besoldet. Ist dies zu viel? Ohne ABDIM BEY wäre mehr nöthig gewesen. Er hat uns 5 Monate lang täglich für jedes Kameel nahe ½ Rubb Durra gegeben, uns fast nichts für Schaafe und andre Lebensmittel in dieser Zeit ausgeben lassen; denn das geschenkte Zelt, das Kameel, die Kiste Rum bringe ich nicht in Anschlag, weil das Dinge sind ohne die wir uns auch beholfen hätten und die wir nur angenommen haben, weil wir mußten. Und diese 3000 Col. sind sie weggeworfen? Wir bringen dafür über 1700 Vögel und über 10 000 Insekten aus dem Innern Afrikas mit, die ich allein 3000 Col. werthschätze und die ich mir wohl getraute für diesen Preiß zu veräußern, zu geschweigen die Skelete, Spirituosen aller Art, Eier, ausgestopfte Amphibien und Fische, Pflanzen und Mineralien, so daß diese Reise, wenn sie auch nichts auf die ersten unglücklichen Reisen gut gemacht, doch sich selbst gedeckt hat. Ihre Fortsetzung hätte mehr gethan als sich selbst bezahlt, erstens nämlich steigt unsre Geschicklichkeit im Sammeln immer und auch die unsrer Gehülfen, denen wir Jagd und Alles erst haben lehren müssen, zweytens sind wir und unsre Leute akklimatisirt und die Gesundheit ist uns gesicherter, drittens war der jetzt zu bereisende Boden gegen Egypten ein Peru, viertens ließ uns das Glück in denen, die hier befehlen, Beschützer und Freunde finden. In den letzten 2 Monaten war das Verhältniß so günstig, daß wir, obgleich nicht sehr uns weiter bewegend, fast täglich (andres ungerechnet) eine für unsre Sammlung neue Vogelart erbeuteten. EHRENBERG wird indeß, wie ich vermuthe, noch eine sehr interessante Sammlung gemacht haben, kurzum es ist zu bedauern, daß es an Zutrauen zu uns gefehlt hat. Wir verlieren nichts, es sind die Sammlungen und die Wissenschaft welche verlieren, und die Italiäner sagen lachend: *quie brutti Tedesci non son capaci di finir' un viaggio.* [...]

Herr RÜPPEL, ein Privatmann aus Frankfurth, ist hier angekommen, um eine astronomische Reise in Egypten, dem Cordophan und Sennaar zu machen und nebenbey einige Naturalien zu sammeln. Er kennt nur Mineralien und etwa noch europäische Vögel, ist aber ein Mann, den ich sehr schätzen gelernt habe und der viel in jeder Hinsicht leisten wird. Er hat vor andern den Vortheil voraus, schon einmal in Egypten gereist zu haben und also ganz vorbereitet und mit allem Nöthigen schon in Europa versehen, hier angekommen zu seyn, ferner einen jungen Gehülfen zu haben, der gelernter Jäger, zugleich im Ausstopfen und Praepariren vollkommen unterrichtet ist und was das meiste gilt, für die Sache selbst viel Liebe hat[23]. Berlin wird also der Stadt Frankfurth ihre Dubletten abkaufen müssen, wenn es nicht auf die Naturprodukte dieses Theils Afrikas Verzicht leisten will. Pflanzen u. Spirituosen sammelt He. RÜPPEL nicht. In 9 Monaten hat er 3 kleine Kisten Naturalien gesammelt, was ich hieher schreibe, damit Sie sehen, daß wo nichts ist (und in Unterägypten und um Cairo, ja bis Wadi Halfa ist nichts) auch der Kaiser das Recht verlohren hat. Ende November hoffen wir uns einzuschiffen. Ende Februar oder im Maerz dürften wir in Berlin seyn.

Ich wage mich wie bisher noch in innigster und wahrster Hochachtung zu unterzeichnen

Ew. Hochwohlgeboren
in Dankbarkeit ergebener
Dr. W. HEMPRICH

Hätte man uns wenigstens noch etwas Geld geschickt! *Pia vota.* Ich ersuche Sie uns so bald als möglich auf jene 1000 Rthlr in Triest accreditive zu machen und bitte Sie daran zu denken, daß wir N i c h t s haben, daß wir doch leben müssen und daß man uns in den Stand setzen muß, wenigstens Kleidung, Wäsche und ein paar Bücher zu kaufen, und unsren Unterhalt ein paar Monate zu bestreiten, bis sich etwas findet und fügt. Wenn wir in Berlin die Zeit unsrer Abwesenheit über Holz gespalten hätten, so würden wir uns wohl neben dem Unterhalt einen ganzen Rock und täglich einen Groschen erspart haben, aber — — — — — *difficile est* u. s. w.

52. HEMPRICH an LICHTENSTEIN

[Eingegangen in Berlin 2. Dez. 1822]

Alex. d. 2ten Octobr. 1822

[. . .] Ich kann, weil ich, von EHRENBERG zwey Monate abwesend, seinen Cassenbestand nicht kenne, Ihnen nicht ganz genau unsern Bedarf angeben, erlaube mir aber zu bemerken, daß die h o f f e n t l i c h von einem Hohen Ministerio gnädigst bewilligten 1000 Rthlr, im Falle man von denselben den von uns jetzt benutzten aus Marseille uns zugekommenen Creditbrief decken wollte, gewiß nicht reichen werden, um unsre Rückkehr bis Berlin zu bestreiten.

[. . .] Der Verkauf der Kameele dürfte glücklichenfalls die Spesen bis zur Abreise decken, und der Eintrag der übrigen zu verkaufenden Effekten, die wir in Alexandrien durch den Consul werden versteigern lassen, würde was etwa fehlen sollte ersetzen.

[. . .] Ich überlasse Ihnen, Herr Professor alles, bitte Sie aber zu bedenken, daß wir k e i n e i g n e s V e r m ö g e n haben, also N i c h t s zusetzen können, daß also im Falle wenn uns weniger bewilligt wird als hinreicht, wir keine andre Hülfe haben als für den Augenblick · das allgemeine Mitleid für uns arme Betrogene öffentlich anzusprechen, bis sich irgendwo (denn dann müssen wir ja nothgedrungen sagen: *ubi bene, ibi patria*) ein Unterkommen für uns findet. Bedenken Sie ferner, daß wir, (ich einen kleinen gewissen Gehalt, EHRENBERG ziemlich sichre Hoffnungen) der Reise aufgeopfert haben, und daß wir, wenn wir in Berlin auf bloße Hoffnungen hin wieder anfangen sollten Schulden zu machen, uns sehr unglücklich fühlen würden.

Eine gütige Antwort, worin Sie uns offen und wahr unsre Aussichten in Berlin darlegen werden und dass Sie nicht officiel, sondern nur als LICHTENSTEIN schreiben möchten, erwarte ich in Triest. Auf jeden Fall, thun Sie, wenn Sie irgend etwas für uns fühlen, ihr möglichstes, daß man uns nicht auf das äußerste treibe, es würde mich tief, tief schmerzen, wenn ich dann nothgedrungen öffentlich sprechen müßte.

Ihr
weit verpflichteter
HEMPRICH

53. HEMPRICH an LICHTENSTEIN

[Eingegangen in Berlin 12. März 1823]

Cairo, d. 29ten Octbr. 1822

[. . .] Ihre gütigen Zeilen† haben mich erfreut. Ich habe Ihre Postscripta von dem Körper des Briefes sehr wohl unterschieden und bedaure mit Ihnen, daß die gebährenden Berge endlich — eine belachenswerthe Maus erzeugt haben. Ich schmeichelte mir alle Schwierigkeiten besiegt zu haben, die schlechte Vorbereitung, Ungewohntseyn des Clima, Mangel an Menschenkenntniß und Erfahrung, Unbekanntschaft mit der Art zu sammeln und zu bereiten u. zu packen u. s. w. uns bisher gemacht hatten, und sieh da, von der Seite, wo wir uns am stärksten glaubten, wird uns alles zerstört. Daß wir hierbey nichts weiter verliehren als das Bischen Ruhm, das wir vielleicht gehabt hätten die Ersten ge-

† P.S. zu Brief Nr. 34.

wesen zu seyn, die in so interessanten Ländern so interessantes gesehen und aus so unbekannten Ländern so unbekanntes gebracht, ist gewiß, aber die Sammlungen verliehren mehr als Sie mir glauben werden durch die Uebereilung und Illiberalität, mit der man gehandelt. Wenn ich Ihnen versichre, daß 15 bis 16 der reichhaltigsten Colli's Arbeit von etwas mehr denn 5 Monaten sind, daß weiter oben das Verhältniß noch günstiger ist und wir gewiß bey Fortsetzung der Reise eine Sammlung, die die oben überschickte 3—4 mal übertroffen hätte, gemacht haben würden, so werden Sie eingestehn, daß es Schade ist, daß man unsre uneigennützigen Anträge zur Fortsetzung der Reise so inkonsequent ausgeschlagen. Die Briefe vom Septbr., welche alle mögliche Unterstützung versprachen, hatten uns verleitet uns zum Verfolgen der Reise einzurichten und uns zu trennen, was nun bey der eingetretnen Contraindre eine Menge nutzloser Mehrausgaben macht. Der Schaden, den man erleidet, ist bedeutend, erstens positiv und dann negativ in Hinsicht der nun nicht erfolgenden Sammlungen. Ich hätte hier leicht Geld haben können, um wenigstens noch rasch Sennaar u. Cordophan zu durcheilen, so die Ehre der Akademie zu retten, der man doch vorwerfen wird, daß sie eine solche herrliche Gelegenheit uns nicht hat wollen benutzen lassen[23]. Nach Berlin schreiben und Antwort abwarten, sehen Sie ein, war auch nicht möglich, also blieb nichts übrig als das gebothene Schach Matt anzunehmen.

Ich bin neugierig, ob man denn wirklich die Ungerechtigkeit so weit treiben wird uns die Rückkehrmittel zu versagen (denn 1000 Rthlr reichen einmal nicht zur Rückkehr bis Berlin). Ich bin auf alles gefaßt und habe den Trost meine Schuldigkeit gethan zu haben. Wer die Schuld hat an diesem Benehmen gegen uns, was ich nicht untersuchen und wissen mag, dem wird es schon heimkommen. Besonders ungerecht, ja abscheulich wäre es, wenn man EHRENBERG, der nun an diesen, wie man sich einbildet tadelnswerthen Schritten keinen Antheil gehabt hat, nicht kräftig unterstützte. Ich steige nothfalls vom theoretischen Reitpferde auf den Esel der praktischen Medizin; der ja manchmal auch so nobel ist als die aegyptischen Esel, die mit Pferden wetteifern.

d. 5ten Novbr.

Heut erhalte ich Nachricht von EHRENBERG vom 6ten August. [. . .] — Der gute EHRENBERG er hofft mich Ende November ankommen zu sehn u. mit mir in d. Cordophan zu gehen, wenn er statt dem meinen Rückrufsbrief erhalten wird, — — Das officielle Schreiben habe ich ihm nicht schicken können, es hätte ihn getödtet, hätte es doch mich, den Stärkern beinahe auf's Krankenbett geworfen.

d. 18ten Novbr.

Am 15ten brachte man mir hier triumphirend ein Zeitungsblatt, das d. d. 4ten August Nachrichten über uns enthielt†. Man hat also am 4ten August sich nicht geschämt noch von liberaler Unterstützung zu reden, nachdem man uns schon am 30ten December /a. praet.†† so höchst illiberal behandelt hatte. Glaubt man denn, daß wir nicht auch schreiben können? weiss man nicht, daß man auch des Geduldigsten Geduld erschöpfen kann? [. . .]

d. 19ten Novbr. 1822

EHRENBERG wird aller Wahrscheinlichkeit nach vor Januar hier nicht ankommen können. Wir also vor Maerz oder April nicht in Triest eintreffen. Man reist hier nicht so schnell als man wohl in Berlin glaubt.

† Siehe Brief Nr. 44.

†† Brief Nr. 37.

Ich hatte, wie ich Ihnen schon mitgetheilt, 200 Colon. aus Embukohl mit mir genommen und außerdem das Creditiv auf 2000 Franken, das uns von He. ROULET aus Marseille zugekommen, in Händen. Ich habe, wie ich Ihnen früher in Kürtze specificirt, die 200 Colon. unterwegs ausgegeben und war noch 9 Colon. an den Dragoman schuldig. Den 5ten September begab ich mich zu He. v. CHAMPION, wo ich das famose officielle Schreiben vorfand. Sie können denken daß ich in Wuth gerieth und bejammerte nicht reich zu seyn, um den Herren in Berlin ihr Geld sammt Zinsen vor die Füße werfen zu können. Ich schrieb Briefe und zerriß sie wieder. Dazu kam, daß ich ohne Geld war und jedermann in meiner Miene las. He. v. CHAMPION hatte die Güte mich mit zuvorkommender Freundschaft in sein Haus aufzunehmen und mir indeß 500 Piaster vorzustrecken. Da man in Cairo das Creditiv nicht respektirte, so sah ich mich genöthigt nach Alexandrien zu gehen. Ich ließ die Sammlung im Magazin zu Cairo und reißte den 9ten September nach Alexandrien ab. Den 14ten kam ich an, begann den 15ten einen Brief zu schreiben, den ich auch abgeschickt†, ward von Dr. MORPURGO sehr freundlich in seinem Hause aufgenommen, fand aber nur das Duplikat des in Cairo getroffenen Schreibens vor. Es war keine Gegenordre erfolgt, man hatte das Unrecht, was man uns gethan nicht eingesehen; ich durfte mich nicht besinnen. Drey Briefe wurden auf verschiedenen Wegen an EHRENBERG abgeschickt um ihn einzuladen herabzukommen und mit mir sich nach Europa einzuschiffen††. — Aber man sprach hier von einem Embargo und rieth mir von allen Seiten die Sammlung gleich abzuschicken. Ich entschloß mich und schickte den Dragoman nach Cairo, der den 1ten October rückkam. Alsbald suchte ich die Sachen einzuschiffen, was auch am 1ten und 2ten geschah†††. [. . .]

Ich danke es vorzüglich der Güte des He. CHAMPION, der mich zu zerstreuen suchte und mit wahrer Freundschaft sich meiner angenommen, daß ich einem drohenden . . . fieber entging. — Den 9ten November benutzte ich die Abreise des He. RÜPPEL, von dem ich Ihnen schon ein Mehreres geschrieben, um EHRENBERG nochmals Nachricht zu geben[24]. Da ich mich wieder etwas wohler befand und eine bestimmte Beschäftigung dringendes Erforderniß für mich war und ich vor's erste nichts Besseres thun konnte, machte ich Bekanntschaft mit einem arabischen Arzte, JACHJA EFFENDI. Er gibt mir einigen Unterricht im arabischen. Ich bin in kurzer Zeit ziemlich weit gekommen u. auf mehreres interessante gestossen. Die arabischen Naturhistoriker KAZWINI u. DAMIRI werden durch unsre Reise hoffentlich verständlicher werden.

[. . .] Es hat sich im Ganzen recht glücklich getroffen, daß der Herr Minister ungnädig über uns geworden, denn ich habe seitdem auch Briefe aus Glatz erhalten, von wo aus mir einer meiner Bekannten, bey dem ich schon früher deshalb angefragt, d. d. July 1822 schreibt, daß meine Mutter Noth leide, nichts als 50 Rthlr. in der ganzen Zeit erhalten habe und mir räth so bald als möglich rückzukehren, weil, wie er sehr richtig bemerkt, wie ich aber lange genug schlecht genug war mir nicht selbst zu sagen; der Sohn die Sorge für seine bedürfenden Aeltern keinen Fremden überlassen müsse. — Nur in dem Falle daß Sie mir bestimmt etwas Gewisses von Seiten des Ministeriums zusichern könnten, werde ich nach Berlin kommen, sonst wahrscheinlich in Breslau oder Glatz mein Heil mit der Praxis versuchen.

In der Hoffnung einige Zeilen von Ihrer Hand in Triest vorzufinden verbleibe ich

Dero

ganz ergebenster

Dr. W. HEMPRICH

† Brief Nr. 51.

†† Brief Nr. 50.

††† Die VII. Sendung.

54. Minister von Altenstein an Lichtenstein

Berlin den 25ten März 1823

Euer Wohlgeboren übersende ich anliegend mit Bezug auf mein anderweites Schreiben von heute die, an die Doctoren Hemprich und Ehrenberg wegen Fortsetzung ihrer Reise in Aegypten und der ihnen dazu annoch ausgesetzten Summe von 6000 r/ erlassene Verfügung in doppelter Ausfertigung, unter Beifügung einer Abschrift derselben zu Ihrer Notiz und Nachachtung, mit dem Ersuchen, jene Verfügungen den beiden Reisenden auf verschiedenen Wegen gefälligst zu übermachen und sie theils Hinsichts der Reise, theils aber auch wegen Beziehung der fraglichen 6000 r/ mit der erforderlichen nähern Instruction zu versehen. Die eben erwähnte Summe soll Ihnen übrigens, so wie die Wechsel eingehen, bei der Kasse des zoologischen Musei auf Ihren desfallsigen Antrag salvirt zur Disposition gestellt werden.

Altenstein

55. *Lichtenstein an Hemprich und Ehrenberg
[Eingegangen in Bulak 3. Mai 1823]

Berlin am 25st. März 1823

Meine geliebten Freunde!

Endlich ist der glückliche Augenblick erschienen, wo ich Ihnen wieder frohen Muthes schreiben kann. Der König hat am 15t. den Antrag des Herrn Ministers zu einer neuen Geldverwendung für Sie genehmigt und gestern erhielt ich davon officielle Anzeige. Ich fange mit dieser Nachricht einen Brief an, der wahrscheinlich etwas lang werden wird und gegen dessen Ende ich Ihnen erst das Specielle der Sache, das ich erst morgen kurz vor Abgang der Post erfahren werde, mittheilen kann. — Frohen Muthes, meinte ich, schreibe ich Ihnen, weil nun diese Hauptfrage glücklich entschieden ist, aber eigentlich bin ich es nicht, denn die Ungewißheit über den Entschluß, den Sie gefaßt haben können, läßt mich zu einer rechten Ruhe noch nicht kommen. Sind Sie in Ihrem Unwillen über den Rückruf bei dem Vorhaben geblieben, Aegypten zu verlassen, hat meine auf eigne Gefahr dem Consul Herrn Brandenburg im Julius gegebne Beauftragung zur Realisirung Ihrer Commissionen Sie nicht auf andre Gedanken gebracht, hat Sie mein Brief vom 5t. Oct. zur rechten Zeit noch erreicht, sind Sie durch das lange Ausbleiben der definitiven Entscheidung, während welcher ich selbst leider gänzlich habe schweigen müssen, nicht in neuen Unmuth und mancherlei Verlegenheit gebracht, haben Sie sich Ihres Reise-Apparats nicht schon entäußert, ist Ehrenberg in Alexandrien, erhält sich unter den vielen Widerwärtigkeiten Ihre Gesundheit — das sind die Sorgen, die auf mich einbrechen, sobald ich Ihrer, was täglich und stündlich geschieht, gedenke und schwer würde ichs in dieser Lage büssen, hätte ich wirklich irgend etwas versäumt, was unser freundschaftliches Verhältniss von mir fordern konnte. — Diesem Allen will ich nun den günstigsten Fall entgegensetzen; dieser ist: Sie haben sich durch meine letzten Mittheilungen ermuthigen lassen, den Beschluß zur neuen Reise in Gottes Namen gefaßt und wieder vorläufig eine große Summe gezogen, sind damit im December oder Januar aufgebrochen und mein Brief trifft Sie in Sennaar oder kommt Ihnen erst auf der Rückkehr zu Händen.

Ich kann das freilich kaum vermuthen, da Ihnen das eigenmächtige Beziehen großer Geldsummen so nachdrücklich und empfindlich untersagt ist und so ist freilich auch der Fall möglich, daß Sie dieser Brief in Triest antrifft. Wie kann ich also in dieser Verlegenheit irgend einen Rath oder eine Weisung geben? Alles muß ich Ihrer eignen Ueberlegung anheim geben. Ein grosser Theil der bewilligten Geldsumme wird durch die lange

Verzögerung ohne Nutzen darauf gegangen sein. Sie haben entweder Ihre Sachen verkauft und müssen sie nun wieder aufs Neue anschaffen oder Sie haben sie behalten und dadurch viel Ausgaben für Zehrung und Lohn Ihrer Leute, für Futter und Stallung der Kameele u. s. w. gehabt. Ich kann mir dies Alles vollkommen vorstellen und ausmalen und höre Sie nun fragen, woran denn diese unleidliche Verzögerung gelegen. Wollte ich Ihnen das genügend beantworten, so würde ich bis morgen Abend wo die Post abgeht nicht fertig, weiss auch selbst nicht einmal hinlänglich, was für Bedenken und Hindernisse jedem einzelnen Schritt im Wege gestanden und kann Ihnen also nur mit wenigen Worten sagen, dass eben so wenig, wie man sich hier ein klares Bild von allen den Schwierigkeiten machen kann, mit denen Sie zu kämpfen gehabt haben, Sie sich eine Vorstellung von den Schwierigkeiten machen können, mit denen wir hier zu kämpfen haben. „Es reist sich in Aegypten so schnell nicht, wie man in Berlin glaubt“ sagen Sie. „Es handelt sich in Berlin so schnell nicht mit den Ministerien und dem König, wie man in Aegypten denkt“ muß ich darauf erwidern. Die Abwesenheit des Ministers im Herbst, die Reise des Königs nach Italien im Winter, der Tod des Fürsten Staatskanzlers haben freilich am mehrsten gehindert, freilich liegt aber auch viel an der unvermeidlichen Schwere des Geschäftsganges bei so ausgedehnten und gerade in diesem Augenblick so sehr verwickelten Verwaltungen der ganzen Finanz-Parthie. Daß der Herr Minister von Altenstein aus den ihm zu Gebot stehenden Fonds eine so große Summe, wie Ihre Unternehmung erfordert, nicht bewilligen kann, können Sie sich wohl vorstellen. Er konnte daher nur bei dem König darauf antragen, von welchem der Antrag erst an das Schatz-Ministerium gewiesen und dort viel erwogen werden mußte, ehe ein definitiver Beschluß gefaßt werden konnte. Der Herr Minister von Altenstein hatte schon zu Anfang Septembers wie Sie aus meinem Briefe vom 5t. Oct.† wissen bei Sr. Majestät den Antrag zu neuer Unterstützung gemacht, auf denselben erfolgte aber keine Resolution und erst auf den erneuerten Antrag vom 23st. Febr. ist nun im Schatz-Ministerium unter d. 10t. und von Sr. Majestät unter dem 15t. die Genehmigung erfolgt, von welcher ich Ihnen zu Ende dieses Briefes das Nähere mittheilen kann.

So vollkommen ich mir nun auch den tiefen Verdruss vorstellen kann, den Sie empfinden mußten, als Sie, nach so glänzendem Erfolge mit Ihrer reichen Nubischen Sammlung in Cairo zurückgekehrt, mein rückrufendes Schreiben erhielten, so hätte ich doch nicht gedacht, dass mein sanftmüthiger Freund Hemprich so bös werden könnte, als er sich in den darauf geschriebenen Briefen gegen mich zeigt. Ich kann Ihnen aber nicht besser zeigen, wie wenig ich Ihre Vorwürfe verdiene, als wenn ich auch nicht die mindeste Kränkung darüber zeige. Tief hat es mich geschmerzt, Sie in solcher Gemüths-Stimmung zu wissen und ich hätte wer weiss was darum gegeben, wenn ich Sie sogleich hätte trösten können. Aber ich bin auch nicht einen Augenblick beleidigt gewesen, indem ich mich ganz an Ihre Stelle setzte und Sie so leicht entschuldigte. Übrigens habe ich die Briefe Niemand gezeigt und die ganze Last Ihrer Vorwürfe ruhig auf den eignen Schultern getragen, in der gewissen Zuversicht, daß die ganze üble Geschichte unser freundschaftliches Verhältniss nicht zu stören im Stande sein werde. Damit muß die ganze Sache abgemacht sein. Kommen Sie in Ihren Briefen nicht wieder darauf zurück. Haben Sie aber n e u e n Verdruss und neue Sorgen, so schütten Sie sie getrost gegen mich aus. Sie werden immer einen theilnehmenden, eifrig mit sorgenden Freund in mir finden, und daß ich nicht einen Augenblick aufgehört habe, ein solcher, vielleicht mehr als alle Uebrigen zu sein, kann ich Ihnen vielleicht in der Folge einmal actenmässig beweisen.

† Brief Nr. 44.

Nun zu etwas Erfreulicherem. Ihre grosse Sendung aus Nubien† ist vor 8 Tagen glücklich im Museum angekommen. Welche Schätze haben sich da vor uns ausgebreitet! Nicht genug haben wir den Fleiss bewundern können, mit welchem Sie so Grosses in wenigen Monaten zu Stande gebracht und die lebhaftesten Wünsche, dass Ihnen ferner kein Hinderniss in den Weg treten möge, dem Werk durch eine neue Reise nach Sennaar die Krone aufzusetzen, sind dabei von allen Seiten laut geworden. Glücklicherweise war schon im Herbst Ihr Wunsch, dass wir die ehemalige Wohnung des Professor TRALLES (der seitdem auf einer Reise nach London daselbst gestorben ist) zubekommen möchten, in Erfüllung gegangen, sonst hätten wir gar keinen Platz zum Auspacken gehabt. Jetzt haben wir sämtliche Sachen in 4 Säälen schön ausgestellt und täglich kommen die Mitglieder der Akademie und andre Freunde, sich am Anblick dieser Merkwürdigkeiten zu erfreuen und Ihr Lob zu preisen. Ins Einzelne kann ich heute nicht gehen, da ich sonst gar nicht fertig werde, darum nur kurz die Bemerkung, dass unter den Säugetieren der *Megalotis*, der *Leuc-Oryx* und die ganze Suite von herrlichen Antilopen[25], ferner *Hyrax syriacus* (nicht *capensis*) mir bis jetzt das wichtigste scheinen, unter den Vögeln die prächtigen Strausse, die *Ibis*, *Pterocles*, *Saxicolae*, *Falcones* und *Charadrii* die bedeutendsten wissenschaftlichen Bereicherungen darbieten werden. Über die Insecten schreibt Ihnen KLUG selbst. Die Pflanzen, Samen und Hölzer, die Mineralien, sowie die anatomischen Präparate werden, sobald sie die Prinzen, vielleicht auch der König selbst werden gesehn haben, an die unterschiednen Institute abgeliefert werden. [. . .] Ich werde nunmehr wieder einen Aufsatz über den Werth der ganzen Sendung in der Zeitung bekannt machen, was Sie schon gut heissen müssen, denn ich muss handeln, wie es für unsern Zweck hier am besten ist. [. . .]

Ich schliesse hiermit für heute, indem ich mir vorbehalte, Ihnen im Nächsten noch manche Mittheilung über das Museum und Ihre hiesigen Freunde zu machen. Möge uns bald die Freude werden, zu hören, dass Sie wohl sind und sich zur Weiterreise entschlossen haben.

Von ganzem Herzen

Ihr aufrichtigst ergebner Freund

LICHTENSTEIN

56. *HEMPRICH an EHRENBERG

Alexandrien d. 14t Januar 1823

Lieber EHRENBERG!

Ich schreibe an Dich ohne zu wissen ob Du unter den Lebendigen bist. Auf einer wahren Folter und Tortur habe ich die Zeit seit unserer Trennung zugebracht, aber will alles gern vergessen, wenn ich nur weiss daß du den Empörungen in Nubien und den Gefahren der beschwerlichen langen Reise glücklich entronnen bist. Mag'st Du doch die Sammlung verlohren haben, mag'st Du doch ganz leer kommen, nur kommen muß't Du.

Ein wunderlicherer Brief ist wohl nicht leicht geschrieben worden. Ich rede mit Dir wie mit einem Lebenden und habe doch nicht den Muth Dich noch für lebend zu halten. NEES und EYSENHARDT schreiben zwar in kühner Prophezeihung: wir werden EHRENBERG wiedersehen. aber — —

Bin ich nicht ein rechter Narr, ich fasle von Deinem Tode in einem Briefe, den der Lebende lesen soll. Nimm mir's nicht übel, mein Kopf ist mir etwas wirr.

Gegenwärtiger Brief soll dazu dienen, Dich zu bitten, wenn du in meiner Abwesenheit nach Cairo kommen solltest, indeß ein Quartier in der Locanda zu nehmen, mir alsbald

† Die VII. Sendung.

Deine Ankunft wissen zu lassen und dann die Meine, die sogleich erfolgen wird, in Cairo zu erwarten, wo wir dann alles näher mit einander besprechen werden. —

Man hat, wie Du bald in Cairo hören wirst, unsern Rückruf widerrufen†, und es wird von uns abhängen, ob wir noch eine Tour nach Cosseir, Suez oder nach Jerusalem und Syrien machen wollen oder nicht.

Ich bin leidlich wohl, nur noch immer in großer Unruhe um Dich.

Dein HEMPRICH

57. EHRENBERG an LICHTENSTEIN

[Eingegangen in Berlin 5. Mai 1823]

Cahira am 6ten Februar 1823

Endlich sind wir wieder beysammen in Cahira. Einen Monat lang nach HEMPRICHS Abreise befand ich mich wohl in Ambukohl und war in keiner andern Verlegenheit als der, wo ich all die herrlichen, nach dem Regen sich täglich ändernden Formen von Vögeln, Insecten und Pflanzen zur sichern Aufbewahrung unterbringen sollte. Die *Febris perniciosa*, Uerda genannt, fing nach Verlauf dieser Zeit, wie jene mich interessirenden Formen vom Regen erzeugt und begünstigt, an, die Einwohner des Dorfes zu ergreifen. Am 17ten September ward auch ich von ihr befallen und in wenig Tagen darauf lagen mit mir die 5 in meinem Dienst stehenden und zur Erreichung unsres Zweckes nöthigen Leute. Eine glückliche Fügung, welche in dieser Zeit einen Dienst suchenden Berber mir zuführte, rettete mich und jene. China und Begießen des Kopfes mit kaltem Wasser entfernten die gefährlichsten Symptome von uns, viele Einwohner erlagen unter ihnen, und wir hörten täglich Klagegeschrey. Den ganzen Monat September hindurch kämpfte ich gegen das Fieber in Ambukohl, und erst zu Ende desselben entschloß ich mich zu einem Rückzuge nach Dongola. Es bewogen mich dazu besonders 3 Gründe 1.) der nach den Regeln der Medicin vorauszusehende böse Ausgang unsrer Krankheit beym längern Verweilen unter jenen Verhältnissen, welche sie erzeugten und nährten 2.) die durch die Krankheit bedingte Unmöglichkeit einer Nachtwache, welche jetzt um so nöthiger ward, je mehr die Hungersnoth wuchs, die diese Gegend heimsuchte und selbst das friedliche Gouvernement zu wildern Maßregeln bewog; 3.) die Aussicht, daß, wenn HEMPRICHS Ankunft sich über Anfang November hinauszog, was leicht möglich war, mein Getreidevorrath sich erschöpfte und mich doch genöthigt hätte, Dongola zu suchen. — Ich schickte einen meiner Leute, welcher sich wieder etwas erholt hatte, auf einem Dromedar mit einem Briefe zu ABDIM BEY nach Dongola und bat letzteren, mich durch Zusendung einer Barke vom Untergang zu retten. Die Barke erschien bald darauf in Ambukohl und brachte mich mit meinen Effekten am 11ten Oct. nach Dongola, wo ich anfing wieder Muth und etwas Körperkräfte zu erlangen. Einige Zeichnungen und ein Paar Excursionen zu Dromedar und zu Esel nach dem Wüstenrande drangen sich mir nach 1½ Monat als erste Beschäftigungen wieder auf. Leider bekam ich bald in Folge der schwächenden Krankheit eine rheumatische Augenentzündung, die mir die Freude der Beschäftigung wieder raubte. Noch ehe sich diese durch behutsames Warmhalten des Körpers verlor, befiel mich aufs Neue ein Fieber welches sich als *Febris tertiana* fortsetzte. Die kaum erlangten Kräfte verschwanden in wenigen Tagen wieder, obwohl Gebrauch von China das Fieber selbst erstickte. Die von dem Lande und den Umständen mir vorgeschriebene Diät passte so wenig zu meinem Zustande, daß sie immer wieder verdarb, was die innre Lebenskraft verbunden mit etwas medicinischer Einwirkung gut gemacht hatten. Gleiches Schicksal hatten mein deutscher

† Brief Nr. 44.

Gehülfe und der Araber, welche endlich ebenfalls das Kabkab (*Febris tertiana*) bekamen und wieder nicht im Stande waren etwas zu arbeiten. So war meine Lage bis zum 25sten November. Briefe von HEMPRICH erwartete ich vergebens und schloß auf Unglück oder Befehl zur Rückkehr, als er gegen das Ende des Monats auch selbst nicht erschien. Am 16ten November theilte mir ABDIM BEY die Nachricht mit, daß im Sennaar große Unruhen ausgebrochen und ISMAEL PASCHA ermordet seyn solle, was täglich ankommende Courire bestätigten. ABDIM BEY rüstete sich zum Kriegszuge nach Sennaar und wollte zum 3ten oder 4ten December dahin aufbrechen, mir lieh er zwölf Kamele und gab mir 2 Soldaten zur Begleitung und rieth mir, mich nirgends in Dongola oder Nubien über das allernöthigste aufzuhalten. Noch sehr schwach und dem Fieber ausgesetzt trat ich am 25sten November mit 17 schwer beladenen Kamelen und einigen Thieren zum Reiten die Rückreise an. Den Beschwerden der nubischen Wüste erlagen 8 meiner Lastthiere. Durch besonders glückliche Fügung erlangte ich mit allen Leuten und Effekten Wadi Halfa, nur hatte wieder eine Sclavinn eines Europäers, der sich in Suckot an meine Caravane geschlossen, den Arm gebrochen und mir etwas überzählige Arbeit gemacht. In Assuan fand ich am 20sten December Briefe von HEMPRICH mit dem Rückruf†, welche mich bewogen Tag und Nacht bis Cahira zu fahren, um mich mit ihm unverzüglich nach Europa einzuschiffen. Am 21sten Januar 1823 kam ich in Cahira an. [. . .]

Meine seit HEMPRICHS Abwesenheit in Ambukohl gemachte Sammlung besteht aus 40 Säugthieren 220 Vögeln 9 Amphibien und Fischbälgen, 2000 Insecten, mehreren Sceleten, aus 5 starken Pflanzenpaqueten, einer Menge Sämereyen, gegen 100 Gläschen mit Eingeweidewürmern, Epizoen ect., gegen 30 Eiern tropischer Vögel, aus einem fast vollen Fäßchen mit Spirituosen, worunter 2 *Malapteruri* ect ect., aus mehreren Nummern afrikanischer Hölzer und gegen 30 Nummern Mineralien. Ferner habe ich mehrere Lanzen in verschiedenen Formen und Schilder, so wie musikalische Instrumente, Kleidungsstücke ect. aus Dongola, Cordophan und Sennaar mitgebracht. In allen Theilen dieser nach meinen Kräften unter oben angegebenen Umständen gemachten Sammlung ist sehr viel interessantes und völlig neues. Besonders reich an neuen Formen sind die botanische und entomologische Abtheilung. Ich habe ferner außer dem fortgehenden wissenschaftlichen Tagebuche noch 50 und etliche Blätter Zeichnungen gefertigt. Die Naturproducte sind bereits zum Absenden nach Alexandrien nochmals umgepackt worden und füllen 4 große Kisten.

Bey meiner Ankunft in Cahira war ich natürlich in einer Stimmung, die des Zusprechens bedurfte. In eben solcher war nach überstandner und gern bestandner vielfacher Mühe vor mir HEMPRICH angelangt. Statt freundlicher Theilnahme und Anerkennung aus dem Vaterlande fanden wir unverdiente, wahrlich unverdiente Vorwürfe und entehrende Briefe. Wir wollen nicht gelobt seyn, wo wir keine Veranlassung dazu gaben, und fühlen uns durch manche uns zu Gesicht gekommenen Zeitungsartikel mehr beschämt als gelobt, aber wir dachten bey unsrer Rückkehr in das Vaterland einen freundlichen innigen Händedruck verdient zu haben. Konnte, was wir mit Aufopferung thaten, ein elender Brief eines elenden Consuls vernichten oder was ist die geheime Ursache einer so plötzlichen Umänderung der Meynung unsrer Hohen Behörde? War es nicht möglich, daß irgend einer der Herren Academiker, die uns früher zu so vielem Dank verbunden haben, diesen Streich von uns abwenden konnte? Ein Brief des He. Staatsministers, den wir wieder und wieder gelesen und den wir heut noch eben so verstehen wie vor einem und einem halben Jahre, der uns Hochdesselben gnädige Zufriedenheit mit unsern Leistungen aussprach und welcher weder der Reisezeit noch unsren nach bester Überzeugung abge-

† Brief Nr. 50.

schlossnen Plänen bestimmte Grenzen setzte, ermuthigte uns zum Besten des Zweckes, dem wir uns ganz hinzugeben willens waren, nach Möglichkeit zu wirken. Wir meynten, daß den Herren Academikern ebenso wie uns selbst ein ernstes Resultat der Reise am Herzen läge, und hofften in ihnen im Fall eingetretner Mißverständnisse und Bedenken bey Sr. Exzellenz kräftige Vertreter zu finden.

Da wir seit Empfang Dero Schreibens vom 5ten Octbr.† uns keines neuern erfreut haben, so sind wir noch immer im Zweyfel ob Se. Majestät die uns angezeigte Summe zur Fortsetzung oder vielmehr zur Erneuerung der Reise auf gnädigsten Antrag Sr. Excellenz bewilligt haben. Um nicht von Neuem anzustoßen, halten wir für nöthig den Eingang bestimmender Briefe in der (freylich unafrikanischen) Nähe Cahiras abzuwarten. Auch müssen wir Ew. Hochwohlgeboren bemerklich machen, daß im Fall nicht zu hoffen ist, daß die Reise sich von dem Character einer finanziellen Speculation d e n U m s t ä n d e n g e m ä ß entfernen könne, wir zum neuen Antritt einer größern Reise nicht rathen dürfen. Wir sehen in diesem Fall zu sehr ein, daß wir nicht im Stande seyn werden den Anforderungen unserer Hohen Behörde zu entsprechen, und haben überdieß einen großen Theil unsrer Hoffnung und Freude verloren. Wir haben, wie es scheint, die Reise zu ideal angetreten. [. . .]

In was sollten wir sparsamer seyn als wir gewesen, in Kleidern? Halbnackend und voll Ungeziefer bin ich nach Cahira zurückgekommen. In Proviant? Wir wären verhungert bey diesem Gelde, hätte nicht ABDIM BEY sich unsrer angenommen. In den Ausgaben für Leute und Thiere? Wir sollten sammeln und wollten einige Sicherheit haben und das Gesammelte samt dem zum Sammeln Nöthigen wollte getragen seyn. Warum ruft man uns nicht wenigstens ohne Vorwürfe zurück? Weniger Ausgaben konnten wir bis Dongola nicht machen, leicht aber noch einmal soviel. Am rothen Meere kann das Reisen nach unsrer Art nicht weniger kostspielig seyn, ist es wahrscheinlich mehr. [. . .]

58. *LICHTENSTEIN an HEMPRICH und EHRENBERG

[Eingegangen in Alexandrien 28. Oct. 1823]

Berlin am 20st. Juni 1823

Meine theuren Freunde!

Sie werden hoffentlich meine beiden Schreiben vom 25st. März†† und 8t. April sowie das Duplicat, das ich über Marseille abgehn ließ, richtig erhalten haben. Ich zeigte Ihnen darin definitiv an, dass Se. Majestät der König zur Fortsetzung Ihres Unternehmens die Summe von Rth. 6000 bewilligt haben, welche auf beliebigem Wege zu beziehen ich Sie autorisiren durfte. Inzwischen erhielten wir Ihr Schreiben d. d. Cahira 6t. Februar, aus welchem wir zu unsrer Freude ersehn, dass Sie damals entschlossen waren, die weiteren Nachrichten von hier abzuwarten und sich von denselben in Ihrem ferneren Verfahren bestimmen zu lassen. Ein späteres Schreiben, das Ihr Herr Vater (EHRENBERG) uns gefälligst mitgetheilt hat, läßt dagegen vermuthen, dass Sie die Rückkehr nach Europa vorziehn werden, indem die Schwierigkeiten, die Sie erfahren haben zu gross sein dürften, um sie mit der Summe von 6000 Rth., zumal wenn die bis zum Empfang der endlichen Bewilligung verzehrten Gelder mit hinein gerechnet und davon abgezogen werden sollen, zu bestreiten. In der That sehe ich dies sehr wohl ein und muss für mein eignes Interesse fast wünschen, Sie begeben sich nicht in neue Gefahr, denn es ist mir klar, dass Sie mit der einmal bewilligten Summe nicht ausreichen werden, daß also eine neue Bewilligung nöthig sein wird, welche herbeizuschaffen grosse Schwierigkeit haben dürfte. [. . .]

† Brief Nr. 44. †† Brief Nr. 55.

Den noch übrigen Raum dieses Bogens will ich zu einigen Bemerkungen über Ihre unvergleichliche Sendung** benutzen, die ich nunmehr ganz durchgearbeitet habe. Unter den Säugethieren sind die Antilopen hervorstechend[25]. Die beiden größten Arten derselben sind der *Strepsiceros* und *Oryx* der Alten, die zum erstenmal seit PLINIUS und AELIAN wieder zum Vorschein kommen, indessen die Namen seitdem unverantwortlicher Weise auf zwei verwandte südafricanische Arten vergeben worden sind. Unter den kleineren ist von der ächten *Dorcas* am mehrsten vorhanden. Das Männchen haben Sie richtig dafür erkannt, das Weibchen aber mit dem Namen *A. gracilicornis* belegt. Eben dieses Weibchen ist auch sonst für eine eigne Art angesprochen, die *Corinne* BUFFONS, PALLAS's ist nemlich nichts als dieses Weibchen, wie sich aus den vielen Exemplaren die Sie geschickt haben genügend erweisen lässt. Dann ist *A. Dama*, BUFFONS Nanguer dabei, nächstdem noch eine andre Art mit *cornibus reduncis*. Ferner eine neue grössere Art *cornibus lyratis* und endlich eine grosse weisse mit geraden kurzen und stumpfen Hörnern, die ich nicht von irgend einem Schriftsteller aufgeführt finde. Ein reicher Schatz! um so wichtiger, da uns auch Herr KREBS aus dem Kafferlande viel schöne Antilopen schickt, sodass unsre Sammlung davon jetzt schon sehr bedeutend zu nennen ist. Leider wird sich nicht Alles aufstellen lassen, indem manche Felle beim Trocknen zu sehr gelitten haben. *Lepus aethiopicus* ist wesentlich vom *libycus* (*aegyptius* Geoffr.) verschieden, *Canis Megalotis* ist wirklich *Megalotis Cerdo* Ill., der Fennek von BRUCE, ein unbezahlbares Stück. Was Sie für *Hyrax capensis* bestimmt haben ist *H. syriacus*, BRUCES ashkoko und seit ihm noch von Niemand gesehn. Unter den kleineren Säugethieren sind noch viele interessante Stücke, unter andern schöne *Meriones*-Arten, aber wenig von *Dipus*, natürlich, weil diese wohl nur in den Ebnen vorkommen. Es würde sehr erwünscht sein, wenn Sie von den grössern *Dipus*-Arten aus Unter-Aegypten und der libyschen Wüste, noch einige Exemplare schaffen könnten; damit man das wahrhaft diagnostische jeder Species aus Vergleichung mehrerer Exemplare feststellen könnte. Ueber die vortrefflichen Vögel habe ich schon neulich Einiges bemerkt. Hier will ich noch nachtragen, was mir eben einfällt. *Sphenorhynchus Abdimii* ist eine wahre *Ciconia*, wir erhielten sie im Juli v. J. vom Senegal, ich erkannte sie für neu und gab ihr einen Namen, den ich aber nun mit dem Ihrigen vertauscht habe: *Ciconia Abdimii*. Zwei von den grossen Straussen sind gleich ausgestopft und vortrefflich gelungen. Wenn Sie wieder auf welche stossen, so sorgen Sie gefälligst auch für ein Skelet, denn das im zootomischen Museum ist beträchtlich kleiner als unsre Exemplare. *Pterocles guttatus* und *coronatus* sind neue Arten von grosser Schönheit. Die übrigen gehören den bisher bekannten Species an, die sie aber treflich aufklären. Unvergleichlich ist die Suite von *Fringilla*, unter welchen *F. simplex*, *thebaica* u. *flava* als neu oben an stehn. Ihre *F. sericea* ist das junge von *F. ignicolor* Vieill., das sich Ihnen in den späteren Monaten Juli August wahrscheinlich auch in seinem schönsten Gefieder, ganz schwarz mit carminrothem *crissum* und Deckfedern gezeigt haben wird. Sollte *Motacilla maderaspatana* nicht die ganz alte *alba* sein? So halte ich auch die *Motacilla melanocephala*, welche PALLAS' *M. citreola* ist, für die ganz alte *flava* (Ihre *flaviventris*), die aber wie jene, diese schönste Färbung nur in einem warmen trocknen Clima annimmt, wie die Emberizen. — *Monitor dongolanus* ist der ächte Ouaran von FORSKÅL (MERREMS *Varanus*) — Hiermit sei es für heute genug, denn wenn ich ganz ins Einzelne gehn wollte könnte ich wenigstens noch 4 solcher Bogen füllen.

Leben Sie wohl und vertrauen Sie fest Ihrem guten Genius und Ihren zahlreichen hiesigen Freunden, die mit ganzer Seele an Ihnen hangen, vor Allem aber Ihrem

H. LICHTENSTEIN

** Die VII. Sendung.

59. *Ehrenberg an Nees von Esenbeck

Cahira am 6ten Februar 1823

[. . .] Sie, Herr Präsident, kennen uns in Europa blos aus den Zeitungen, wir kennen uns jetzt ganz anders. Wir sind mit inniger Liebe in dem wüsten Lande umher gezogen und haben eine Pflanze und einen Käfer höher oder doch so hoch als uns gehalten. Wir hatten einen heiligen Ernst in der Sache. Wir sind aber Thoren gewesen. Wir hätten sollen in Cahira bleiben, 1000 Stück von *Charadrius aegyptius* schießen und so das Capital wieder einbringen. Wir wären so den Ophthalmien und Fiebern entwichen und hätten nichts riskirt. Durch wen mag wohl Se. Excellenz auf unsre Unredlichkeit aufmerksam gemacht worden seyn? Ich spreche Ihnen vielleicht räthselhaft, ich habe aber merkwürdige Briefe gelesen. Die Briefe erreichten uns im Augenblick, wo wir 27 Colli's voll unsrer Arbeit in Cahira hatten. Es sind seitdem andere erschienen und man scheint einzusehen, daß man uns Unrecht gethan, kann aber wohl eine angestoßne Birne je wieder schön werden? Wir trauten wie man uns traute, man hat aufgehört zu vertrauen und mithin unser Vertrauen entwurzelt. Was kann aus einer zweyten Reise werden? Besser abgebrochen. Die Herrn der Academie, die uns früher so begünstigten, haben ihre Feder zu jenen Briefen geliehen u. s. w. u. s. w. — Über unsrer Reise waltet ein trüber Stern!

Man muß ertragen was der Himmel sendet,
Unbilliges erträgt kein redlich Herz!
Schiller.

Innigen Dank für Ihren Brief vom 15. Oct. 1822: Wenn andre Wunden schlagen, giebt es doch noch Freunde die sie heilen. Mir hat die übertriebene Sprache gleich Anfangs nicht gefallen, es fehlte ihr das Natürliche, das Gemüthliche und nun ist es herausgekommen, ob öffentlich, ob privatim an uns, wissen wir nicht, im erstern Falle sind wir besser daran. Unsre Instruction und alle Briefe liegen zur Nothwehr bereit. Wir haben keine Beduinen gefürchtet und fürchten außer Gott niemand.

Erhalten Sie, Herr Präsident, uns Ihre Gewogenheit und Freundschaft, wir dürften vielleicht der Freunde bedürfen, Gönner werden wir wohl schwerlich mehr suchen.

Im Fall wir nicht rasch abreisen, erhalten Sie noch einige Excerpte aus unsrem Tagebuche: 1.) über die große Gehörschnecke in einem großen Fische *Sudis niloticus* N.[26] 2.) Über die Bildung des Pigments im Säugthierauge und über die wahre Beschaffenheit des Tapetums 3.) Über ein Analogon des Tapeti im Crocodilauge (etwas sehr ausgezeichnetes und merkwürdiges) 4.) Beobachtungen über die Existenz einer Glocke im Auge der Amphibien. 5.) Über die Structur des Auges von *Copris Eryx* (ob *C. Pyramidum* Sieber?) und die zweyfelhafte Existenz einer *membrana chorioidea* in den Insectenaugen. 6.) Über die allmälige Ausbildung der Augen der *Vespa 4 punctata* Forskols, besonders die Bildung des Pigments im Insectenauge berücksichtigend, nebst Beobachtungen über die Entwicklung und Structur der einfachen Insectenaugen. 7.) Über die Pupille im Insectenauge. 8.) Etwas aus der Anatomie der Solpugen, besonders das Respirationssystem betrachtend, und Resultate der Zergliederung der einfachen Augen einer großen Art. 9.) Über die rechte Zahl der Scorpionen-Augen und eine Anomalie[27]. 10.) Über eine (von Cuvier wenigstens) nicht gekannte Fontanelle und Blase am Kopfe der Diptern. (Ob vielleicht ein alter Swammerdam cet. das letztere schon beobachtet, können wir jezt nicht entscheiden.) — Systematisches werden Sie von uns vor unsrer Rückkehr nicht wünschen, da dieses mehr als Anatomisches und Physiologisches die Bibliothekenprobe zu bestehen nöthig hat, doch liegt für nothwendiges öffentliches Auftreten eine und die andere Decade neuer Pflanzengattungen vorbereitet da. Es könnte auch eine Decade neuer Pilzgattungen werden. — Von gescheiterter Hoffnung gerettete Bruchstücke! —

In etwa dem Falle der nicht zu raschen Abreise, welchen Sie ja bald laut in den Zeitungen lesen werden, würde ich Ew. Hochwohlgeboren noch bitten mir das mir gütigst zugedachte Exemplar Ihres Handbuchs der Botanik nach Egypten zu senden. Ein heller Funke in schwarzen Zunder geworfen bewirkt ja eine hüpfende Flamme. [. . .]

Vielleicht sehen Sie uns bald in Bonn. Theuerster Herr Präsident

Ew. Hochwohlgeboren
innig ergebener
Dr. Ehrenberg

60. *Ehrenberg an Schlechtendal

Zelt am See Menzaleh bei
Damiatte April 1823

Freund Schlechtendal,

Endlich einmal an Dich, Du noch nicht an uns. Hemprich ist wohl. Alle Monat schüttelt mich immer noch das dongolanische Fieber einmal ab. Ich habe schon eine halbe Schiffsladung China gespeist. Lauf ich einmal hinter einem Frosche her durchs Wasser, sitz ich beim Schreiben eine Stunde über Gebühr, gleich hats den T. wieder da. Gestern sah ich im Menzaleh See die *Hamulia cancer* N, eine neue (oder auch nicht neue) Najade, die außer uns noch keine botanische Seele gesehen hat, ich mit beiden Beinen ins Wasser, das Fieber mich beim Schopf, ich pauke mich mit ihm ritterlich herum u. *finaliter* lieg ich da als ob ich nicht 5 zählen könnte. In Europa war ich nie krank und meinte das Wort Stoicismus habe einen Sinn, 's ist aber nicht wahr. Und wenn auch Braminen auf spitzen Eisenstacheln nackend schlafen, so sollten sie doch mit den Zähnen klappernd nicht schlafen, wenn sie mein herrliches Fieberchen hätten. Nehme ich China, gleich ists fort, lauf ich ins Wasser, gleich kommts wieder. Doch versuche ich jezt es mit ganz strenger Diät, mit Brod u. Wasser fortzuhetzen.

Daß unsre Löwenhetze durch einen nachdrücklichen Rückruf zu Wasser geworden, wißt Ihr schon.

[. . .] Schimpfe nicht auf schlechte Bestimmung der abgesandten Pflanzen. Vier Folio-Fascikel haben das rasch Eingepackte u. Abgeschickte ziemlich geregelt. Laß auch kein Stäubchen umkommen, es sitzt vielleicht ein geheimnißvoller Pilz darauf, und auf 3000? Namen ägyptischer Pilze mache Rechnung. Laß Alles hübsch in der Ordnung oder Unordnung in welcher wirs geschickt und verzeichnet haben. Auch die Unordnung hat ihren Witz. Gäb es Abschreiber an der phatnitischen Nilmündung, so wollten wir Copirern einige Arbeiten schicken, daran fehlts aber. Forskål nicht mehr über uns, wir lernen schwimmen.

Vor 6 Tagen hätten wir beinah Kopf unten schwimmen gelernt. Man hatte nämlich in Matarieh den Kaschef samt seinen Reisigen schon bis zur Retirade gezwungen. Da gings Pum Pum. Hemprich war auf dem Schiff allein, ich allein hinter das Dorf botanisiren gegangen. Des Angriffs gewärtig marschirte ich mit meiner Flinte und meinem Genius durchs gährende Dorf auf die Barke. Hemprich fand ich auf der Barke neben 2 Paar Pistolen und einem Säbel mit Skelettiren eines Fisches beschäftigt. Am Kopfe des Kaschefs hing unserer und keiner stand fest. Am andern Morgen waren wir unter Segel. Die Rebellen waren nicht ganz unvernünftig, aber die Rebellion und Unvernunft sind gute Brüder. Der Preuß. Consul in Damiatte, ein braver Mann, will eine Dankadresse an jene 3000 Bauern ergehen lassen, daß sie uns bei unseren Köpfen gelassen. Als ich durchs Dorf mit der gespannten Flinte ging, hatte ich doch den in der anderen Hand gehaltenen *Ranunculus margin.* nicht verloren, ich hatte nur ein Exemplar gefunden und sah ihn weder vor noch nach. [. . .]

Ehrenberg

61. HEMPRICH an LICHTENSTEIN

[Eingegangen in Berlin 26. Juli 1823]

Damiette d. 10ten April 1823

[...] Nach dem letzten Schreiben Ew. Hochwohlgeboren d. d. 5ten Octbr. wünschte man, daß wir die Reise enden sollten, hatte aber doch noch Nichts bewilligt. Sie versprachen uns die *desiderata* aus Berlin spätestens mit 2ter Post zu übermachen und uns von jedem geschehenen Schritte gleich Nachricht zu geben aber — — Schiffe aus Triest vom 28ten Februar haben uns keine Briefe mitgebracht! In 2 Briefen Herrn BRANDENBURG's d. d. 14ten Octbr. 1822 u. 15ten Januar 1823 ist weder von neuer Erweiterung des Credits von 1500 Rthlr noch von sonstigen Bestimmungen aus Berlin die Rede!

Sollte dies lange Schweigen nicht auf einen ungünstigen Erfolg der Verwendungen hindeuten? In diesem Falle ist Alles am einfachsten und Besten, denn wir haben Nichts zu thun als, sobald wir Dero gütige officielle Anzeige von der Nichtbewilligung der Summen erhalten haben, einzupacken, alles Unnöthige zu verkaufen und abzureisen.

Sind aber wirklich die 8500 Rthlr bewilliget worden, so ist unsre Lage viel verwickelter. Denn noch einmal in Berlin begehrend anfragen und indeß temporisiren ist unmöglich, und wir müssen also, auf die Gefahr der Mißbilligung der Hohen und Höchsten Behörden hin, nach unserm besten Einsehen uns eigenmächtig entschließen. Wir haben die Sache vielfach berathen und von allen Seiten betrachtet und haben uns entschlossen, selbst im Fall einer Bewilligung jener Summen durch die reiche Gnade der Höchsten und Hohen Behörden, nach einer mehr oder weniger langen Excursion nach Suez (und vielleicht Tor). unmittelbar über Alexandrien nach Triest zurückzukehren und uns das Vergnügen einer neu zu beginnenden größern Reise nach Aethiopien oder am rothen Meer zu versagen. Die Gründe die uns zu diesem Entschluß bringen sind folgende:

[...] Die Reise in jene Gegenden (und nicht weniger die am rothen Meere) ist immer bedenklich und ist es jetzt (besonders wenn man mit Gepäck reißt) nach der Ermordung ISMAEL PASCHA's mehr denn früher. — Wer, wie Herr RÜPPEL, auf eigne Kosten reißt niemand Rechenschaft abzulegen hat und vor der Abreise sein Testament gemacht hat, der darf wohl unter gegenwärtigen Umständen eine solche Reise antreten, aber dürfen wir es?? Hier heißt es wagen. Wir müßten das Leben einsetzen, der Staat 10000 bis 12000 Rthl, die verlohren, ganz verlohren gehen könnten. Mit 10000 Rthlr lassen sich aber heut zu Tage in Europa viele Vögel und Säugthierbälge, Muscheln, Insekten etc. einkaufen. Wir können daher zu diesem Risico keinesweges rathen, noch weniger es, ohne besondern Befehl, eigenmächtig herbeiführen. [...]

Dies sind die 5 Hauptgründe, welche uns bestimmen Ew. Hochwohlgebohren zu bitten uns von Sr. Exzellenz dem Herrn Staatsminister v. ALTENSTEIN die Erlaubniß, nach einer noch zu machenden Excursion nach Suez (und Tor?) noch im Laufe dieses Jahres nach Europa rückkehren zu dürfen, zu erflehen. Sollte, wie wir nicht glauben, das Interesse der Königl. Museen noch eine Reise in den Orient fordern, sollten wirklich, was nicht wahrscheinlich, keine andern uns an Erfahrung, Kenntniß, Vorsicht und Sparsamkeit übertreffende Individuen zum Unternehmen einer solchen Reise da seyn, so könnten wir vielleicht eher nach geendigter Ausarbeitung des Ertrages dieser Reise eine zweyte Reise mit weit größerem Nutzen antreten. [...]

So Gott will noch vor Weihnachten umarme ich Sie selbst, Ihnen mündlich sagend wie sehr ich das Glück schätze mich nennen zu können

Ew. Hochwohlgebohren

Dankbarst ergebener Diener
Dr. W. HEMPRICH

eben so in inniger Liebe und Dankbarkeit

Dr. EHRENBERG,
den noch ein Rückstand der *Tertiana* aus Dongola
neckt, der aber sich wieder wohler zu befinden anfängt.

Bulak d. 5ten Mai 1823

N a c h s c h r i f t.

Anliegender Brief war eben zum Abschicken bereit als wir Ihr gütiges Schreiben vom 21ten bis 25ten Maerz erhielten†.

Da wir hier kein baar Geld gegen unsre Wechsel auf Triest oder Marseille erhalten können, so entsteht dadurch, daß wir He. BRANDENBURG bitten müssen uns Baarsendungen zu machen, eine neue Zögerung, die wir aber selbst für nützlich halten. —

Mit dem Gelde, was wir von jenen im Januar entnommenen 1050 Col. noch besitzen, werden wir nach Tor gehen, die Punkte Suez, Tor, Akaba genau durchnehmen und Ende September hoffentlich mit reicher Sammlung nach Cairo zurückkehren. [. . .]

Wäre es nämlich möglich, daß uns He. BRANDENBURG statt für die nun disponibeln 6000 Rthlr, für 8000 Rthlr (und namentlich für $\frac{2}{3}$ Colonaten für $\frac{1}{3}$ Dubblonen) einkaufte und baar eiligst übersenden könnte, so daß wir die Sachen und das Geld im September, Oktober oder spätestens November dieses Jahres hier hätten, so wären wir in finanzieller Hinsicht gedeckt. [. . .]

Denselben Tag, wo wir Ihren Brief und Gewißheit über die Geldmittel erhielten, sind hier auch einige junge Deutsche, die in Morea gedient haben[28], angekommen. Wir hoffen einen oder den andern anwerben zu können, u. somit wäre wieder eine Schwierigkeit bey Seite gebracht. Dero Güte, verehrtester Herr Professor, hat den Hauptgrund, der mich an's Ende der Reise drängte, die Sorge um meine Mutter und meinen Bruder, aufgehoben. Ich glaube, danke innig und vertraue.

Suchen Sie nun nur auch noch die Consularattestate von uns abzuwenden, bitte, bitte. Von He. BUCCIANTI und Consorten sich Ehrlichkeitsattestate einzuhohlen ist uns nicht möglich, und von fremden Consuln, das dürfte auch wohl [nicht] zu billigen seyn.

Entschuldigend die mich drängende Eil (Der Courir geht noch heute ab) u. schlechte Schrift in gewohnter ungeheucheltster Verehrung

Ew. Hochwohlgebohren

Innig ergebenster
Dr. W. HEMPRICH

62. *EHRENBERG an NEES VON ESENBECK

[Eingegangen in Bonn 10. Aug. 1823]

Bulak am 3ten May 1823

Innig verehrter Herr Präsident,

[. . .] Wie's mir mit unsäglicher Beschwerde aus Nubien herabgestiegenem, dem noch ein bösartiges Fieber in den Gliedern lag, war, so mag's wohl einem zu Muthe seyn, der aus dem Himmel in die Hölle geht.

[. . .] Jezt gehen wir nach Suez und Tor um die auf Nachricht wartende Zeit dort bestmöglichst anzuwenden. Im August kommen wir wieder nach Cahira und schiffen uns entweder nach Triest ein oder, sind zusagende Briefe erschienen, gehen wir wieder ans rothe Meer bis zum nächsten Herbst.

† Brief Nr. 55.

Nur was wir thaten konnten wir thun, können andre mehr, so treten wir gern zurück.

Doch dieß Donnerwetter ist einerseits, unsere Beschäftigung andrerseits, nur zuweilen giebt's ein Amalgam. Ich ertrage es leichter als HEMPRICH. Finde ich eine mich ansprechende Pflanze, so vergesse ich Afrika und Europa und denke eine Zeit lang, daß ich mit ihr und HEMPRICH und meinem Zelte allein in der Welt bin. Besondre Freude machte mir neulich ein blühendes Exemplar der hier doch nicht häufigen *Forskolia tenerissima*, an deren Fructificationstheilen sich LINNÉ, FORSKOL und JUSSIEU so angelegentlich versucht haben. Meiner Ansicht nach hat JUSSIEU bey dieser Species unrecht. In reifen Saamen fand ich kein Eyweiß, sondern einen *embryo rectus apicalis cylindricus* mit zwey großen breiten Saamenlappen. An den Staubfäden bemerkte ich noch eine unbeachtete sonderbare Eigenthümlichkeit. Sie bestehen nehmlich aus dicken quergefalteten Filamenten (FORSKOL hat sie im alten Zustande beschrieben), auf denen die Antheren horizontal aufsitzen wie bey *Lemna*, und biegt man das Corollenblättchen von einer reifen Anthere ab, so springt das Filament mit großer Elasticität hervor, im selben Augenblick zerplatzen die Antheren und fliegt ein Pollenwölkchen aus.

Die Verbindung des Saamens mit der Frucht, so wie die Structur des Eyweißes und sein Zusammenhang mit der Mutterpflanze einerseits und mit dem Embryo andrerseits hat mich neuerdings wieder an ruhigen Tagen bey inländischen ausgezeichneten Pflanzen beschäftigt und hat mir mehrere Verschiedenheiten, die zu weitern Resultaten führen könnten, an die Hand gegeben. Dergleichen Untersuchungen passen freylich mehr für ein Haus in einem botanischen Garten in Europa als für ein Zelt in Afrika, aber dort fehlt es vielleicht an diesen Pflanzen.

Da ich bey solchen Untersuchungen häufig mit Spiralgefäßen zu thun habe, so bemerke ich in Antwort auf Ihre Briefe, daß ich bis jezt weder für ihr Häutchen noch gegen dasselbe stimmen würde. An den Spiralgefäßen, welche bündelweis in den Blumenblättern der Dattelpalme liegen, sah ich einmal ein deutliches Häutchen, habe es aber nicht wieder so deutlich gesehen, an den Spiralgefäßen der Mesembryanthemen sah ich wieder deutlich nackte Spiralen. Entscheidende Gelegenheit werde ich schon zu benutzen suchen.

Zwei ausgezeichnete Früchte haben mich neulichst beschäftigt. Die der *Asta decora* N. und die Dattelfrucht. *Asta decora* ist ein Strauch aus der Ost- und Westwüste von Egypten, wenn nicht durch DESFONTAINES, wahrscheinlich nicht bekannt.

[. . .] In der Blüthe der Dattelpalme sind 3 deutlich geschiedne, ohne alle Gewalt leicht zu sondernde Germina, die später sich zu Einer Frucht verbinden. In andern dergleichen Fällen verkümmern 2 und eins bildet sich aus, oder alle 3, oder 2 bilden sich gesondert aus, hier aber wachsen die 3 in eins. Äußerlich präponderirt keines, innerlich bildet eins den Dattelkern aus, während die andern 2 Drittheile unfruchtbar sind. Weiß man dieß schon?

[. . .] Wir hätten wohl schon öfter dergleichen ausarbeiten und einsenden können, aber unsre Verhältnisse, die dazu geeignet sind, unsre Hitze von Zeit zu Zeit abzukühlen zwingen uns, statt wissenschaftlicher Aufsätze monatlich 3—4 Bogen lange nicht eben, angenehme Briefe in duplo und 3plo zu schreiben, und zu dem harren wir täglich des Rückrufs. Auch Sie werden Ihre Sorgen mit der Welt haben, Herr Präsident, und ich will sie nicht weiter durch die unsern vermehren. *Sub sole nil perfectum est.*

In inniger Hochachtung und dankbarer Liebe mit Freund HEMPRICHS Empfehlungen und besten Wünschen für Ihr Wohl

Ew. Hochwohlgeboren

verehrender

Dr. C. G. EHRENBERG

Man hat laut endlich eingegangener Briefe vom März† noch nicht beschlossen die afrikanischen Naturforscher aufhängen zu lassen, sondern damit sie erst noch mehr verwirken können neue Summen gegeben, ohne über Verantwortlichkeit ja oder Nein zu sagen. Wir müssen aber doch uns erst in den Sattel setzen, eh wir wieder anfangen zu reiten. Rothes Meer, Bab el mandeb, Abyssinische Küste sollen jetzt daran kommen. Wird gute Pflanzen geben. Wir denken jetzt fast lieber an Abyssinien als an Berlin. Mit solcher Stimmung macht man Poeten!

63. *NEES VON ESENBECK an EHRENBERG

Bonn, den 20. August 1823

Mein theurer Freund!

Ich weiß nicht, wie es kam, daß ich Ihnen auf 2 Briefe zugleich antworte, da mir doch der frühere, den Sie zu Ambukohl 2 Tagereisen von Meroë am 20. August 1822 begannen u. am 6. Febr. 1823 zu Cahiro endeten††, so nahe zu Herzen gieng, daß ich auf der Stelle zu schreiben getrieben war. In Ihrem neusten, aus Bulak vom 3. May, den ich am 10. August über Livorno erhielt, erklären Sie mir aber das selbst durch die Hindeutung auf ein gewisses Dunkel, das über dem ersten schwebte, u. das nun dieser Zweyte hinlänglich, obwohl nicht zu meinem Troste aufklärt. Lebhaft kann ich mich in Ihre u. in unseres Freundes HEMPRICHS Lage versetzen. Nicht nur umkehren zu müssen vor einem erwünschten vielversprechenden Ziel, sondern in einer zweifelhaften Lage und mit der Besorgniß umkehren zu müssen, daß sich in der Heimath Missverständnisse und Misstrauen sammeln, — man begreift leicht, wie das thun muß. Ich meinerseits bin übrigens überzeugt, daß diese Schicksale nicht unmittelbar von unserem Herrn Minister über Sie ergingen, sondern durch Umstände, durch Urtheile von Gelehrten, die ja in der Regel immer Recht haben wollen, wenn sie auch ganz entgegengesetzte Meynungen aussprechen und wenn sie merken, daß sie im Irrthum stecken bleiben, diesen durch Klugheit, ich möchte sagen, diplomatisch, wieder ins Licht zu rücken wissen, endlich durch Finanzmänner, die nichts ohne ein Justificatorium durchlassen und durchlassen dürfen, herbeygeführt wurden. Es wird Sie wenig trösten, wenn ich Ihnen die Überzeugung ausdrücke, daß keinem von diesen Allen, indem sie nach ihrer Weise handeln u. ihrer Stellung im Staat gemäß, eigentlich ein Vorwurf zu machen sey; aber das könnte Sie wohl trösten, wenn Sie, gleich mir, die Überzeugung theilen könnten, daß unser ehrwürdiger Herr Minister stets mit innigem Wohlwollen gegen Gelehrte nur das Wohl dieser und der Wissenschaft vor Augen hat, u. dass ihm sich jeder mit offnem, ja kindlichem Vertrauen hingeben darf. Wo mir auf meiner Laufbahn, seit ich Preussen angehöre, ein Bedenken aufstieg, habe ich mich so offen und unverholen an ihn gewandt, und mich nie in meiner Hoffnung, eine richtige Verständigung herbeyzuführen, getäuscht gesehen. Handeln Sie auch so. Ich gebe Ihnen mein Wort, daß es Sie nicht gereuen soll. Besonders, was Naturkunde anbelangt, muß Alles nothwendig so behandelt werden, da für diese Zweige der Herr Minister zugleich auch vorzugsweise das Urtheil in seinem Ministerium hat. Rathseinholungen von Stellen u. Männern, die außer u. folglich unter dem Ministerium stehen, sind freylich nicht immer zu vermeiden, aber sie sind u. bleiben misslich, weil sie nothwendig etwas Einseitiges, nicht ganz Unpartheiisches an sich tragen. Sehen Sie, mein lieber Freund, das ist meine Meynung über die Sache. Wolle Gott Ihnen Gesundheit u. frischen Muth geben! Wohin

† Brief Nr. 55.
†† Briefe Nr. 49, 59.

auch Ihr Weeg führt, — in Abyssinien oder am rothen Meer, — Überall werden Männer, wie Sie, die Wissenschaft bereichern, u. nicht, was die Zeitungen von Ihnen herausposaunen (das könnte ich auch nicht recht leiden), sondern was Sie selbst früh oder spät leisten u. auslegen, u. was niemand für Sie thun kann, begründet u. bestimmt Ihre Stellung im In- u. Ausland. [. . .]

Nun, Gott sey mit Ihnen u. HEMPRICH! Treulichst wünsch' ich Ihr Glück, Ihre frohe Heimkehr.

Ihr
NEES V. ESENBECK

64. *EHRENBERG an seinen Vater

Cahira 5ten May 1823

So eben erscheinen Briefe von Berlin vom 21sten März. Herr Prof. LICHTENSTEIN ist noch unser alter Freund, und es giebt deren noch in der Welt mehr als wir glaubten. Man bedauert uns, daß uns Himmel oder Hölle oder Schicksal mit so einer langen Nase beschenkt hat. Se. Majestät hat neues Silber gegeben. Man lobt uns bis in den Himmel, macht guten Muth. Wir sehen uns zwar, wenn wir so einander ansehen, mit den 2 Nasen komisch und unheimlich aus, da uns aber die Freunde ausreden, daß wir dadurch verunstaltet wären, so ergeben wir uns in unser Schicksal und wollen uns, da aller guten Dinge 3 seyn müssen, entweder eine dritte holen, oder die zweyte in der Welt etwas abwetzen, damit wir sie nicht so lang mit nach Delitzsch bringen.

65. *CHAMISSO an HEMPRICH und EHRENBERG
[Eingegangen in Bulak 9. Mai 1823]

5. Oktober 1822

Ich mache mir die blutigsten Vorwürfe, daß ich so lange infamer Weise es unterlassen habe, Euch mit freundlichem Geschwätze von der Heimat her zu erfreuen, denn Bescheidenheit beiseite, ich weiß wes maßen man in seiner Abgeschiedenheit darnach lechzt. Es hat wohl daran gehangen, daß ich zuviel von mir forderte u. Euch eine gar zu schöne, zu lange, zu vollkommene Epistel zudachte, aber in Eurer Lage ist Alles gut. Empfangt denn anspruchslos, was der Moment u. die Laune giebt. Ich habe meiner Feder gesagt: Lauf, u. sie läuft. — Ich hätte auch den Freund SCHLECHTENDAHL beschuldigen können, ich hab' ihn oft genug gemahnt, den Anfang zu machen u. meiner Trägheit den Impuls zu geben. Genießt u. schwelgt, der Kelch des Lebens wird Euch nicht immer so voll u. schäumend vorgesetzt werden. Ihr habt vor Euch ein reiches Feld der Natur, in Euch einen reichen Geist der Wissenschaft. Ihr seid wirksam u. selbständig. Alle Impedimenta reizen Euch zu einem guten Brief an; sie kommen nicht wie in der Heimat betrübend von den Freunden; es ist Alles Eure Erfahrung. Kurz, mit Lust im Leibe kann es Euch nicht fehlen, so glücklich zu sein, als man es vernünftigerweise auf Erden begehren kann, u. das heißt vielleicht noch nicht viel. — Wäre ich nicht bei meiner Frau, so wollte ich bei Euch sein. Ich wünsche Euch nur, daß sich Euch die Stiefeln von selbst putzen u. flicken, die Kleider ausbessern u. die Wäsche wäscht; aber ich vergesse schon, daß Ihr Herren seid, u. ich nur eine Sache war, eine Nebensache, eine verdienstlose Sache![29] — [. . .]

66. *Ehrenberg an Chamisso

Bulak, d. 9. Mai 1823

Mein lieber Chamisso

Eben erhalte ich Deinen mir höchst erfreulichen Brief. [. . .] Gleiches mit Gleichem zu vergelten[30] so höre eine andre tragische Geschichte aus Afrika:

Und Einen schor es früh und spat
Daß eine lange Nas' er hat
Noch neben seiner kleinen.
Erst hat er wacker raisonnirt
Daß sie sich nicht bei Seite schiert
Die Nase blieb ihm vorne.

Das wußt er wohl, wenn er sich dreht
Auch Nase mit im Kreise geht
Die Nase hängt ihm vorne.
Drum steckt er sie ins Futteral
Denkt: Die betrüg ich dieses Mal,
Die Nase hängt ihm vorne.

Doch pfiffig, wie er war, der Schick
Springt um drei Schritt er rasch zurück!
Die Nase hängt ihm vorne.
Und was er auch für Sprünge macht
Das Ding hat er nicht fortgebracht
Die Nase hängt ihm vorne.

Drum Leute nehmt die Nas' in Acht,
Daß sie nicht Euch auch Junge macht
Die Nasen hängen vorne!

Übrigens ersehen wir aus Herrn Prof. Lichtensteins heutigem Briefe, daß wir nicht als so arge Sünder angesehen werden als wir zu meinen Grund hatten. Die Zwischenzeit, kannst Du wohl denken, ist für uns nicht nur nicht angenehm, sondern höchst höchst unangenehm gewesen, wenn da so ein Brief von Euch gekommen wäre, würden wirs Euch doppelt angerechnet haben. Jene Briefe, jenes Rückrufschreiben hätten können einen Riesen Goliath zu Boden schlagen und einen Brand in Constantinopel auslöschen. Die Giraffen haben nun vor der Hand Ruhe, er hat die Giraffenjagd beendet. Was später möglich sein wird, wissen die Götter. [. . .] Jetzt gehts an rothe Meer, abyssinische Küste?? unter die Papageyr.

Ehrenberg

67. Hemprich an Lichtenstein

[Eingegangen in Berlin 25. August 1823]

Bulak d. 15ten Mai 1823

Wir haben 2 jener Philhellenen als Jäger in Sold genommen[31], 2 wie es scheint recht brave und thätige Leute, die auch als gelernte Jäger uns nützlicher werden dürften als die Leute, die uns auf voriger Reise begleiteten. Da sie aber sich auf keinen Monatsaccord einlassen wollten, so habe ich mit ihnen einen Akkord auf die ganze Reise, die längste Frist bis Oktober 1825 angenommen, machen müssen. Mit dem 3ten, den wir schon länger hatten und der schon mit in Dongola war, einem mährischen Schneidergesellen[32], der aber gut schießt und besser noch ausstopft, haben wir nach Monaten accordirt, monatlich 6 Colon. [. . .]

Wenn wir (denn vor Monat Oktober a. c. wird das Geld und die Effekten, die wir uns von Herrn BRANDENBURG erbeten haben, doch nicht in Egypten seyn können, wir also vor November nicht abreisen können) Djidda, Mokkha und die Küste Abyssiniens besuchen und mit Erfolg besuchen wollen, so müssen wir dazu wenigstens 16 Monate Zeit haben, also bis Ende Maerz 1825, wo wir zurück in Cairo seyn könnten. Wär keine Pest in Cairo u. Alexandrien, so könnten wir uns dann gleich einschiffen und im Juny in Triest seyn. Da es aber wahrscheinlicher ist, daß Pest in Alexandrien sey, da sie bis jetzt jedes Jahr unsrer Anwesenheit in den Monaten Februar bis July inclusive dort herrschte, so müßten wir die Zeit bis zum August 1825 schon noch in Oberaegypten z. B. mit einer Excursion in die Oasen oder dergl. anhängen, u. könnten erst im September oder Oktober 1825 in Triest seyn. [. . .]

Sparsamkeit und Zögern hat uns um die Ausbeute unsrer nubischen Reise gebracht, Sparsamkeit und Zögern würde auch wieder uns um die Ausbeute einer Reise am rothen Meere bringen. Wir können von hier aus nicht beurtheilen, ja nicht einmal ahnden, was man in Berlin für eine solche Reise thun kann und thun will. — Kurz — Hat man in Berlin b a l d Geld für uns, können wir durch Herrn BRANDENBURG neben den begehrten Effekten in g u t e r Q u a l i t ä t mindestens 6000 Rthl baar ⅔ in Collonaten, ⅓ in Dubblonen im Oktober a. c. haben und ist n o t h f a l l s am Ende der Reise noch ein Nachschuß von 2000 Rthlr oder etwas mehr oder weniger zu hoffen, so versprechen wir Ihnen (mit Gottes Hülfe, der uns vor Pest, *Cholera morbus*, Schiffbruch u. s. w. bewahren muß) etwas außerordentliches, s o n s t w i r d's w i e d e r — F l i c k w e r k, k u r z e W a a r e.

Nach Ihrer Ordre werden wir nun

> entweder gleich umkehren;
> oder bleiben und kurze Waare liefern;
> oder bleiben und die Reise durch das Ende krönen.

68. *EHRENBERG an seinen Vater

Bulak am 18. May 1823

[. . .] Hier sieht es jezt ganz europäisch aus. Seit unsrer nubischen Reise hat sich von Cahira bis Alexandrien eine Telegraphenlinie errichtet. Selbst eine regelmäßige Briefpost war eingeleitet, ist aber in diesen Tagen wieder eingegangen. Buchdruckereyen in arabischer Schrift sind angelegt worden, Millionen in verunglückten Schriftgüssen, Fabriken u. s. w. verschwendet worden. Paläste erheben sich über Paläste. Die Bauern schlagen zuweilen, wirds ihnen zu arg, mit dem Knüppel drein, werden gehangen und geköpft. [. . .]

69. HEMPRICH an LICHTENSTEIN

[Eingegangen in Berlin 13. Aug. 1823]

Suez d. 3ten Juny 1823

Hier sind wir endlich am rothen Meere und schwelgen in seinen Schätzen: 12 Species Fische, 9 FORSKÅL bekannt, 3 neue, 6 Arten Holothurien, wovon wohl die meisten neu, 6 Arten Asterien, 3 Arten *Ophiura*, 5 Arten *Ascidia*, viel Muscheln mit und ohne Thiere, 1 Dutzend Arten Crustaceen, 1 dito Nereiden u. s. w. u. s. w. sind die Ausbeute der ersten Excursion, die ich zu Barke in die Gegend von Ajün Musa machte. EHRENBERG war indeß zu Lande zu Ghoaebe, fand aber wegen des lange mangelnden Regens nur wenig Pflanzen und keine Insekten, aber schöne Säämereyen. Noch acht bis zehn Tage weilen wir hier, dann geht es nach Tor und von da nach Akaba, von wo wir endlich im Monat August nach Suez rückkehren werden. [. . .]

Eben bringt einer unserer Jäger (2 sind auf dem Anstande auf Gazellen) schöne Wasservögel *Tringa subarquata* und *minuta* im herrlichen Hochzeitskleide. In Dongola und Embukohl fanden wir diese Vögel mitten im Sommer immer im Winterkleide, eben so bey Cairo. Warum ziehen sie hier bey Suez nur 3 Tagereisen von Cairo und so weit nördlicher als Dongola dies Prachtkleid an? Vielleicht weil sie hier brüten und längs dem Nil nur streichende Gäste, Vagabunden, sind? Eine der *Sterna cantiaca* verwandte, aber ganz verschiedene Art[33]. Einen jungen *Larus glaucus*[34], der aber von TEMMINCKS Beschreibung auch in vielem abweicht u. s. w. Ueberhaupt werden Sie diesmal einen kleinen Schatz von Wasservögeln erhalten. Unter Sternen und Laren besonders wird, schmeichle ich mir, viel für die Sammlung brauchbares seyn. Die Form der Nasenlöcher hat mir einige Arten mit unterscheiden helfen. Ein freilich etwas precäres Kennzeichen, da es nur am frischen Vogel gilt.

Mit unsern Leuten sind wir bis jetzt recht zufrieden. Wir kommen ohne Dragoman recht gut aus, und alles verspricht glücklichen Erfolg, wenn das Nervensystem — Geld — uns keine Querstriche macht. — Es ist hier alles elend theuer; selbst das Wasser, weil die vielen hier durchziehenden Pilgrimen alles aufzehren. — Das abbestellen des Weingeist's in Marseille[35] bringt uns jetzt in große Verlegenheit, indem wir jetzt entweder zu enormen Preisen uns starken Brandtwein oder Rum anschaffen oder auf die schönen Sachen Verzicht leisten müssen. Man will in Berlin große Sammlung und viel Dubletten, aber in's Wasser können wir es doch nicht einsetzen. [. . .]

Den 8ten Juny

Eine 2te Excursion hat uns wieder um 8 Arten Fische, 2 schöne Comatulen, eine Meduse und viele *Fuci* bereichert. Wenn wir nur viel Spiritus hätten, um von allen diesen herrlichen Fischarten genugsam einsetzen zu können. [. . .] Es ist sehr schwierig hier Fischerbarken zu Excursionen zu bekommen, theils wegen geringer Zahl der Barken und Fischer, theils wegen der Trägheit der Leute. [. . .]

70. *Minister VON ALTENSTEIN an HEMPRICH und EHRENBERG

[Eingegangen in Alexandrien 18. März 1824]

Berlin, den 25. August 1823

Der Herr Professor LICHTENSTEIN hat mir Ihr, an denselben unter dem 3ten Juny d. J. gerichtetes, Schreiben† eingereicht, woraus ich ersehen habe, daß Sie zu der, übrigens recht zweckmäßig projectirten Vollendung der ganzen Reise überhaupt noch 8000 Rth. zu erhalten wünschen. Von den, nach meiner Verfügung vom 25ten März d. J. disponirten, 6000 Rth. sind nun aber bereits 2000 Rthl. absorbirt, welche der Konsul BRANDENBURG in Triest im April d. J. für Ihre Rechnung erhoben hat. Das Äußerste, was ich daher nach dem von Seiner Majestät dem Könige bestimmt ausgesprochenen Allerhöchsten Befehle thun kann, ist, dass ich den sonach noch verbleibenden 4000 Rth. einen neuen, jedoch auch letzten, Zuschuss von „Zwei Tausend Thalern Courant" zulege. Ich habe zu dem Ende den Herrn BRANDENBURG angewiesen, nach Abzug aller Unkosten, für den Restbetrag ⅔ in Colonaten und ⅓ in Dublonen anzukaufen und unter gehöriger Assekuranz den ihm von Ihnen namhaft gemachten vertrauten Personen zu übermachen. [. . .]

ALTENSTEIN

† Brief Nr. 69.

71. *Ehrenberg an seinen Vater

Suez 29. Juny 1823

Lieber Vater,

Seit einem Monat bin ich in Suez und befinde mich wohler als je, obgleich diese Stadt, dieses Dorf eines der elendsten auf Gottes Erde ist. Denken Sie sich Tausend oder Zweytausend Menschen an einem Orte hausend, wo kein Gras grünt und kein Tropfen Wasser den Durst löscht unter der Hitze der afrikanischen Sonne. Das Wasser wird täglich zweymal auf Barken gebracht und gehört den Beduinen der Wüste, die es geben und auch vorenthalten können. Viele holen es sich von diesen Barken mit dem Degen in der Faust. Täglich sehen wir den Säbel beym Wasser gezogen. Neulich rückten wir mit unsern ganzen Waffen aus, um theils auf einer gemietheten Barke die Meereskörper um Suez zu sammeln, theils um uns Wasser aus dem Gebiethe der Beduinen selbst auszubitten. Doch ist, seit wir hier sind, kein Ernst aus dem Spaße geworden, man muß aber die Comödie mitspielen. [. . .]

Tor am 9. July 1823

Ich bin schon in Tor und mein Brief an Sie ist mit uns gefahren. [. . .] Tor ist ein Stückchen Land zwischen hohen Gebirgen, welchen es in den Eingeweiden kollert und kocht[36], und zwischen dem Meer. Man durchschreitet es in 3 Stunden. Da giebts gut Wasser, das langentbehrte, ein klein arabisches und zwey kleine griechisch-arabische Dörfer mit einem Kloster. Der Sinai guckt bey hellem Wetter hinter den Bergen gen Morgen hervor. Es könnten hier Weizen u. Melonen blühen, es giebt aber bloß faule Leute mit etwas Dattelbäumen u. Feigen. Man nährt sich dürftig von leicht zu fangenden Fischen und schläft lieber und hockt bey den Weibern. An dieser Küste fanden wir ganz unerwartete Ausbeute, ungefähr so viel als in 3 Jahren in Egypten. Auf den Sinai können wir noch nicht steigen, weil dort jene Beduinen hausen die der Pascha jezt verfolgt, vielleicht bey unsrer Rückkehr von Moile u. Jambo, wohin wir jezt abgehen, ists dort ruhig u. zugänglich. [. . .]

72. Minister von Altenstein an Hemprich und Ehrenberg

[Eingegangen in Alexandrien 18. März 1824]

Berlin, d. 3. November 1823

Mit vielem Vergnügen habe ich durch Ihren mir anjetzt zugegangenen Bericht v. 4. July d. J.† von der Excursion Kenntniß erhalten, welche Sie im vergangenen Sommer nach dem rothen Meere gemacht haben, und eben so ist mir bei dem lebhaften Interesse, welches ich an Ihrer ganzen Expedition nahm, die darin enthaltene Nachricht von Ihrer des Herrn Doctor Ehrenberg völliger Wiederherstellung sehr erfreulich gewesen. Ich hoffe, daß Sie, in jeder Beziehung auf die Fortsetzung der Reise zweckmäßig und gut vorbereitet, von derselben vorzüglichen Nutzen ziehen und in allem Betracht meinen sehr hoch gesteigerten Erwartungen entsprechen werden, indem ich Ihre bisherigen so ausgezeichneten Leistungen mit dem lebhaftesten Dank anerkenne.

Unter den von Ihnen angeführten Umständen bin ich übrigens völlig damit einverstanden, daß Sie die früher beabsichtigte Reise nach dem Sennaar und in das Cordophan aufgegeben und dagegen den Plan zu einer größern Reise nach dem rothen Meere gemacht haben. Ueber die Mittel welche hierzu disponibel sind habe ich auch bereits unterm

† Brief verlorengegangen.

25ten August† u. 15. September d. J. näher geäußert, u. ich schmeichle mir mit der Hoffnung, daß es Ihnen gelingen werde, auch mit den Ihnen zugesicherten Summen Ihren Plan zur Ausführung zu bringen, wenn diese auch schon nicht so bedeutend sind, als Sie es früher wünschten.

Mit lebhafter Theilnahme an Ihrem Wohlergehen, sehe ich Ihren ferneren Berichten entgegen und erneuere Ihnen die Versicherung meiner aufrichtigsten Hochachtung.

VON ALTENSTEIN

73. *HEMPRICH an RUDOLPHI

[Tor, etwa Ende August 1823]

Verehrtester Herr Geheimrath!

Um Ihnen in Eil anzuzeigen, daß wir von unserer ersten Probeexkursion am rothen Meer glücklich bis Tor zurückgekommen, ergreife ich die Feder.

Von Säugthieren ist das Merkwürdigste ein wahrscheinlich neuer Manati, dessen Kopf in unsern Händen ist. [...] Ferner ein neuer *Sorex*, *S. crassicaudus* N.[37] und zwei neue Mäusearten in Suez — und weiter nichts.

Von Vögeln nicht viel an Zahl, aber hübsche neue Sachen. Ein neues Genus *Pachycephalus* N. in der Nähe von *Ostralegus* stehend, aber vierzehig. [...] *Phaeton* eine große, wohl neue Species. Mehrere interessante Laren, Sternen, Charadrien††. Einige hübsche Philedon, Sylvien, *Perdix*, *Columba*[38] etc Arten aus Moileh — [...]

Von Amphibien 1 neuen Geko, *suezensis* N.; 2 neue *Colubres* und *Testudo Mydas*.

Von Fischen 160 species, wovon etwa 60 Forskålische Arten. Von vielen Skelette u. Häute, von allen Exemplare in Spiritus.

Von Crustaceen einige 40 Arten, ein schöner neuer *Palinurus* etc. etc.

Von Echinodermen 13 sage dreizehn Arten Holothurien, 6 *Asterias*, 3 Ophiuren, 2 Comatulen, 7—8 Echinus.

Von Molluscis nudis viel hübsches Neues: Neu genera: *Hexabranchus*, *Amphibranchus*, *Notobranchus*. Aplysien. *Doris* etc etc.

Von Molluscis testaceis 230 Arten, viele mit den Thieren. Eine neue Gattung *Cyclopus* N. einschalig, Schaale wie *Serpula*, Thier Trochenähnliche pectinibranche. Ob eine der unter *Dentalium* ...... Formen.

Ein neuer *Loligo*, der bey einem schwertförmigen Knorpel, wie alle Loligen, den ganzen Körper durch die ..... gerändert hat, wie *Sepia officinalis*.

Von Anneliden fast alle Savignyschen Arten u. mehr neue. Ein ausgezeichnetes neues genus: *Katastama* N. in 2 Arten.

Von Entozoen einige Antocephali etc etc im Ganzen noch wenig. Die Fische und übrigen Sachen nahmen uns zu viel Zeit weg.

Von Polypen viel schönes. Die von SCHWEIGGER u. SAVIGNY beschriebenen weißen Corallen; *Anthelia*, *Xenia*, *Polithoa* etc.; in 14 bis 15 Arten, die wir in 5 Gattungen vertheilt. *Tubipora musica* ist von einem hydraähnlichen Thier bewohnt, nicht von Anneliden. Die Caryophyllen u. mehrere Astraeen haben actinienähnliche interessante Thiere. *Fungia* scheint ähnliche Thiere zu haben, wir fanden aber noch keine gut exorirten Exemplare.

Von Pflanzen einige neue phanerogamische Gattungen, im Ganzen an Zahl wenig, weil jetzt trockne Jahreszeit. Einige Najaden mit Fruktification. —

Von Insekten die ich beinah vergessen, blutwenig, aber tropische Formen.

† Brief Nr. 70.

†† Siehe Brief Nr. 103.

Zu finden ist noch viel, besonders südlich, von Menschen-Seite haben wir bis jetzt kein Hinderniß gefunden, wir begegneten in Moileh der Carawane der Pilgrimme, die nach Mekka zogen, haben aber keine Unannehmlichkeit gehabt. Einmal sprechen wir arabisch, und dann sehen wir mit unsern Flinten und Pistolen recht bärbeißig aus. Aber das Meer macht uns und unsrer kleinen Barke manchmal böse Miene, und da hilft weder arabisch sprechen noch Flinten und Pistolen. Eine große Barke zu miethen erlauben unsre Mittel nicht, und eine kleine setzt uns gewaltig in Gefahr. Alle 2—3 Tage einmal sind wir seekrank, im Raum sehr beengt, und es gehört viel Resignation und Muth dazu unsre Lage erträglich zu finden. Wir haben seit 2 Monaten kein Fleisch gegessen, nur Fische, Reis und Linsen, schlechtes Brodt und schlechtes Wasser ist unsre Nahrung. Der Himmel gebe, daß unsre Kräfte mit unserm guten Willen gleichen Schritt halten, und daß wir nicht im rothen Meer ertrinken.

Wir baten schon Anfang Jahres 1821 um kleine Gläschen, leider sind uns keine zugekommen[39]. In einigen Tagen machen wir eine Exkursion auf den Sinai, dann werde ich nach Suez u. Caira gehen, um die Sammlung abzuschicken und alles zur großen Reise vorzubereiten, EHRENBERG bleibt indeß in Tor, um fortzuarbeiten. [. . .]

In wahrster und innigster Verehrung

Ew. Hochwohlgeboren

dankbarst ergebener Diener

Dr. W. HEMPRICH

74. *EHRENBERG an seinen Vater

Tor, 4. Octobr. 1823

Lieber Vater

[. . .] Als wir in Tor ankamen, hatte ich mir den Fuß etwas beschädigt und mußte Freund HEMPRICH allein zum Sinai steigen lassen. Er brachte viel mit und ich ging deßhalb nach ihm noch einmal dahin auf andrer Straße und mehrte den Fund ansehnlich. Jetzt sitze ich in Tor, und morgen zieht HEMPRICH mit der Sammlung nach Cahira. [. . .]

Ich sitze jetzt eine zeitlang in Tor im Hause eines griechischen Böttchers, welcher lieber in Tor von Reisenden besucht und Herr Consul von England genannt seyn will als in Cahira sein Handwerk treiben. Er gefällt sich im Bauen, und durch Überbauen hat er sich schon seinen rechten Fuß lahm geschlagen. Vielleicht baut er morgen noch ein Stock auf sein Haus und übermorgen fällt das alte mit dem neuen ein. Sonst ist er ein guter braver Mann, der nur am Sonntage regelmäßig seinen Haarbeutel trägt. Die Araber glauben, das Branntweintrinken gehört zum Christenthum, und die hiesigen Christen scheinen selber einen Werth darauf zu legen. Wenn ein Araber verstohlen einen Schluck Branntwein kostet, so mag ihm zu Muthe seyn wie einem Christen, wenn er in eine türkische Moschee guckt, und ein Christ ohne Branntwein fühlt sich wie ein Muhamedaner im Kloster. [. . .]

75. *EHRENBERG an NEES VON ESENBECK

Tor 4t. Okt. 1823

Verehrtester Herr Präsident!

In Voraussetzung des Besten ergreife ich die Feder, um mit Freund HEMPRICH Hand in Hand das gegebene Wort zu erfüllen. Es ist uns seit langer Zeit nicht so gemüthlich gewesen als hier auf dem alten Sinai, von dem wir seit einigen Tagen zurückgekehrt sind. Wir sahen Quellen u. kleine Bäche, frische Obstgärten voll bekannter Früchte u. grüne

Felsenschluchten voll unbekannter Sträucher u. Blumen. NIEBUHR hatte dem FORSKÅL ein gar zu kärglich Händchen voll Kraut mitgebracht, u. der Berg der Offenbarung war dem Botaniker ziemlich gleichgültig geworden, uns hat sich die kleine Mühe besser belohnt. Von Tor, welches dicht am rothen Meere liegt, giebt es zwei Wege nach dem Sinai, einer geht durch das Wadi Hebran mehr nördlich, der andere mehr südlich durch das Wadi Esle, den Zwischenraum füllen nur für Fußgänger zugängliche Felsenspitzen, welche die *Capra caucasica* bewohnt. In Tor selbst giebt es außer Dattelpalmen u. ein Paar Dumpalmen, außer *Cressa cretica, Rhamnus Napeca, Tamarix gallica? Zygophyllum coccineum* u. *Salicornia cruciata* nichts. Um auf dem Esle Wege zum Sinai zu gehen, marschirt man auf Kameles Rücken mit Wasser versehen erst einen guten halben Tag durch eine völlig wüste Sandebene bis an den Fuß des Hochgebirgs. Dicht an diesem erscheinen mit einzelnen Pflanzen besetzte Gießbach-Schluchten, welche trocken waren u. nur *Salsola articulata* u. *Inula crispa* nebst *Calligonum comosum* (in welchem unsere *Arta decora* entschlummerte) führten. In den Bergschluchten empfängt *Artemisia valentina* mit *Santolina fragrantissima* nebst Bäumen der *Acacia tortilis*. Bald, in einer tiefen engen Felsschlucht, zeigt sich ein kleiner rieselnder Bach, welcher zwar keinen Schritt breit ist, aber frisches herrliches Wasser führt u. zwei neue Charen, eine neue Conferve u. ein Moos darbot. Von hier aus muß man zu Fuß wandeln, weil die Kamele auf dem glatten schroffen Felsen oft ausgleiten. So frische erquickende Luft hatten wir seit Jahren entbehrt u. in ihr lebten hohe Wälder eines neuen Rohrs auf sonst trockenem Boden. Eine Tamariske ward häufig, dieselbe unter welcher die Araber das Manna sammeln u. welche eine unbekannte Art zu sein scheint. Ich müßte nun anfangen Ihnen ermüdende Reihen neuer Pflanzen aufzuzählen, wenn ich Ihnen die dortigen Umgebungen nennen sollte u. verspare dies auf andere Zeit. Alle oder doch fast alle Begleiter auf dem geschlängelten nach Osten gewandten Wege zum Sinai waren uns neue Formen, die auch unsere Register nicht kennen. In der Nähe des berühmten Berges führen alle Felsschluchten Wasser u. sind zu Gärten benutzt, welche Birnen u. Aepfel, Pflaumen, Aprikosen, Pfirsiche, Feigen, Wein, Mandeln u. Oliven führen. Hohe Cypressen u. zwei hohe Pappelarten, die unseren einheimischen sonderbar nahe u. sonderbar fremd sind, sind diesen Gärten, was Thürme den Städten sind u. erfreuen den Wanderer. Hoch auf der Spitze des Sinai ist eine ewige Cisterne mit kaltem klarem Wasser, bei dieser wächst unsere *Silene divaricata* u. dicht unter der Spitze auf einem engen freien Raume steht die höchste Cypresse, um welche sich niedliche Pflanzen sammeln. Reiche Ausbeute gab der Garten bei der Kirche der 40 Märtyrer, wo auch eine Rose blüht. Ebenso reich aber ganz anders ist die Flor, wenn man auf dem Wege über Wadi Hebran wieder zurückgeht, bis man wieder an die einförmige Sandwüste kommt, welche ermüdend vom Gebirge zum Meere führt u. an das todte Egypten erinnert.

Unser Pflanzen Fascikel besteht aus 120 Arten, von denen nur 48 unter unsere Bekannten gehören. Die übrigen theilten sich in 9 neue Gattungen u. 63 neue Arten. Nur 2 Farne, nur 6 Moose, nur 1 Flechte, nur 2 Pilze, nur 2 Algen bekannter Gestaltung.

In Moile, wo wir zu Schiff waren, fanden wir schon viel dongolanische Bekannte wieder und manch hübsches Neues. In Asien scheint die tropische Flor tiefer anzufangen. Die Inseln an der Mündung des Meerbusens von Akaba haben auch etwas geliefert, doch weniger als wir erwartet hatten. Die erste *Sceura* wuchs auf dem Ras Muhammed. Die Meeresprodukte haben unsere Erwartung bei Weitem übertroffen, haben auch ein paar neue Najaden Gattungen unter sich. Die meisten der FORSKÅLschen Fische haben wir bereits erbeutet und viele neue mit ihnen. Von fast allen haben wir umständliche Beschreibungen u. genaue Umrisse gefertigt u. glauben damit ein gutes Werk gethan zu haben. Ich bleibe jetzt hier, um die Zoophyten etwas genauer vorzunehmen, während

Freund HEMPRICH die Sammlung nach Cahira begleitet u. dort die Befehle zur neuen Reise u. die angekommenen Effekten übernehmen will. Wir thun was unsere Körperkräfte erlauben u. unsere beste Einsicht rathet, wissen aber nicht ob wir mißverstanden werden. Um schöne Blumen zu pflücken sind wir einmal, der Dornen ungeachtet, über den Zaun gestiegen, ich — steige nicht wieder.

An Se. Excellenz den Herrn Minister haben wir einige kleine Aufsätze mit der unterthänigen Bitte gesendet, dieselben Ihnen für die Leopoldina zu kommen zu lassen. Es sind keine Abhandlungen, sondern Fragmente aus dem Tagebuche, wie wir deren Viele haben, leider will noch immer kein Kleid im Hintergrund erscheinen. Das ist das Uebel des Reisenden, dass er keinen Bau vollenden kann, daß er tausend Paläste anfängt u. kein Häuschen fertigt. Aber ich will damit nicht unsere Fragmentchen unter die zu erwartenden Paläste zählen, im Gegentheil ich will Sie ersuchen den Aufsatz über die Pupille im Insektenauge als noch zu unreif u. fehlerhaft im Drucke wegzulassen u. die übrigen nicht zu scharf anzusehen. Man will, daß wir sprechen, u. wenn aus dem wilden Lande Wildes kommt, wird man es tragen müssen.

Unter anderem werden Sie erschrecken, wenn ich Ihnen erzähle, daß in unseren Heften bereits 58, achtundfünfzig neue Pflanzengattungen beschrieben sind. Unser Horizont ist freilich mit PERSOON geschlossen, aber es scheint mir doch viel u. es wird mir bange, wenn ich dran denke. Die Zahl der Arten ist auch nicht gering u. gleicht fast FORSKÅLS Verhältniß. Besser man schweigt von solchem Funde, bis er gesichtet ist.

Mich u. Freund HEMPRICH Ihrer uns beglückenden Freundschaft u. Gewogenheit empfehlend in inniger Verehrung

Ew. Hochwohlgeboren
dankbarster
Dr. C. G. EHRENBERG

76. *EHRENBERG an HEMPRICH

Tor, [etwa 10. Oktober 1823]

Lieber HEMPRICH,

[. . .] Übrigens habe ich schon wieder ein tüchtig Fascikel Insecten- und Würmerbelustigungen. Eine herrliche *Serpula* (den schönsten unsrer Würmer) gemalt und beschrieben, eine neue *Lycoris* von ausgezeichneter Färbung und Form. Schöne Eingeweidewürmer, darunter ein *Monostoma* aus der großen *Raja* mit langem Schwanz. Drey Corallen sind abgethan und lassen mich hoffen dem Dinge doch hinter die Spur zu kommen. Ich habe mir in der Nähe des Hauses im Meer ein Corallenmagazin angelegt, wo ich sie alle frisch bey der Hand habe. Von Vögeln hat sich ein großer neuer Falk eingefunden, der aber dem *ater* noch sehr verwandt ist. Ich wünsche seiner Art ein langes Leben. Ein ausgezeichneter neuer Gecko ist samt seiner . . . gemalt, er bildet ein neues *tribus*, hat *pedes digitis marginatis lobatis* wie die Wasserhühner!! ist sonst dem *Suezensis* an Form und Farbe gleich.

Übrigens essen oder fr. wir hier ziemlich schlecht und harren der Dinge, die aus Suez kommen sollen, recht sehnlich. Die Datteln sind unsre Zuflucht. Gestern hat aber der Herr Wirth ein Huhn geschlachtet trotz aller vergeblichen Widerrede der Großmutter. Vorgestern ist der neue Bau wieder eingefallen und hätte ihn bald todtgeschlagen, doch hat's ihn diesmal kein Bein gekostet. [. . .]

Dein EHRENBERG

77. *Ehrenberg an Link

Tor, den 12. Oktober 1823

Innig verehrter Herr Professor!

[. . .] Wir gingen nach Suez und fuhren zu Schiff über Ras Muhammed nach Moile und hatten zum Zweck, besonders alle Inseln zu besuchen. Die bedeutendste Ausbeute waren Fische, welche fast alle gezeichnet und durch Beschreibungen und Zergliederungen möglichst festgehalten sind. Wir haben mehr Arten als Forskål bis Moccha fand und es fehlen uns der Forskålschen noch viele. Doch haben wir bereits eine kleine Übersicht unserer Beute im zoologischen Fache an Herrn Geheimrath Rudolphi gesendet, die ich hier nicht wiederholen will. [. . .]

Die Botanik war bis Moile und auf dem Rückwege bis Tor zwar nicht ganz leer ausgegangen, hatte aber doch nur wenig Erfreuliches geboten, besonders war es die unscheinbare Insel Maksure im Anfange des Meerbusens von Akaba, welche uns mit einer kleinen unerwarteten Ernte überraschte. Auffallend war uns ein dongolanisches Pflänzchen (*Schiddeda droserifolia* N.), welches wir bei Scherm el moie unweit Ras Muhammed in der Wüste wiederfanden, und in Moile wunderten wir uns nicht wenig, als wir in allen Sträuchern der Wüste Nubier und Dongolaner erkannten. Aber nicht blos die Pflanzen sondern die dongolanischen Papilionen und Mantiden mit ihnen. Moile liegt Cosseir gegenüber und der Breitenunterschied ist also bedeutend. *Acacia tortilis* Forsk. u. zwei Arten seiner *Cadaba*, worunter die dongolanische Arakrak, nebst *Balanites aegypt.* und *Crucifera thebaica* bildeten die Bäume und Sträucher. Auf der Insel Sanafer erschien die *Salvadora persica*, die am Nil erst im oberen Dongola wächst, am rothen Meere aber auch auf der aegyptischen Seite (nach Delile am Gebel Gareb) schon tiefer vorkömmt. Die *Sceura* fanden wir zuerst auf der Sandspitze des Ras Muhammed, aber leider ohne Fruktifikation.

Wenn uns früher bei unserer Ankunft in Tor nur rebellische Unruhen unter den dasigen Arabern abhielten das Gebirge Sinai zu besteigen, so ward unsere Erwartung auf dessen Produkte bei unserem Aufenthalt in Scherm hoch gesteigert. Die Flor war bei Scherm zwar des Mangels an Wasser halber nicht besonders ergiebig, doch waren die meisten der dort vorkommenden Fragmente von ansprechendem und fremdem Charakter. Als wir auf der Rückkehr in Tor ankamen, hatte der Pascha von Aegypten den Chef der Araber aus dem Arrest entlassen und ihnen eine erträgliche Strafe auferlegt; wir benutzten diese Stimmung des Volkes um den Sinai zu durchsuchen. Was das rothe Meer für Zoologie war, war jenes Gebirge für die Botanik, die Quelle eines herrlichen Schatzes. Unter den in den Schluchten erbeuteten Pflanzen zählen wir 9 neue Gattungen und 63 neue Arten. So gern ich aber auch von cryptogamischer Beute sprechen möchte, so wenig fand sich Stoff dazu. Es ist, als hätte hier das Meer den cryptogamischen Theil der Botanik entrissen und daraus seine Polypen gebildet, welche bald Agariken, bald Boleten, bald Clavarien und Pezizen vorstellen, bald herrliche Farne bilden. Das Manna (el manna), wovon wir eine Probe eingesendet, sammeln die Araber im Frühjahr unter einer, wie es scheint Tamariskenart, die wir *Tam. mannifera* getauft haben. Sie wissen nichts von gleichzeitigen Insekten, wissen nur daß die Zweige der Tamariske klebrig sind und daß diese Klebrigkeit bittersüß schmeckt, daß sie aber, wenn sie tropfenweis zu Boden fällt, honigsüß ist. Nur das am Boden liegende wird gesammelt, viel von Vögeln gefressen. Reines Manna muß dürre Tamariskenzweige und Erde in sich haben. Es wird mit Zucker oft verfälscht. Ein fleissiger Mann sammelt zuweilen bis 10 Pfund an einem Tage. Findet sich unter keinem anderen Strauch.

Wir haben jetzt einen Theil unsrer Tagebücher abgeschrieben u. mit eingesendet. Eigentlich war Hemprich am Abschreiben, aber da dies kein angenehmes Geschäft ist

u. vielfach von besseren Arbeiten abhält, so habe ich ihn vom botanischen Theile erlöst. Überhaupt haben die anderen Arbeiten, das Festhalten des Neuen, uns nur erlaubt einen Theil unseres Vorraths zu verdoppeln u. nach Berlin zu senden. Aus der feineren Zoologie u. aus der Botanik, so wie aus vielen anderen Abtheilungen unsrer Tagebücher haben wir das meiste oder Alles zurückbehalten, um nicht die Gelegenheit Neues zu beobachten zu sehr zu versäumen. — Leider habe ich das Botanische auf Löschpapier schreiben müssen, welches in Dongola von den Termiten angefressen war. Über die Halbhundertweise vorgetragenen neuen Gattungen werden Sie lächeln, es aber nicht mißbilligen, da sie nur geschrieben nicht gedruckt sind. Mit der Zahl des Neuen, unserer Meinung nach, können wir uns mit Vortheil neben FORSKÅL stellen, wir werden aber später wie er viel zu sichten haben.

Freund HEMPRICH ist nach Cahira abgegangen, um dort die neue Reise vorzubereiten, u. ich bin in Tor geblieben, um die hier häufigen Corallenthiere zu malen u. so es überall gelingt zu anatomiren. Anfangs war SAVIGNYS Arbeit uns zu colossal, jetzt geht es schon besser, wir finden neue Arten zu seinen Gattungen und neue Gattungen zu seinen Familien und werden wenigstens über diese Gegenstände mitsprechen können, obwohl zu so specieller Zergliederung aller Arten, wie er sie vorgenommen, längerer ruhiger Aufenthalt an Einem Orte gehört. Zu manchem, was SAVIGNY gesehen, sind aber unsere Instrumente und Augen bis jetzt zu grob.

Wir besitzen jetzt, außer dem Abgesandten, 296 Blätter zoologischer Zeichnungen und überdies 134 Arten von Fischen in Umriss nebst Details. Ferner 146 Blätter Pflanzenzergliederungen. Um nicht Gethanes weiter zu thun, halten wir für nöthig diese Zeichnungen bei uns zu behalten und sie mit uns der Vorsehung zu empfehlen.

In inniger Verehrung Ew. Hochwohlgeboren dankbarer

Dr. C. G. EHRENBERG

78. *EHRENBERG an KLUG Tor 12. October 1823

Hochwohlgeborner, verehrtester Herr Professor!

Da die abscheuliche Quarantaine uns nicht erlaubt Ihnen Freude zu machen mit Zusendung von erbeuteten Insekten, so nehme ich mir wenigstens die Freiheit Ihnen wieder den Ertrag einer Excursion zu melden. HEMPRICH hatte an Herrn Geheimrath RUDOLPHI ein Verzeichniß der dem Meere abgewonnenen Sammlung eingesendet und dabei weder die Insecten noch die Pflanzen mit einem Worte erwähnt. Gewiss haben Sie davon erfahren und uns für faul gehalten. Seit wir auf dem Sinai gewesen gibt es Pflanzen und Insecten in unserem Vorrath, die Ihnen und Herrn Prof. LINK Freude machen müssen. Dies Mal sind es besonders die Wasserkäfer mit denen wir Glück hatten. Grosse *Gyrinen* u. *Dytisci* und kleine *Hyphydren* u. *Cnemidoten* mit hübscher Färbung sind in langen Reihen eingetragen worden. Sie bewohnten die Quellen des Sinai und dachten an nichts weniger, als dass sie bald nach Berlin wandern sollten[40]. Aber auch schöne Mantiden, den dongolanischen ähnlich, fanden sich vor, neue Solpugen u. Scorpionen und Spinnen. Die Papilionen von Moile jenseits des Akaba Meerbusens sind die schönen dongolanischen Pieriden wieder, die Sie noch nicht kennen. Dort oben muss sich schön Insecten sammeln, wenn nur nicht wieder uns einem oder dem anderen ein teuflisches Fieber sich anhängt. Meines bin ich los und verdanke die Kur meist der Schiffsbewegung. Sollte ich künftig anfangen zu practiziren, so werde ich dies Mittel gegen langwierige Tertianen und Quartanen öfters empfehlen. Jetzt sind wir, dem Himmel sei Dank, beide völlig gesund und ich wohler als ich je in Afrika war, deshalb sind wir auch in kurzer Zeit ziemlich thätig gewesen.

Rechnen wir die Crustaceen mit zu den Insekten, so haben wir auch in dieser Abtheilung etwas gethan. In unseren Zeichnungen befinden sich wieder 55 Arten Spinnen (die Ihnen gesandten nicht gerechnet), hin u. wieder mit Anatomie, und überdies etwa 20 Arten Acariden, deren Mundtheile und wo es anging Eingeweide besonders ausgezeichnet sind. Die Insekten-Anatomien haben sich auch wieder ansehnlich gemehrt, und jede auffallende Abweichung von europäischen Typen wird durch Zeichnung festgehalten. Von grossen Hymenopteren sind nur einige wichtige unter das Messer gekommen, weil diese selten in großer Menge zu haben sind und wir kleine Mengen schonen. Doch besitzen wir auch einige Anatomien z. B. der grossen *Xylocopa* aus Nubien und Dongola, von welcher Sie vielleicht das ein und das andere Exemplar den Trümmern entzogen haben. Ferner von dem grossen oberaegyptischen *Sphex*?, dessen Gattungsnamen wir nicht kennen, der aber schon, so viel wir uns erinnern, im Werke der Franzosen abgebildet ist. Ziemlich detaillirt haben wir uns mit der *Vespa 4 punctata* Forsk., der aegyptischen Hornisse, beschäftigt und mit einigen andern.

Hilft uns nur ein guter Engel wieder zu Ihnen, so sollen Sie schon sehen, dass wir in Afrika gewesen sind und auch, dass wir das rothe Meer gesehen haben.

Sonderbar ist, daß wir im Sinaigebirge viele Insekten, besonders alle Scorpionen wiederfanden, welche wir in der Wüste bei Alexandrien antrafen. Aber nicht blos mit den Insekten war dies der Fall, auch mehrere Pflanzen kennen wir nur allein von diesen 2 Punkten her. Dies ist um so auffallender, als ja die Mineralogen aus dem Granit des Sinai eine neue Steinart, den Sinaites machen wollen. Da sollten sich keine Bewohner des alexandrinischen Kalk- und Sandsteins treffen lassen.

Doch ich habe Ihnen jetzt genug vorgeplaudert. Nehmen Sie noch die Versicherung meiner innigsten Hochachtung und behalten Sie uns lieb bis wir wiederkommen, verehrtester Herr Professor.

Ihr dankbar ergebener
EHRENBERG

79. HEMPRICH an LICHTENSTEIN

[Eingegangen in Berlin 27. Dez. 1823]

Alexandrien d. 25ten October 1823

[. . .] EHRENBERG liess ich gesund und in voller Arbeit in Tor zurück. Mit unsern Gehülfen haben wir bis jetzt alle Aussicht zufrieden zu seyn. Die Aussichten sind die Besten. Nichts scheint im Wege zu stehen. Nur G e l d und V e r t r a u e n. Ich glaube kaum dass es möglich seyn wird, mit weniger als 6000 Colon die Reise inclusive Rückreise zu machen. [. . .]

80. HEMPRICH an LICHTENSTEIN†

[Eingegangen in Berlin 12. Jan. 1824]

Alexandrien d. 28ten October 1823

[. . .] Sennaar und Cordophan ist nun wieder zugänglich. RÜPPEL aus Frankfurt [. . .] hat schöne Sachen (ich habe sie nicht gesehen, auch ihn nicht selbst gesprochen) hinabgebracht und ist wieder hinauf gereisst. [. . .]

Unser *Sphenorynchus* wird zu einer *Ciconia*? Was sagen Sie zu unserm *Pachycephalus*? — Was zu den schönen Sylvien und Finken vom Sinai? Was zum *Phoenix*? Was zu den

† Antwort auf Brief Nr. 58.

Laren und Sternen?† Das alles hoffe ich wird unser guter Stern uns erlauben mündlich mit Ihnen zu besprechen und uns über das zu belehren, was Zeitmangel uns jetzt mitzutheilen Ihnen nicht erlauben wird.

81. *EHRENBERG an RUDOLPHI

[Eingegangen in Berlin 21. April 1824]

Tor am 5. Nov. 1823

Hochwohlgeborner
Innig verehrter Herr Geheimrath!

Während HEMPRICH nach Cahira gereist ist, um die angekommenen Briefe u. Effekten in Empfang zu nehmen u. die neue letzte Reise vorzubereiten, habe ich mich in Tor mit einem Philhellenen, 20 Hühnern, etwas Brod u. Mehl, Zwiebeln u. Butter zwischen ein paar Familien arabischer Christen auf 2 Monate verschanzt. Die hiesigen Araber sind wegen Straßenraub vom Pascha von Aegypten vor Kurzem nachdrücklich bestraft worden und mein wartender Aufenthalt dürfte demnach wohl ungestört sein [...]. Es drängt mich Ihnen ein paar Zeilen zu schreiben, mehr um Ihnen die Fortdauer meiner innigen Dankbarkeit, als besondere Neuigkeiten zu melden, u. doch vielleicht unterhalte ich Sie einen Augenblick nicht ganz unangenehm mit einigen Resultaten der letzten Tage.

Tor am 20. Nov.

Zuerst freut es mich Ihnen melden zu können, daß endlich auch 2 Skelette von *Hyrax syriacus* geworden sind, indem ich lebendige Exemplare erhielt. So angelegen es uns auch ist zu einer künftigen genauen Bearbeitung der hiesigen Landesbewohner durch Absendung von Skeletten zu sorgen, so ist es doch gar zu oft unmöglich, weil wir alle Säugethiere u. Vögel zerschossen u. alle größern Fische zerschlagen erhalten, Splitter aber ohne Werth sind. Bei längerem Aufenthalt an einem Orte kann man Leute, welche seltnere Thiere fangen etwas abrichten u. so nun gelingt es uns hier u. da Skelette zu erhalten. Von kleineren Thieren, welche wir in Weingeist aufbewahren, fallen ja doch wohl Amphibien u. Fische zur Hälfte u. Säugethiere u. Vögel ganz ans zootomische Museum, so wenigstens dachten wir es uns. Unika besonders neuer Formen wünschten wir im zoologischen Museum wiederzufinden, weil Kenntniß der Form vor Kenntniß des Inhalts vorausgehen müsse, jedoch wissen Sie darin besser zu rathen als wir. Es sind auch wieder einige Skelette ausgezeichneter Fischformen im Vorrath. *Raja mastigophora* N, *Labrus gibbus*[41] u. andere. Vom *Malapterurus* des Nils hatte ich in Dongola 3 Stück in Spiritus gesetzt, davon habe ich eins müssen in Assuan wegwerfen u. eins hat HEMPRICH mit mir in Cahira weggeworfen, darum haben Sie nur eins erhalten. Doch ich gehe vom Großen zum Kleinen.

Ein Resultat der letzten Excursion auf den Sinai ist auch die Kenntniß der Entstehung des Manna[42]. Nach vielem vergeblichen Suchen, da es außer der Zeit war, fand ich in einer Schlucht 2 grosse Tamariskensträucher von denen noch dieser Saft heruntertropfte u. welche wie mit Firniß bestrichen waren. Die Quellen des Saftes waren in den äußersten Enden der jungen Zweige und um sie herum saß ein 1''' großer rundlicher *Coccus* in großer Menge. Die Araber behaupteten diese Wärzchen seien die Quelle des Mannas (*ain el mann*). Mir schien daß die Leute recht haben insofern als zwar nicht aus der Warze sondern neben dieser oder unter dieser aus der Rinde der Saft quoll, aber doch die Warzen die Ursache waren. Sie bestanden aus einem flockigen weißen mit Wachs durchzogenen Gewebe u. enthielten alle todte verschrumpfte Thierchen oder Puppenhülsen von kaum ¼ Linie

† Beantwortet in Brief Nr. 103.

Durchmesser. Ich stand nicht an sie für *Coccos* zu halten. Gewiß ist also daß *Tamarix mannifera* N (an *T. gallica?*) das berühmte Manna aus seinem Safte giebt, ungewiß bleibt noch ob eine Cicade die Wunde macht u. der *Coccus* nur dem Safte nachgeht, oder ob der *Coccus* die Wunde macht. Ich würde eher das Letztere glauben, weil die Wunden an den zartesten Spitzen der Zweige sind u. die Araber behaupten, daß nur Manna fließt wo solche Warzen sind.

Von Mollusken habe ich seit Hemprichs Abreise wieder zwei ausgezeichnete Formen, neue Gattungen, eingetragen. Eine steht bei *Pleurobranchus*, respirirt aber rechts u. hat keine Rückenschulpe. Die andere: *Phyllodesmium* N gehört in die Nähe von Cuviers *Eolidia*, hat aber nur 4 Tentakeln u. s. w. *Serpula cinnabarina* N ein schönes Thier, *Lycoris fasciata* N u. *Terebella variegata* N sind ausgezeichnete neue Nereiden, neben welchen noch einige andere stehen[43]. Der Regenwurm vom Sinai ist Savignys *Enterion terrestre*, unterscheidet sich nicht durch Struktur, ist aber unterm Bauch weißlich u. wird in Spiritus (durch das sich auflockernde Oberhäutchen) metallisch glänzend, unserer wohl auch. Der Egel, welcher den Arabern des Sinai lästig ist, bildet eine neue Art der Savig. Gattung *Nephelis*, *N. sinaitica* N. Wer ihn verschluckt muß sterben oder Tabaksschmirgel trinken. Eine Höllenkur.

Zwei interessante neue Gattungen fußloser Echinodermen von denen eine ganz einem *Sipunculus* ähnlich mit einem Kranze von einfachen gelben Tentakeln um die Mundöffnung versehen ist. Die schöne Suite der fußtragenden Echinodermen, welche wir besitzen hat Ihnen Freund Hemprich schon gemeldet. Von Eingeweidewürmern giebt es seit Hemprichs Abreise keine neuen Gattungen aber schöne neue Arten. *Ascaris tetracanthus* N u. *A. tentaculata* haben mich genöthigt Gewalt zu brauchen, um sie einzurangiren. Die erste wohnt zwischen den Magenwänden des *Numenius arquatus* u. *Totanus Glottis* u. hat vier große vorwärts gekrümmte Haken am Maul, sieht aus wie *Trichosoma*, hat aber ein feines dreilappiges Maul u. Eingeweide u. Geschlechtstheile wie *Ascaris*. Die zweite wohnt im ersten Blinddarm des *Hyrax syriacus* u. hat drei sonnenklare Tentakeln oder Cirrhen, eine an jeder der drei großen Lippen des Askaridenkopfes, ist übrigens eine vollkommene *Ascaris*. Unter verschiedenen Sonderbarkeiten die ich im Leibe von Eingeweidewürmern gesehen habe, Ihnen aber mich schäme eher zu erzählen als bis ich sie öfter gesehen, nenne ich Ihnen einen zu beiden Seiten des *Distoma militare* (vom *Numenius arquatus*) vom Kopfe ausgehenden bis zu dem Anfang der Eierstöcke sichtbaren geschlängelten zitternden Faden, den ich oft gesehen habe, aber nicht zu deuten weiß, dessen Anfang und Ende mir auch dunkel blieb. Seine Bewegung erinnert an das Rückengefäß der Insekten, ist aber weit rascher u. eigenthümlich. Etwas unterhalb des porus ventralis sieht man es am deutlichsten bei Compression des lebenden Thieres. Endlich habe ich auch einmal den ausgezeichneten *Echinor. moniliformis* beobachten können. Ich fand mehrere Exemplare in einer neuen Stachelmaus *Mus tetradactylus* N. Er ist artikulirt, aber die Glieder entsprechen nicht jenen Einschnürungen des Leibes sondern sind häufiger. Eine Grenze sah ich jedes Mal im tumor und eine in der Struktur. Vorn und hinten sind die Glieder am Körper enger. Er hat am After deutliche Spuren eines Darmkanals, ohne diese vorn u. in der Mitte zu haben. Seine beiden vorderen Blindgefäße sind sehr dünn u. lang, oft verschlungen, seine Eierstöcke sind Längsröhren. — Halte ich vielleicht die Quergefäße der Haut für Artikulationen? denn ich sehe sie bei allen Ascariden u. Echinorrhynchen u. Distomaten u. s. w. Aber wenn sich das Thier zusammenzieht so erscheinen die Querstreifen als mehr oder weniger tiefe Strukturen u. sind regelmäßig, der Rand der Zwischenräume wird wellenförmig aufgetrieben. Im *Hyrax* fanden sich 3 Ascariden u. 2 Oxyuriden, keine *Taenia*. Im *Charadrius spinosus* fand sich ein *Distoma*, *Ascaris conura* N aus *Scincus ocellatus*, *Amphistoma lineare* aus *Raja mastigophora*. *Taenia dives* N aus *Mus flavidus* N zeigt die Anastomose der vier Gefäße in allen Gliedern so schön wie irgend *Solium. Taenia secunda* N aus *Toniga suezensis* N. *Taenia labefactans* N aus *Perdix saxatilis.* Ihre Gefäße anastomosiren unter den Saugmündungen auf sonderbare Art. *Echinor. velatus* N, *Ascaris ovulum, bacillus, virgula* aus *Stellio Hardun. Taenia tetragonocephala* u. *T. stiligera* N sind aus der *Limosa melanura.* Dieß die Beute der letzten vier Wochen an Entozoen. Von Quallen ist ein großes amethystfarbenes *Rhizostoma* von eigenthümlicher Struktur eingekommen.

Die Corallenthiere sind nun eigentlich meine größte Beschäftigung gewesen[44] u. ich glaube Freund Hemprichs Mühe in Cahira etwas vergolten zu haben. *Fungia Tahs* N ist ein einzig Thier, hat ihr Maul wo der Eindruck in der Mitte der lamellirten Seite ist. Gleich unter dem Maule liegen über 20 Eierstöcke. Ein um den Mund laufendes Cirkelgefäß schickt zu jeder Seite jeder Lamelle ein Längsgefäß, welches sich spaltet wo junge Lamellen sich einschieben. Im ausgedehntesten Zustand erhebt sich am Ende jeder Lamelle eine kegelförmige oben offene Warze, ob Respirationsorgan?? u. s. w. *Astraea auricata, Oculina aspera, Caryophyllea Hystrix, Heterozoon fornicatum, Synanthus Argus* N u. *S. flavoviridis* sind die ausgezeichneteren der von mir untersuchten Formen u. sollen in diesen Tagen mit noch anderen vermehrt werden.

Die Infusorien[44a] des Sinai bestehen aus 5 Bacillarien, 2 *Enchelys,* 2 *Paramaecium,* 2 Bursarien, 1 *Rattulus,* 1 *Brachionus,* 1 *Rotifer,* eine neue Gattung: *Campanella* (stiellose *Vorticelle*). Zu den 2 neuen dongolanischen Gattungen von Infusorien (nasenlose Schweig.) *Poecilia rubropunctata* N. und *Orthostoma pellucida* gesellt sich noch eine aus dem Meere bei Tor: *Discostoma rotatorium* N.

Entozoen Zeichnungen sind im Vorrath 83 Blätter, auf jedem oft eine oft zwei Arten. Alle Mollusken, Anneliden, Corallen, Quallen u. s. w. sind genau gezeichnet oder gemalt so viele untersucht sind.

In inniger Verehrung verharrend

Ew. Hochwohlgeboren dankbarster
Dr. C. G. Ehrenberg

82. Ehrenberg an Lichtenstein

[Eingegangen in Berlin 21. April 1824]

Tor am 4ten November 1823

[. . .] Seit Hemprichs Abreise ist mir aus der höhern Zoologie im Ganzen wenig zugefallen, desto mehr aber aus der niedren, die ich absichtlich mehr berücksichtigte und über welche ich mir vorgenommen habe ein Paar Worte an He. Geh. R. Rudolphi zu schreiben. Von Säugthieren sind im neuen Vorrath 2 männliche Steinböcke im Winterpelze, zwey *Hyrax* vom Sinai nebst 2 Sceleten; eine neue große Stachelmaus *Mus tetradactylus* N. Zwey neue kleine Hausmäuse in vielen Exemplaren. *Rhinolophus tridens* bildet die hiesigen Fledermäuse wie es scheint allein und die Sandmäuse sind *Meriones sienensis* N. — Von Vögeln ist ein schöner Adler eingekommen, der in Färbung dem *naevius* sehr verwandt ist (er hat auf allen Zehen 5 Schilder); ferner eine hübsche Abänderung des weißen Reihers von Moile, einige Berghühner (*trimacrura*); ein Paar vielleicht neuer Enten in beyden Geschlechtern; eine hübsche kleine Ohreule 8″ lang (der hiesige Todtenkauz) und einige kleinere Vögel, unter denen sich ein rothkehliger Fliegenschnäpper auszeichnet[45]. Im Ganzen ist seit Hemprichs Abreise eine Kiste voll Vogelbälge geworden.

Tor am 20sten Nov.

Es war sehr windig und ich mußte meine Corallensuche im Meere einstellen, deßhalb zog ich noch einmal in das Sinaigebirge und hoffte der Mühe Werthes zu finden. Ich war 9 Tage aus. Der Sinai war schon sehr winterlich und unvorbereitet aus dem Sommerlande der Küste gegangen haben wir dort bey 4½° R. recht preußisch gefroren. Wir haben auch nicht einen Vogel geschossen, weil die wenigen bloß in *Sylvia curruca* bestanden, aber Pflanzen, Insecten und Amphibien haben die Mühe belohnt und sind wohl auch 3 spanische Thaler werth, womit ich dießmal weggekommen, ohne das Geschenk, was der Araberprinz von Freund Hemprich aus Cahira erwartet.

Über die 600 Insecten und über die neuen Pflanzen werde ich den HH. Prof. Klug und Link besondern Rapport abstatten. Von Amphibien sollen sechs ausgezeichnete neue Formen Hemprich Freude machen. Zum Theil sind sie schon gemalt. Ein großer neuer *Monitor*[46] wird sich mit dem *dongolanus* um den Namen Ouaran streiten, heißt hier Rohat, hat keine schwarze Schwanzspitze, ist etwas grau geschäckt 2′2″ lang. Ferner eine große schwarze *Caudiverbera*, eine *Agama*, ein *Stellio*, ein *Gecko* und ein *Seps*. Der letztere ist sehr klein und unmittelbar vom Sinai.

In Wadi Esle habe ich das Manna gesucht und gefunden und Conferven eingepreßt, um in Tor die Infusorien zu untersuchen. Ich habe auch daselbst noch nachträglich Mineralien geschlagen. Im Sinaifelsen fand ich in einer Ritze braune Crystalle, die ich aber für Quarze halte.

Vor 2 Tagen war ich auf einer zweyten Excursion in Nakuhs, einem Zauberfelsen von dem ich Herrn Prof. Weiss ein Paar Worte referiren will[47]. Sie nahm bloß einen Tag ein und hat einige Pflanzen, unter den Amphibien die *Agama* eingebracht.

Dieß um nicht vor Ihnen zu verstummen. In inniger Verehrung und ewiger Dankbarkeit

Ew. Hochwohlgeboren

ergebenster

Dr. C. G. Ehrenberg

83. Hemprich an Lichtenstein

[Eingegangen in Berlin 10. Jan. 1824]

Alexandrien d. 16ten November 1823

[. . .] Ein Brief Herrn Brandenburgs mit 2000 Collon. und das Kistchen mit dem Mikroskop ist Alles was seit Monat Juny hier für uns eingegangen. He. Brandenburg schreibt in diesem Brief d. d. 22ten August: „Mit nächstem nach Alexandrien absegelnden Schiffe mache ich Ihnen eine andre Geldsendung, und die mir bestellten Effekten sollen spätestens Ende September abgehen.“

Wie sehr also muß es mich befremden, daß seitdem schon 12 Schiffe aus Triest angekommen u. Briefe vom 26ten October mitgebracht haben, ohne für uns auch nur eine Zeile zu haben. Diese unglückliche Verspätigung wird viel unnütze Geldkosten machen und rückt die Zeit unsrer Rückkehr in's Vaterland immer wieder weiter hinaus. Ich sollte Ende November in Suez, Ende December sollten wir in Djidda seyn. Die Monate Januar bis Maerz sollten zur Exkursion nach Suakem angewendet werden, im April sollten wir in Mokkha, im December 1824 oder Januar 1825 in Cosseir seyn um eilig noch einen Sprung ins Sennaar zu machen und um bis zum October 1825 zum Abschiffen nach Europa bereit zu seyn. Jetzt werde ich aber vor dem Monat Januar nicht nach Suez kommen und dürfte leicht durch den widrigen Wind, der vom Januar bis gegen den Maerz die Furth nach Tor hindert, in Suez bis zum Maerz aufgehalten werden, was unsern ganzen Plan etwas verrückt. Doch, wer kann es ändern. Wir thun was wir können, ob wir uns mit allen unsern Anstrengungen den Dank oder die Anerkennung der Hohen Behörden und u n s e r n e i g n e n D a n k verdienen ist freilich zweifelhaft. Es ist gar leicht, daß man den in der Ferne ohne Rathgeber Handelnden mißversteht. [. . .]

Die gegenwärtige Sammlung† wird des interessanten Ihnen wohl eben so viel, wo nicht mehr als die vorige darbieten, nur die während der Reise nach Damiette gefüllten Kisten werden Ihnen mit vielen *europaeis* unangenehm entgegentreten. Das beiliegende Verzeichniß wird Sie gleich etwas *au faits* setzen. An unsern neuen Namen werden Sie Sich nicht stoßen, wir mußten für uns die verschiedenen Formen nur festhalten. Der *Phaëton*, die *Totanus recurvirostra*, die *Sula*, die Suite der Laren und Sternen, der Silvien und Finken vom Sinai u. s. w. werden wohl doch manches wirklich neue verbergen.

84. Lichtenstein an Minister von Altenstein

Berlin am 12$^{t.}$ Febr. 1824

Ew. Excellenz

habe ich die Ehre, hiebei die letzten 3 Schreiben des Herrn Dr. Hemprich d. d. 25$^{st.}$ d 28$^{st.}$ Oct. und 16. Nov. v. J. zu geneigter Einsicht zu überreichen. Hochdieselben werden daraus zu entnehmen geruhn, wie die Reisenden unermüdet fortfahren, in allen Abtheilungen der Naturkunde Beobachtungen und Materialien zu sammeln, aus denen sie nach ihrer Rückkehr eine ungemein vollständige und interessante Kunde von den Naturerscheinungen und Producten der Nil-Länder und des rothen Meeres zu geben im Stande sein werden. Sie haben dem letzten Briefe ein sehr genaues Verzeichniß von dem Inhalt der 28 Kisten beigefügt die zu eben der Zeit von ihnen hieher versandt wurden. Man weiß in der That nicht, ob man mehr erstaunen soll über die Menge der gesammelten neuen und seltenen Gegenstände oder über die Sorgfalt und Genauigkeit bei der Namen-Bestimmung derselben. Sämtliche Thiere und Pflanzen sind vollständig numerirt und verzeichnet, Fundörter und natürliches Vorkommen daran angegeben, kurz die Naturgeschichte macht an diesen Sendungen ohne Zweifel eine viel reichere Ausbeute wahrer Thatsachen als an viel größeren Sammlungen unsrer sonst wahrlich sehr verdienstvollen Reisenden in Südamerica und Südafrica.

Bei aller Freude über den großen Gewinn, den die Wissenschaft von diesen höchst rühmlichen Bestrebungen der Doctoren Hemprich u. Ehrenberg zu erwarten hat, fehlt es doch auch nicht an Ursachen zur Bekümmerniß. Daß sie mit dem ihnen zuletzt bewilligten großen Summen nicht ausreichen, um noch eine letzte Excursion in das Sennaar zu unternehmen, und daß sie ihre Reise auf einem der interessantesten Puncte abzubrechen genöthig sein werden, ist zwar an sich schon betrübend, kann aber nur den Umständen zugeschrieben und nicht geändert werden. Dagegen ist es wahrhaft beklagenswerth, daß von diesen bewilligten Summen ein so großer Theil durch den Verzug verloren geht, den die Baarsendungen durch den Consul Brandenburg erfahren. So haben sie, wie aus diesen Briefen hervorgeht, noch im November die ihnen bewilligte Summe nicht in Händen gehabt, mußten also, ohne die Reise wieder antreten zu können, an unergiebigen Plätzen (Ehrenberg in Tor, Hemprich in Alexandrien) verweilen, hatten kostbare Zehrung, u. ihre Leute zu besolden ohne sie recht gebrauchen zu können. Es ist eine traurige Gewißheit, daß die Summen, die der Staat an diese Unternehmung gewendet hat, ein unendlich viel größeres Resultat gewährt haben würden, wenn sie den Reisenden immer zur Zeit des Bedürfnisses zugekommen wären und daß einige von Tausenden bloß durch

† Die VIII. Sendung, von Lichtenstein beurteilt in Brief Nr. 103.

Verzögerung der Auszahlung und durch den daher entstandnen Zeit Verlust haben aufgeopfert werden müssen. Bei der großen Entfernung läßt sich leider diesem Uebel jetzt nicht abhelfen und wir müssen nur hoffen, daß der Herr Consul Brandenburg, von welchem wir übrigens seit d. 29t. Aug. keine Zeile Benachrichtigung erhalten haben, Ew. Excellenz Verfügung vom 25ten desselben Monats gemäß die letzten 6000 rt wird übermacht haben, so daß sie bald nach Abgang des letzten Schreibens dem Dr. Hemprich zu Händen gekommen sind.

In nicht geringerer Verlegenheit befinde ich mich wegen Unterbringung u. Erhaltung der jetzt zu erwartenden Sendung. Der zu Gebot stehende Raum ist gänzlich mit den letzten Sendungen von Sellow, Krebs, Mund und Maire erfüllt und sehr zu wünschen, daß die gegenwärtig noch von der Familie des Herrn Barons von Medem bewohnten Piecen im Entresol, gegen den Frühling geräumt werden mögen, um Ew. Excellenz gnädiger Absicht gemäß dem Museum zur einstweiligen Aufbewahrung der in diesem Jahr zu erwartenden Sendungen zu dienen, ohne welche Aushülfe in der That kein Platz zu finden ist, an welchem auch nur der vierte Theil der 28 Kisten ausgepackt, geschweige zum Behufe einer Inventarisirung auseinander gelegt werden könnte.

Wenn ich vollends die Kosten erwäge, welche der Transport einer so großen Sammlung bis Berlin, die Anschaffung von Weingeist und Gläsern, und von auch noch so rohen Gerüsten und Postamenten verursachen werden, so gestehe ich, daß mir der Muth entsinkt, wie mit den vorhandnen Mitteln und bei den ansehnlichen Summen, die das Museum schon abzutragen hat, einer immer tieferen Verschuldung und Verwickelung der Geldverhältnisse desselben solle vorgebeugt werden. Bei dem eifrigsten Bestreben, die Ausgaben immer mehr zu vermindern und die Einnahme durch den Doubletten-Verkauf zu vermehren, wird es mir doch kaum möglich die laufenden Unterhaltungskosten zu bestreiten und ich kann nur in einem auf 6 bis 8 Jahre voraus zu entwerfenden Verwaltungsplan eine Hülfe zu finden hoffen, wenn es nicht möglich sein sollte Allerhöchsten Orts eine außerordentliche Unterstützung für das in so riesenmäßigen Fortschritten sich entwickelnde Institut zu erwirken. Ew. Excellenz dem Museum, wie allen den wissenschaftlichen Instituten des gesammten Staates so heilbringend zugewendeten Fürsorge vertrauend, werde ich mit stets gleichem Eifer fortfahren meine Pflichten zu erfüllen, darf aber die Bekümmerniß nicht verschweigen von welcher ich unter solchen Umständen mich leider nur zu lebhaft bedrängt fühle.

Dr. H. Lichtenstein

85. *Ehrenberg an Hemprich

Tor, am 3ten Dec. 1823

Lieber Hemprich

[. . .] Wenn ich so recht wüßte wie es mit Dir stände, so sollte mir schon hier die Zeit nicht lang werden, obwohl ich nur noch 1 Hemde mit Falkenstein abwechselnd anziehe und ziemlich einfach zu leben habe.

Kömm bald oder schreib wenigstens das Datum in Deine Briefe, damit ich weiß von welchem Jahre er ist. Ein Brief ohne Datum ist wie eine Portechaise ohne Boden. [. . .]

Die hiesigen Fischer sind Schlingel, haben Seebären und Krotkröten gefangen, mir die Zähne und den Rücken gewiesen und sie — gefressen. [. . .]

Dein Ehrenberg

86. *EHRENBERG an HEMPRICH

Tor am 15. Dez. 1823

Lieber HEMPRICH,

[. . .] Mitte Dezember ist schon da und noch weiß ich nicht wie lange unsre Wiedervereinigung sich hinausschieben wird, weiß nicht wie es um Dich steht u. mache mir theils um Deine Person, theils um die angekommenen Dinge allerlei böse Gedanken, zumal da Dein letzter Brief im lakonischen Stile nicht eben geeignet war mir die Grillen zu verscheuchen. Zudem bin ich ohne Geld, indem Excursionen u. Naturalien stark mitgezehrt haben. Nothfalls werde ich freilich wohl zum Ankauf von Naturalien noch etwas auftreiben und ohne dieß noch einige Zeit hier weilen können, aber so monatelang ohne Nachricht wird mirs doch unheimlich. — So eben ist MUSAS Schiff von Jedda wieder hier eingelaufen u. geht nach Suez. Es trägt Dir diesen Brief zu. Hoffentlich sind Briefe von Dir an mich schon unterwegs, um mir die täglich wachsende Sorge zu benehmen. Das: „so bald ich mehr weiß, mache ich Dich klüger" Deines letzten Briefes will mir nicht behagen, muß etwas Böses im Hintergrunde führen.

Über meine Arbeiten habe ich Dir in an RUDOLPHI u. LICHTENSTEIN gerichteten Briefen schon einiges mitgetheilt, wiederhole nur daß ich mich der Grillen so viel als möglich erwehrt habe u. mit dem Erfolge zufrieden bin. Ich besitze 4 Steinböcke (2 Paar) 2 Gazellen (neue Art) 1 Haasen, 7 *Hyrax* etc. u. einige 100 Vögel nebst 6 Packeten Pflanzen und 4 Kisten Insekten; auch ein Blechkasten, eine Blechdose u. 120 Gläschen Spirituosen. Leider habe ich nicht Behälter genug um alles gehörig zu schützen. Kleine Gläser cet. cet. fängt an mich zu verlassen. Kein Werg, keine Baumwolle.

Der wichtigste Fund der letzten Tage sind 13 neue Nereidengattungen, einige in mehreren Arten, alle in mehreren Exemplaren. Ein glücklicher Zufall brachte sie in 3 Tagen ein und dann oft wieder. Zwei neue Infusoriengattungen u. das Ding was das Meer hier zuweilen ganz roth macht, was mir aber mehr desorganisirt als organisch aussieht, einer Oscillatorie am nächsten steht, interessirten mich daneben am meisten. Die Steinkorallenthiere finde ich ziemlich über einen Schlag, so wie die weichen Korallenthiere über einen andren, doch habe ich viel darüber notirt, was wir zusammen besprechen wollen. Im Ganzen liegt die Struktur ziemlich am Tage. Daß der Korallenstock das Thier sei und die Sterne seine dependenten Theile sind, ist eine Fabel. [. . .]

Bring mit: für die Großmutter etwas Tabak u. eine Schnupftabaksdose, denn sie hat unsre Hemden u. Hosen geflickt und leidet Mangel an jenen. 2. Etwas Winterkleider für uns u. die Leute (NIKOLA hat FALKENSTEIN eine Jacke geschenkt) 3. ein paar überzählige Schuhe, weil mir HALIL seine gegeben hat, [. . .]

In sehnlicher Erwartung Deiner Briefe

Dein EHRENBERG

87. HEMPRICH an LICHTENSTEIN

[Eingegangen in Berlin 21. April 1824]

Rosette d. 18ten December 1823

[. . .] Seit dem 25ten October wartete ich in Alexandrien umsonst auf Briefe. Da ich jetzt in der Regenzeit keine Exkursionen machen konnte, in der Nähe Alexandriens nichts zu haben ist und die Leute, die ich mitgebracht, im Wirtshause einquartirt viel Geld kosten, bin ich endlich am 26ten November nach Rosette gegangen, um dort wohlfeiler zu leben und die Leute, die der Müßiggang verdirbt, mit der Jagd zu beschäftigen. Dr. MORPURGO benachrichtigt mich gleich mit einem Courir, wenn die Sachen ankommen, und ich eile dann rasch nach Alexandrien, damit keine Teufeley anfalle, denn unter uns gesagt, der österreichische Generalkonsul Herr CAVACCO ist um kein Haar besser als der preußische Herr BUCCIANTI. Geld ist in Egypten immer in Gefahr. Indeß sorgen Sie nicht, wenn ich in der Nähe bin, wird Nichts geschehen.

He. BRANDENBURG schrieb mir d. d. 20ten August bey Uebersendung der 2000 Collon.: „Mit nächstem Schiff mache ich Ihnen eine andre Geldsendung. Die Effekten sollen spätestens Ende September abgehen etc.“ Nun sind aber schon 15 Schiffe aus Triest seitdem angekommen u. man hat Briefe d. d. 15ten November aus Triest, wir aber erfreuen uns keiner Zeile weder aus Triest, noch aus Berlin [. . .].

Auch habe ich noch eine andre Furcht, die freylich nur wahrscheinlich, nicht gewiß ist. Ich fürchte die Ruhe Egyptens dürfte nicht zu lange mehr dauern und die neuen Truppen, die der Pascha bildet, ihm verderblich werden. Dies würde nun zwar uns in Mokkha nicht derangiren, aber doch wegen der Rückreise in Verlegenheit bringen, weil wir entweder wagen müßten durch das dann unsichere Egypten mit der dann leicht zu verliehrenden Sammlung zu ziehen, oder in Mokkha warten müßten, bis sich die Gährung beruhigte, oder endlich uns entschließen müßten über Bombay und das Cap nach Hamburg zu gehen, was für mich, da ich zur See stark leide, eine schreckliche Reise wäre, auch wegen des vielen Gepäcks und der Leute, die wir doch mitnehmen müßten, weil wir sie nicht in Mokkha ihrem Schicksal überlassen könnten, gar kostspielig seyn würde. —

Haben wir einmal die Ordre die Reise zu machen, das Geld u. die Effekten aus Triest, so kann uns eine bloße Furcht nicht abhalten nach Mokkha zu gehen, sollte aber, wenn Sie diesen meinen Brief erhalten, noch keine Bestimmung erfolgt seyn, so käme meine Anzeige noch zu Recht. Erhalten wir Ordre zu reisen und das Nöthige, so werden wir mit festem Muthe die Reise antreten und mit möglichster Umsicht und Vorsicht möglichst große Resultate herbeyzuführen suchen. Ihrer Güte werden wir es dann überlassen bey der Möglichkeit eines am Ende der Reise (außer den 6000 Collon.) noch nöthigen Nachschußes die Höchsten und Hohen Behörden darauf vorzubereiten. Ich hoffe daß die Resultate beytragen sollen uns zu rechtfertigen.

Wenn ich, verehrtester Herr Professor! Sie nicht von neuem anflehe meine Mutter während meiner Abwesenheit nicht vergessen zu wollen, so geschieht das nur weil ich weiß, wie Ihre großmüthige Güte gegen mich und Ihr edles Herz Sie öfter daran erinnern werden als ich es, ohne unbescheiden zu seyn, wagen dürfte. Mein schwacher Dank erlischt und verstummt vor der Größe der Verpflichtungen.

Ich ließ in Berlin bey einem Verwandten, Herrn ARY, grade Friedrichstraße No 19 einen Koffer mit Büchern und einigen andren Sachen von wenig Werth zurück. Da ich auch gegen einen gewissen Herrn HEESE, Seidenfabrikant, mit 43 Rthlr verschuldet geblieben, eine Schuld, die jetzt nach 3 Jahren durch die Zinsen zu 60 Rthlr aufgelaufen seyn könnte, so schreibe ich dem Herrn ARY, er solle im Falle er von Ihnen höre daß wir reisten, meine Bücher etc verkaufen und den Ertrag dem Herrn HEESE übergeben. Besonders verpflichten würden Sie mich, Herr Professor, wenn, im Falle daß der Ertrag des Verkaufs der Bücher nicht ganz zureichen sollte, Sie vielleicht die Güte hätten den Rest vorschußweise ihm von dem für unsre Reise disponiblen auszuzahlen.

In innigster Hochachtung u. verehrender Dankbarkeit

Ew. Hochwohlgeboren
ewig verpflichteter
HEMPRICH

[PS] Man hat mir hier, wenn ich als Dirigent des Feldmedizinalwesens des Pascha mich anstellen lassen wollte, 6000 Floren jährlichen Gehalt, 10 Rationen, jährlich 2 Anzüge, Wohnung etc. angeboten, ich hasse aber Egypten u. liebe das Vaterland zu sehr, um nicht 600 Floren in Berlin 6000 in Egypten vorzuziehen. — Allah kerim. — Gott wird weiter helfen.

[PS] Wenn der *Hyrax* aus Dongola von *capensis* verschieden ist, so glaube ich giebt es drey Arten *Hyrax*. Denn der von Tor (wabbe der Einwohner), der doch der *syriacus* seyn sollte, ist vom dongolanischen, wie es mir scheint, bedeutend verschieden.

Die Mäuse werden uns Stoff zu einer interessanten Abhandlung geben: Arabien hat wieder seine eignen. Von Stachelmäusen haben wir nun schon 3 Formen.

In Abyssinien haben wir viel für Säugthiere zu hoffen, nach der Relation Herrn Salts[48] u. eines Griechen der dort war.

88. *Hemprich an Ehrenberg

Rosette, d. 21t. Dez. 1823

Lieber Ehrenberg,

Ich habe vorgestern Deinen Brief vom 24ten November erhalten und er hat mir, der ich schon ganz unmuthig war, neuen Muth gegeben. Bis jetzt sind keine Briefe weder aus Triest noch aus Berlin erschienen und ich bin aus Verzweiflung nach Rosette gegangen, wo ich mich mit Essen, Trinken, Schlafen, Briefschreiben, da es weder Pflanzen noch sonst was interessantes giebt, unterhalte. Sobald ich Briefe erhalte, schicke ich Dir einen Courier. Also Geduld, an mir liegt es nicht. Die Verzögerung ist leicht zu erklären. Lichtenstein hat im August unsre Briefe erhalten, gesehen, daß es 6000 Collon bedarf, von Brandenburg ersehen, daß nur noch 3000 von jenen bewilligten 6000 Rthl übrig seyen, u. hat nun gesehen, ob er die andern 3000 noch beytreiben kann. Die Sache schwebt also noch *in indeciso*. Wir sind auf jeden Fall gedeckt. Heißt es: Marsch zu Hause, so haben wir Geld zur Rückkehr, hübsche Notaten und — nicht nöthig unser Leben am rothen Meere oder im Cordophan zu wagen. Heißt es vorwärts, nun so wollen wir mit gutem Muthe es noch einmal wagen, aber Weihnachten 1824 zu Hause zu seyn, wie Du meinst, daran ist in dem Falle nicht zu denken. Wenn's gut geht Weihnachten 1825.

Ich gratulire zur Anatomie der *Fungia*, gratulire zu allem dem vielen Neuen. Vor Ende Januar kann ich nicht bey Dir seyn, Du hast also Zeit und Muße noch mancherley anzunehmen. Ich zähle Dir hier meine Desiderata auf:

Mammalia: Recht genaue Anatomie des Herrn *Hyrax* um sie später mit der des abyssinischen zu vergleichen. Die Mäuse genau beschrieben und anatomirt. Nachfrage nach Maulwürfen und dergleichen. Rüppel will einen Goldmaulwurf bey Akaba gesehn haben. Die Blindmaus (*Aspalax Typhlus*), die im Libanon vorkömmt, könnte vielleicht auch auf dem Sinai seyn. [. . .]

Aves: 250 neue Species. [. . .]

Amphibien: Mahle nur alles was Du auftreiben kannst. [. . . .]

Pisces: Überziehe die gezeichneten mit Tusche. Füge noch einige tausend neue Species. Beym Anatomiren sieh immer zu ob Weibchen oder Männchen. Mahle die kleinen Gobien, Blennien.

Mollusca: Arca tortuosa ist noch nicht anatomirt, wenn sie Dir vorkömmt, laß sie nicht laufen. [. . .]

Crustacea vergiß auch nicht ganz. [. . .]

Wirthschafte, sammle, zeichne, mahle, vergnüge Dich, iß Reis und Linsen und denke manchmal an mich armen Teufel, der ich Langeweile habe wie eine Kirchenmaus. [...]

Dein treuer Freund
HEMPRICH

Alle Actinien zeichne doch. Versuche Anatomie dieser kleinen Bestien. Das Mikroskop und den Injektionsapparat wage ich nicht zu schicken. —

89. *EHRENBERG an HEMPRICH

Tor, den 3. Januar 1824

Lieber HEMPRICH!

Endlich gestern am 2. Januar erhielt ich 3 Deiner alexandrinischen Briefe. Weiß Gott, welcher Flegel sie so lange aufgehalten. Du scheinst schon dem letzten (v. 22. Nov.) zu Folge selbst die Reise ins Cordophan nicht vorzuziehen u. ich meines Erachtens sehe dort wenig Gewinn. Die 2—3 Antilopen u. Papageien wird RÜPPEL schon mitbringen. Hier habe ich seit Deiner Abreise schon 40, sage vierzig neue Thiergattungen in die Zoologie gebracht, habe SAVIGNY u. Consorten stolpern gesehen u. wenn irgendwo *Eclat* zu erwarten steht von der mühseligen Arbeit, so ist es hier am rothen Meere. Müßig bin ich keine Stunde gewesen, habe manchmal Kopfschmerz u. Schnupfen gehabt von vielem Sehen u. Wasserbaden, denn zuweilen fand ich 3 neue Gattungen an e i n e m Tage u. ich wollte doch die Anatomie derselben nicht vernachlässigen. Ich bin völlig gesund u. freue mich meiner Umgebungen. Es braucht keine Gießkanne, um von uns sprechen zu lassen, u. leider habe ich sie auch noch nicht auftreiben können. Komm, laß uns hier noch etwas wirthschaften u. so Gott will dann nach Hause steuern. Fürchte die Schiffe nicht, denn ich habe ein u. dasselbe offne Ding oft gehen und kommen sehen. Wir miethen monatlich u. fahren blos bei gutem Wetter u. hoffen u. hoffen. Wird's ja noch ein Jahr mit uns halten u. dann Gott befohlen. So denke ich. 1.) die Araber warten allerseits auf des Pascha von Aegypten Tod oder inneren Krieg wie die Geyer auf ein Aas, 2.) wir verlieren $^3/_4$ Jahre mit leerer Hin und Herreise. 3.) ein Jahr reicht nicht ins Cordophan und Sennaar zu gehen. 4.) wir finden nichts Gescheids im Cordophan und Sennaar wie Probe zeigt. Dies meine Gründe gegen jene Reise. Ich weiß daß die am rothen Meere auch überlegt sein will, aber hier können wir umkehren, wenn wir wollen, u. haben doch geerntet. Ich denke also Du läßt Herrn DROVETTIS Rath dahingestellt und RÜPPEL allein ins Cordophan gehen, der es auch lieber sehen wird. Eifersüchtige Genossen taugen nichts.

Anneliden, welche nicht in SAVIGNY's Gattungen passen und nicht unter sich verwandt sind, habe ich 30. Einige dieser Gattungen haben 2—3—4 Arten[49]. Eine sehr wichtige Molluskenform ist *Amathusia* N. Eine Ascidie mit Deckel, Übergang der Austern in Ascidien[50].

Zwei neue Gattungen zusammengesetzter Ascidien, höchst merkwürdig wegen der deutlichen Darstellung des Zusammenhanges solcher Formen, den SAVIGNY gar nicht kennt. Du mußt wissen, daß es mir jetzt ein Spaß ist das *rete branchiale*, Herz, Hirn u. Ovarium dieser Formen zu sehen. Ich habe das Herz der *Phallusia nigra* in seiner vollkommenen Bewegung gesehen und bei anderen auch. Ich habe große Actinien mit 42 Knorpellamellen, zwischen denen die Eierstöcke liegen. Diese Knorpel sind bey *Fungia* Stein.

Kostbare nackte Mollusken von nagelneuer Form.

Ein sehr interessantes Ding ist *Terpsichore* N. Ein Infusorium? (groß u. prächtig) einzeln in Zellen geschlossen u. diese Zellen durch Gallerte vereint wie Froschlaich. Es tanzt und bewegt seine 42 Wimpern immerwährend u. hat einen großen Eierstock, der Kanonenkugeln von brennend rother Farbe trägt. [. . .]

Hättest Du geschrieben: komm! Jetzt wäre ich freudig gekommen. Aber wir sollen einmal noch mehr u. noch Schönres finden. Du siehst, daß ich jetzt froh bin. Vor 4 Tagen war ich wie vor den Kopf geschlagen, hatte von Dir seit 2½ Monaten keine Nachricht. — Mit den Briefen sind 300 Piaster angekommen. Hätte ich nur noch 2—3 Pfund Pulver, so wäre alles wieder im Gleise. Doch Du kommst ja bald oder schickst Nachricht eilig.

FALKENSTEIN grüßt, besonders BURKHARDT, ist wohl.

Ich, Dein treuer EHRENBERG

90. *EHRENBERG an HEMPRICH

Tor am 15. Januar 1824

Lieber HEMPRICH!

[. . .] Ich bin in sehr übler Lage wegen des Nichterhaltens Deiner Briefe. Schon sind es wieder fast 2 Monate, dass ich von Dir nichts weiss. Du wolltest zu Ende November BURKHARDT an mich absenden, allein es geht schon gegen das Ende Januars los und er ist noch nicht da. Wo magst Du sein? [. . .]

Du wartest vielleicht ebenso ungeduldig auf Briefe von Europa als ich auf Briefe von Dir, bist aber wenigstens an Orten, wo es nicht kalt und regnerisch ist und wo man einen Burnus und ein Paar ganze Leinwandhosen haben kann. Deinen Schlafrock habe ich längst zerrissen. Meine Matratze hat ihre Eingeweide längst hergegeben zum Vogel und Fischausstopfen. [. . .]

Dein EHRENBERG

91. *EHRENBERG an HEMPRICH

Tor am 16. Januar 1824

Lieber HEMPRICH!

Gestern schrieb ich einen Brief an Dich u. gab ihn mit einem Courier nach Suez. Er war in sehr unmuthigem Augenblick geschrieben. Sieh diesen als sein Duplikat an und der vom 4. Januar enthielt circa dasselbe. Da ich jetzt weiß, daß Du am 22. November vorigen Jahres noch gesund warst, so gedulde ich mich schon noch u. hoffe daß bald neue Briefe neue Nachricht bringen. Es ist aber unverzeihlich, daß man in Triest oder Berlin eine so kostspielige Reise so verhunzt. Wir haben gut Pläne machen u. wirthschaften. Das Korn welches morgen geärndtet werden soll, ist heute noch nicht zur Aussaat gegeben und halb gefressen. Wir könnten jetzt schon in Mockha sein u. sind noch nicht einmal beisammen. Wahrscheinlich hast Du dort Langeweile u. kannst doch auch nicht eher fort als bis das Nöthige zur Reise vorhanden ist und immer wird man uns diese Zeit als Zeit der Thätigkeit ansetzen. Ein groß Glück, daß ich wenigstens indessen hier etwas thun kann. Ich benutze auch jeden Augenblick so gut ich kann u. freue mich immer neuen Stoff zur Arbeit zu finden. Ich habe nicht weniger als einige 50 Bestien zusammengekrazt, welche als Standespersonen figuriren. Im Ganzen werden circa 170 neue Thierformen zugekommen sein. Gestern fand ich 2 neue *Doris* u. eine *Planarie*, die als Gattung ausgezeichnet wurde. Ein herrliches Rhizostom habe ich vorgestern gemalt. Heute beende ich die Abschrift der Flor vom Sinai u. in 2—3 Tagen werde ich auch die 50 *nova genera* abgeschrieben haben und nach Suez absenden können. Im Meer ist viel zu finden

u. ich weiß jetzt auch wie. Bring nur viel kleine Gläschen mit. Ich besitze hier nicht ganz 200 und habe davon 150 schon voll, könnte auch die anderen in 2 Tagen füllen, wenn ich nicht sparen müßte.

Doch ich schreibe immer als ob Du herkommen müßtest, u. in Deinem Briefe sehe ich Zweifel. Ich kenne die Berliner Briefe nicht, die vielleicht schon entschieden haben was geschehen soll, kenne nur Deine Idiosyncrasie gegen die Schiffsbewegung u. weiß daß ich auf dem Schiffe selber eine Null bin. Aber wir brauchen ja nicht immer auf dem Meere zu liegen wie bisher. Jedda ist ein Ort, wo ein großer Fischmarkt uns alle Seefische u. andre Thiere leicht verschafft. Freilich haben dort unsre Leute keine Beschäftigung. In Cosseir ließe sich Beides vereinen. Mach es wie Du denkst. Du siehst daß ich lieber am rothen Meere bliebe, 1. weil da mehr Nützliches gethan wird, 2. weil wir da die Zeit des Aufenthalts in unsrer Gewalt haben, 3. weil wir bei jedem Aufenthalt etwas u. viel finden können, während 1. die Zeit der Reise ins Cordophan bestimmt u. lang und 2. der Ertrag ungewiß ist. 3. es taugt auf nichts, wenn wir mit Rivalen zusammenkommen, die mehr Geld ausgeben können als wir, wenn der Ehrgeiz es befiehlt. 4. endlich wird Rüppel die dort vorkommenden Gegenstände schon sammeln u. wir wollen ja doch nur, daß sie bekannt werden. Am rothen Meere ist niemand, wird vielleicht so bald nicht jemand ernstlich sammeln, u. hier ist gewaltig viel u. höchst Interessantes zu holen. Laß uns nur einen Bloch u. ein *Systema Annelid.* u. *Molluscorum* zusammenbringen, so haben wir etwas, was das Cordophan nicht einbringt, u. ich denke, so gar weit sind wir nicht mehr davon von jenen Resultaten!! (?) Wenn Du alle Fische sezirst u. ich alle Mollusken zerschneide und male, so muß doch etwas herauskommen was der Mühe lohnt. Ich sehe Deinen Briefen entgegen.

Kömmst Du her so suche, im Fall von Triest kein feinstes Velin Briefpapier angekommen, in Cahira etwas aufzutreiben. Es muß Briefpapier sein, weil das Velin Zeichenpapier zu dick u. holprig ist. Bring viel ordinäres Schreibpapier mit, denn ich bin jetzt einmal bis auf den letzten Bogen verarmt u. fange an ein Heft vom weißen Triester Papier zu machen.

Von Fischen erhielt ich gestern einen neuen ausgezeichneten *Scomber* mit freien Rücken u. Analflößchen u. vor einigen Tagen eine *Belone* u. eine *Thrissa.* Auch ist ein neuer *Squalus* eingegangen. Die *Thrissa* ist der eigentliche Abu Sehf. Neue Art *Thrissa gladius* N.

Ein sehr großer männlicher Steinbock als Fell u. eine männliche Gazelle als Skelet. Der Leopard ist mir als gewiß versprochen. Die Fischer sind Schlingel.

Der große fleischige *tubus* eines Wurmes, welchen ich, wenn Du Dich erinnerst, bei Scherm im Meere fand, gehört zur größten aller existirenden Sabellen. Ich habe einen ähnlichen hier gefunden, der aber nicht so groß ist, in mehreren Exemplaren mit dem Thiere. Von Sabellen kenne ich übrigens 6 Arten, von *Serpula* 7, von *Terebella* 5, alle neu.

[...] Unter herzlichem Gruß in inniger Freundschaft

Dein Ehrenberg

Ich kenne jetzt auch das weibliche Thier des *Coccus mannifer.* Aus dem Dinge, was das rothe Meer am Ufer oft roth macht, habe ich eine neue paradoxe Infusoriengattung bei *Bacillaria* gemacht. *Rufina paradoxa* N. [...]

Ich habe sogar gewagt eine neue Thierklasse zu etabliren zu welcher sich bereits 6 Gattungen eingefunden. Heißt: *Anangia,* Würmer ohne Cirkulation u. s. w. a *Anangia Ectozoa* alle neu bis auf *Nermestes* Cuv. b *Entozoa.* Mehr findest Du bald in Abschrift.

Dieß ist mein letzter Briefbogen. Der nächste Brief wird auf fingerdickes Papier geschrieben werden müssen, wenn nicht Papier aus Suez kömmt.

92. *Ehrenberg an Hemprich

Tor 30. Januar 1824

Lieber Hemprich

[. . .] Da ich bis zu Weynachten gar keine Briefe von Dir hatte und ganz ohne Geld war, so schrieb ich an Herrn Cons. Champion und zu gleicher Zeit an He Rosetti und Salt um Nachricht. Keiner hat mir geantwortet. Aus Suez habe ich ein Paar Schuhe nebst 3 Rubb Reis und etwas Linsen erhalten, kein Pulver und kein Papier. Einige Schuss Pulver habe ich einem vorbeyreisenden Türken abgebettelt.

Vielleicht schreibe ich noch die Notaten über die Corallenthiere zusammen ab, so wie die Algen, welche ich dort weggelassen habe, allein ich habe kein anderes als Zeichenpapier und das läßt sich nicht ersetzen. Eine Abhandlung über secirte Eingeweidewürmer läge auch da und wartet auf Papier. Noch mehrere neue Gattungen und neue Arten zu den obigen neuen Gattungen konnten keinen Platz mehr auf dem Papier finden. [. . .]

Dein Ehrenberg

93. *Hemprich an Ehrenberg
[Erhalten in Cahira 22. Febr. 1824]

Alexandrien, d. 15. Jan. 1824

Theurer Freund

Noch immer habe ich keine Nachricht aus Europa. Ich habe einen Brief von Herrn Drovetti erhalten, der mir schreibt daß Chuschid Bey und Ossman Bey jeder mit 4000 Mann ins Sennaar und Cordophan rücken und beyde sich erbothen haben uns, falls wir mit ihnen reisen wollten, alle mögliche Hülfe und Vorschub zu verschaffen. — Ich muß Dir offen gestehen daß mein bischen Muth zur Seereise vollends aufgezehrt ist und daß ich zum Ende dieses Jahres in Europa seyn möchte. Nach Mokkha und Abyssinien gehe i c h also n i c h t m i t. Eher entschließe ich mich eine kurze Exkursion ins Cordophan noch mit zu machen. Ich bitte Dich also — wenn Du anders nicht allein nach Mokkha reisen willst — alsbald nach Cairo zu kommen, so daß Du wo irgend möglich spätestens am 20t Februar in Cairo bist. — Dort werden wir Alles besprechen und berathen und das Beste thun. [. . .]

Mach Dich in Tor so wohlfeil los als es möglich ist.
Gott mit Dir. Leb Wohl.

Dein Hemprich

94. *Hemprich an Ehrenberg
[Erhalten in Cahira 22. Febr. 1824]

Alexandrien, d. 10. Febr. 1824

Lieber Ehrenberg!

Man hat hier Briefe aus Triest vom Ende Januar d. J., wir haben keine Zeile. Auf 10 Briefe, die ich im Oktober u. November geschrieben, erfolgte keine Antwort. Die Sammlung ist am 24ten Dez. in Triest angekommen, aber Herr Brandenburg schreibt eben so wenig als Lichtenstein.

Laß uns, lieber Freund u. Unglücksgefährte, bald heimkehren, ehe Pest und andere politische Umstände erst uns die Abreise unmöglich machen. Mach ein Verzeichniß aller in Cairo befindlichen zu verkaufenden Sachen und laß sie durch Herrn Champion an die

Meistbietenden verkaufen. [. . .] — Fürchte nicht daß man uns die Rückkehr übelnehme und sey versichert daß, sollte man es thun, ich alle Schuld auf mich nehme. [. . .] — Ich komme keinesfalls erst nach Cairo, solltest Du aber ja allein hier bleiben wollen, so werde ich Dir Alles was Du von hier bedarfst schicken und ungern allein abreisen.

Dein treuer HEMPRICH

95. *EHRENBERG an HEMPRICH

Cahira, d. 22. Febr. 1824

Lieber HEMPRICH!

So eben von Suez angekommen erhalte ich von Herrn CHAMPION Deine 3 Briefe, welche Deine Lust zur Heimreise aussprechen u. mehr, welche mich hier lassen wollen, während Du fortgehst. Noch zu wenig erkaltet über den plötzlichen Wechsel der Umstände lege ich Dir nur folgende Dinge vor. Wir haben allerdings allen Grund mit den Zögerungen höchst unzufrieden zu sein u. dürfen an eine größere Reise nicht mehr denken, was mir bei diesen vielen u. gräßlichen Unannehmlichkeiten selbst erwünscht ist; wir haben aber Geld erhalten zur Nichtabbrechung der Reise, haben diese u. jene Effekten erhalten, die eine kleine Reise nicht unmöglich machen u. beides kann u. wird man uns zum Vorwurf machen, wenn wir ohne Briefe abzuwarten fortgehn, zu dem müssen unsre beiden Jäger doch gewiß etwas entschädigt werden, wenn auch einiges abgezogen wird. Höre meinen Vorschlag: Laß uns auf die Monate der Pestzeit nach Cosseir gehen, dort unsere jetzt nicht mehr unbedeutenden Notaten vervollständigen u. reichlich mehren u. dann in Gottes Namen absegeln. Laß uns nach Berlin schreiben, daß neue Summen uns nicht mehr bestimmen können die Reise länger auszudehnen, weil diese Verhältnisse für uns gar zu drückend sind. Was meinst Du? Ich höre sogleich Deine Antwort schon: fort! fort! — Aber — Nach vierjähriger Mühe wollen wir wegen einiger Monate Zögerung das Bewußtsein aufgeben nach möglich bester Ueberzeugung für den Reisezweck gewirkt zu haben? Höre! Ich war schlecht in Tor, entbehrte viele nothwendige Dinge, als aber Geld ankam, welches mein fortdauerndes Warten möglich machte, dachte ich es sei Pflicht zu warten, bis bestimmte Briefe kämen. Daß ich recht sehnlich wünsche aus dieser Lage zu kommen weißt Du wie ich selbst, aber ich wünsche doch eben so sehnlich nach aufopfernder, dem Körper möglicher Mühe mit mir selbst zufrieden herauszukommen. — Mich ängstigt unsere Lage sehr, lieber HEMPRICH, u. ich ersehe mir wenig Freude bei dieser Ankunft im Vaterlande. Ungerufen, wird man fragen, kommt Ihr wieder? Hat der Muth nicht zugereicht? Es ist wahr, wir können uns vertheidigen, aber die Nothwendigkeit der Entschuldigung setzt Schuld voraus.

Leider bist Du fern von mir u. ich fern von Dir. Ein Brief ist kein mündlich Wort u. die Pest, wirst Du sagen, ist zwischen uns beiden. Ueberlege was Du thun willst. Mich hält die Pest nicht ab zu Dir zu kommen, denn allein lasse ich Dich nicht ziehn! Die hier befindlichen Effekten und ihre Veräußerung drückt freilich auf mich u. ich bin nicht der stärkere von uns beiden. Mit etwas mehr Verlust werde ich dies aber auch bestehen, wenn Dein Entschluß nicht biegsam ist.

Mein Paquet in blauem Papier, welches gestern vor meiner Ankunft erst von hier an Dich abgegangen ist, möge Dir Muth geben die Briefe von Europa abzuwarten u. zwar in Cosseir, welches wie Tor am Meere liegt. Wolltest Du die Pest fürchtend in Alexandrien bleiben u. dort Dich noch beschäftigen bis das Wetter sich aufgeklärt hat, u. ich sollte in der Zwischenzeit allein nach Cosseir gehen, so würde ich, so unangenehm u. beunruhigend mir unsere Trennung ist, auch wohl dies eingehen, da ich Dich in Alexandrien bei Freund

Morpurgo weiß. Wolltest Du durchaus abreisen, so laß mich wenigstens nicht hier allein, sondern melde mir mit expressem Boten diesen Entschluß. Willst Du daß ich hier bleibe, so schicke mir Giuseppe her, verabschiede Martin und anatomire alle Fische u. Pflanzen der Gegend von Alexandrien.

Die Pest ist nicht stark, nur hier u. da sind einzelne Fälle! Komm u. laß uns warten! Ich harre sehnlich Deiner Antwort!

Dein treuer Freund
Ehrenberg

Noch am letzten Tage der Abreise von Tor fand ich 2 neue Thiergattungen, ich besitze schon wieder 5 über die 55 u. noch mehrere neue Arten zu jenen Gattungen, von denen die meisten sich doch halten zu wollen scheinen, unter anderen eine schöne große Art des *Phyllodesmium* (Molluske). Giebts in Cosseir Corallen, was der Fall ist, so rechne ich auf noch so viel in 2 Monaten, als Du jetzt kennst.

96. Ehrenberg an Lichtenstein†

Alexandrien am 3ten April 1824

[. . .] Abermals in banger Verlegenheit und der Nothwendigkeit uns selbst zu rathen und zu helfen sind wir beysammen in — Alexandrien. Unser Mühen ist umsonst, unsre beste Jugendzeit verliert sich im Wollen und Nichtkönnen. Bedauern Sie neben Ihren Museen auch uns und verzeihen Sie es, wenn wir Ihnen nie mit heitrer Stirn entgegen treten können.

Seit 20sten Juny 1823 hatten wir keine Nachricht von Ihnen, seit 22sten August 1823 keine Nachricht von Triest. Wir sandten 28 Kisten voll Naturalien nach Triest und haben zwar durch die gedruckten Portaten erfahren daß Cap. Sopranitsch mit ihnen am 24. December dort angekommen, aber durch Herrn Brandenburg keine Zeile von Uebernahme derselben erhalten. Hemprich hatte 6 Monate lang auf Bestimmung und Gelder von Berlin und Triest gewartet, 36 Schiffe leer von Triest ankommen gesehen, rief mich endlich eilig von Tor, wo ich rückgeblieben war ab und — circa 900 Coll. sind neben der noch theurern Zeit völlig unnütz verschwendet.

Erlauben Sie daß ich Ihnen das so eben in Kürze ausgesprochene etwas ausführlicher vorlege und Ihnen unsre Beschlüsse mittheile.

[. . .] Warum hat Herr Brandenburg die am 22. Aug. 1823 versprochenen Gelder und Effecten mit keinem der 36 von Triest angekommenen Schiffe abgesandt, warum nicht geschrieben? Warum hat er nicht, wie es Pflicht war, uns die Ankunft der abgesandten 28 Collis angezeigt? Warum sind die Briefe des Herrn Ministers vom Aug. Sept. u. Oct. erst nach 4 Monaten von Triest abgegangen? Ist das Ganze eine furchtbare Nachlässigkeit Herrn Brandenburgs? Sind Gelder unterschlagen worden?

Auf diese Fragen wissen wir keine Antwort, wir wissen nur, daß unser Spiel uns zum drittenmale verdorben, daß wir 4 Jahre lang in Egypten im Narrenkleide waren. In Cahira wüthet die Pest täglich fürchterlicher. Wir können ohne Cahira zu berühren nicht nach Cosseir gehen und haben keine hinreichenden Mittel und Utensilien um über Suez alsbald die beabsichtigte Reise zu beginnen, wir müssen demnach warten bis die Pest verstreicht bis Ende August. Die Pest ermangelt nie früher oder später auch nach Alexandrien zu kommen und dann bleibt nichts übrig als sich 3—4 Monate hier einzusperren, Zeit und Geld ganz unnütz zu verlieren, oder — wo anders hin zu gehen. [. . .]

† Antwort auf Brief Nr. 70.

Unser jetziger Reiseplan ist: Wir gehen während der Pestzeit in Egypten, den Monaten April bis August, nach Beirut in Syrien, um die Frühlingsflor des Libanon zu benutzen und weil uns jener Punkt am besten entschädigen zu können scheint. Im August kehren wir nach Alexandrien zurück. Wir reisen von Alexandrien unverzüglich nach Cosseir und verweilen dort einige Monate, um noch eine Zahl der gewöhnlichen Meeresformen zu bearbeiten. Im Januar 1825 reisen wir über Jedda-Moccha, ohne uns unterwegs aufzuhalten, nach Massaua an der abyssinischen Küste und verweilen dort, oder in einer andren geeigneten Küstenstadt 4—6—8 Monate. Wir kehren, ebenfalls ohne uns aufzuhalten, über Cosseir Cahira nach Triest, wo wir zu Anfang des Jahres 1826 eintreffen dürften. [...]

[...] Wir haben an Herrn D'ANASTASY die Copieen eines Theils unsrer Tagebücher zur gefälligen und sichern Besorgung durch die Quarantaine nach Berlin übergeben, welcher aber, da auch einige Zeichnungen beigefügt sind und wir diese nicht geräuchert wissen wollen, eine vielleicht 50tägige Quarantaine mit einem Schiffscapitain zu machen haben werden. Diese Copieen bestehen in 2 Voluminibus solcher Notaten die wir noch nicht zum Druck geeignet glauben und in einigen zum Druck bestimmten Aufsätzen, so fern nehmlich dieser Inhalt der Bekanntmachung werth gehalten würde.

Das erste Volumen enthält:

1.) Einen Auszug aus dem Diarium der Reise.
2.) Beschreibungen neuer Säugetierarten u. Bemerkung über alte.
3.) Ornithologische Bemerkung mit Beschreibung der neuen Arten.
4.) Amphibiologische desgl.
5.) Ichthyologische Bemerkungen enthalten außer Beschreibungen einiger neuer Nilfische 165 Fische des rothen Meeres.
6.) Beschreibung einiger Entozoen worunter 3 neue Gattungen.
7.) „ einiger Anneliden.
8.) 18 Insectenanatomien.

Das 2te Fascikel enthält:

1.) 55 neue Thiergattungen mit Hindeutung auf eine neue Thierklasse.
2.) 60 neue Pflanzengattungen.
3.) 104 neue Pflanzenarten bekannter Gattungen.
4.) Bemerkungen zu bekannten Pflanzen.
5.) Einen Beytrag zur Flor des steinigten Arabiens welcher 230 Formen recensiert und beschreibt.

Überdieß sind beygegeben folgende Aufsätzchen:

1.) Über eine neue Molluskengattung welche die vermeynten tubula der Serpulen bewohnt in 2 Arten, mit 2 colorirten Täfelchen.
2.) Über einen neuen *Echinorrhinchos* mit seiner Anatomie dazu eine Zeichnung.
3.) Über das Thier der *Tubipora musica* nebst einer color. Zeichnung.
4.) Eine Monographie der *Mugil*-Arten des rothen Meeres mit 8 Tafeln zum Theil colorirt. [...]

97. HEMPRICH und EHRENBERG an LICHTENSTEIN

[Eingegangen in Berlin 29. Mai 1824]

Alexandrien d. 21ten April 1824

[...] So eben erhalten wir Nachricht vom Falliment und Selbstmord Herrn BRANDENBURGS. Wir beziehen uns auf unsre Briefe vom 2ten und 3ten und unsern Bericht an Seine Exzellenz den Herrn Staatsminister v. ALTENSTEIN und wollen in Eil Ihnen hier nur anzeigen, dass falls dieser Verlust der durch die Gnade Seiner Exzellenz bewilligten Fonds auf die Dauer unsrer Reise bestimmend werden sollte, Sie die Güte haben möchten uns eiligst davon Anzeige zu machen. — Wir gehen übermorgen nach Bairut in Syrien und werden im August oder September in Alexandrien hoffentlich einige Zeilen von Ihrer Seite finden, die uns bestimmen werden entweder in der Ausführung unseres Plans noch Cosseir und Massaua zu besuchen zu verharren oder sogleich nach Europa rückzukehren.

Umsonst hat bis jetzt Seine Exzellenz der Herr Staatsminister v. ALTENSTEIN mit so bedeutenden Summen die Unternehmung gefördert, umsonst Seine Majestät der König Seinen Allerhöchsten Willen für die rühmliche Beendigung dieser Reise ausgesprochen, umsonst Sie, verehrter Herr Professor in aufopfernder Thätigkeit sich für diese Unternehmung bemüht, umsonst wir selbst alle unsre Geistes und Körperkräfte aufgeboten. Ein böser Stern herrscht über unsrer Reise, wir bleiben immer an der Schaale, sollen nie zum Kern kommen.

98. *EHRENBERG an KLUG

[Eingegangen in Berlin 29. Mai 1824]

Alexandrien, am 23. April 1824

Verehrtester Herr Professor

[. . .] Sonderbar ist, daß der Kameldünger noch nie an Käfern fruchtbar befunden wurde, da doch in Europa fast jedes Excrement seine *Hister* und Scarabaen führt. Daß diese unhöfliche Branche nicht vernachlässigt wurde, haben Sie schon aus früheren Sendungen gesehen. Einen recht schönen iridescirenden *Ateuchus* gaben Pferdeexcremente in Dongola und ich habe davon 4—5 Exemplare erhalten. Eine etwas vernachlässigte Branche sind die kleinen Sie besonders interessirenden Gallwespen. Fast alle Wüstenpflanzen haben Gallen und sicher sind sie durch Hymenoptern erzeugt. Oft genug haben wir dergleichen in Schachteln mit uns lange herumgetragen, doch jedesmal crepirten die kleinen in ihnen befindlichen weissen Larven, und nur 2—3mal hatten wir eine kleine Erndte, die Ihnen schon zugesandt worden ist[50a] [. . .]

99. HEMPRICH an LICHTENSTEIN

Alexandrien d. 4ten Mai 1824
an Bord der österreichischen Brigg
il Marinayo. —

[. . .] Die Reise nach Syrien war schon zu weit escheminirt u. schien uns zu nützlich die Monate Mai bis August, die wir beym Warten in Alexandrien verlohren haben würden, zu füllen, als daß wir sie hätten aufgeben können. Sollte es möglich seyn, entweder durch Recuperation der in Triest liegenden Fonds, oder durch gnädige neue eilige Bewilligung außer der jetzt zu deckenden Summe von 800 Collonaten noch im August oder September a. c. von uns abzugebende Wechsel auf 2500 Collonaten oder 5000 Floren zu decken, so erbieten wir uns die Reise nach Abyssinien zu machen. [. . .]

100. Das Ministerium der Geistlichen etc. Angelegenheiten an LICHTENSTEIN

Berlin, den 4ten Mai 1824

Mit Bedauern hat das Ministerium aus Ihren Berichten vom 21. und 29. v. M. ersehen, welche Wendung die Expedition der Herren HEMPRICH und EHRENBERG genommen hat. So wie die Sachen jetzt liegen, kann das Ministerium nur wünschen, daß sie bereits auf der Rückreise begriffen sein mögen. Denn der Ausfall an der für sie ausgesetzten Summe, welcher durch die Veruntreuungen des Consuls BRANDENBURG in Triest entstanden ist, würde unter den gegenwärtigen Umständen anscheinend gar [nicht] oder nur mit sehr großen Schwierigkeiten und mit bedeutendem Zeitverluste zu decken sein; noch weniger Hoffnung ist aber vorhanden, diejenigen Summen zu beschaffen, welche nach allem Anschein zu der Verfolgung des Reise Plans nach dem rothen Meere noch außer den hierzu ursprünglich ausgesetzten 6,000 Rthr. für erforderlich zu halten sein dürften. Sollte der erforderliche Mehrbetrag sich nur auf eine weniger bedeutende Summe berechnen lassen, so würde in der That die längere Unthätigkeit des p HEMPRICH nicht wohl zu erklären sein.

Denn nach seinem Briefe vom 25. [= 18.] December v. J. ist er von der Bewilligung der 6,000 Rthr. benachrichtigt; dieser Betrag ist ihm nach seiner Berechnung bis auf circa 1,000 Colon. übermacht und da er allenfalls auf diesen Betrag Wechsel hätte ziehen können, so würde es für ihn anscheinend wohl in der Möglichkeit beruhet haben, sich in den Besitz dieses Restes zu setzen, und über die nützlichste Verwendung des Ganzen einen festen Entschluß zu fassen. Anscheinend kann es dem p HEMPRICH hiernach nicht wohl an Geld fehlen, und wird er des ihm von Ihnen in Triest eröffneten Credits, gegen welchen Schritt das Ministerium übrigens jedoch nichts zu erinnern hat, sonach wohl nicht bedürfen. [. . .]

An den p HEMPRICH selbst ist übrigens unter diesen Umständen nicht besonders verfügt worden; sollten Sie an denselben für alle Fälle noch einen Brief abgehen lassen, so werden Sie ihm die Ansicht des Ministeriums nach Anleitung dieses Rescripts zu eröffnen haben.

Im Auftrage des Herrn Chefs Excellenz

NICOLORIUS

101. LICHTENSTEIN an Minister VON ALTENSTEIN

Berlin am 18t. Mai 1824

Ew. Excellenz

verfehle ich nicht, im Verfolg meines gestrigen Berichts über die Unternehmungen der Reisenden Dr. EHRENBERG und Dr. HEMPRICH noch näher anzudeuten, worin die Verdienste bestehn, welche sich diese jungen Gelehrten erwerben und durch welche Leistungen sie sich einer besonderen Theilnahme würdig machen.

Beide haben sich auf den Universitäten Breslau und Berlin zu geschickten Aerzten gebildet und beide gehören zu denjenigen jungen Aerzten, an welchen sich der Nutzen großer naturhistorischer Anstalten und Sammlungen bewährt. Aber gewiß sehr Wenige haben diese Anstalten so benutzt, wie sie denn zur Zeit ihrer Abreise waren beide Privatdocenten der Naturgeschichte an hiesiger Königl. Universität und würden jedem Lehrstuhl in diesem Fache Ehre gemacht haben. Sie kamen also in einem Grade der Ausbildung und Reife zu dieser Reise, den die mehrsten Naturforscher erst lange nach Beendigung ihrer Reisen erlangen und dadurch ist hauptsächlich der große Gewinn herbeigeführt worden, den ihre Reise gegenwärtig bringt. Sie wußten nemlich worauf es ankam, wenn die bisher unvollkommen bekannten Erzeugnisse des Orients untersucht und beobachtet werden sollten; sie wußten, welche Gegenstände des Sammelns und Abbildens würdig waren und an welchen dagegen sie ruhig vorübergehn konnten, auch wenn sie sich durch äußerliche Schönheit als bedeutend ankündigten. Sie haben also nichts Ueberflüssiges gesammelt, nichts beobachtet und beschrieben, das nicht dessen vollkommen würdig wäre. Jedes Stück in ihren Sendungen enthält gleichsam eine Antwort auf eine seit langer Zeit unbeantwortet vorliegende Frage, es ist keines darunter von dem man wünschen möchte, daß sie es möchten dort gelassen haben. Zu dieser großen K e n n t -

niß und Umsicht kommt nun der bewundernswürdige Fleiß, von dem nicht nur acht Sendungen, die in 72 Kisten hier angekommen sind und die ungefähr 24 000 unterschiedne Naturkörper enthalten haben, das rühmlichste Zeugniß geben sondern der sich überdies in den vortreflichen Tagebüchern der Reise und in den zahlreichen gelehrten Abhandlungen die sie verfaßt und zum Theil abschriftlich eingeschickt haben sowie in mehrere Hundert Zeichnungen zu erkennen giebt. Ferner gewinnen ihre Berichte, und ihre Sendungen sehr an Werth durch die große Ordnung die in allen ihren Arbeiten herrscht. In jedem Monat haben sie einen Bericht über ihre Verrichtungen eingesandt, über alle ihre Sammlungen genaue Verzeichnisse angelegt u. beigefügt, jedes Stück in ihren Sendungen ist mit einer nachweisenden Nummer mit dem Namen, Angabe des Fundorts und andrer interessanten Umstände versehn. Selbst die schwierige Aufgabe, sich über die Verwendung der ihnen anvertrauten Gelder zu verantworten, haben sie auf das befriedigendste gelöset und schon zwei specificirte Rechnungen mit Belägen und Attesten begleitet eingesandt. Dazu kommt eine große Umsicht und Besonnenheit. Sie überlegen stets sehr verständig welche Maaßregeln sie nehmen wollen und geben in ihren Berichten von allen Motiven ihrer Handlungsweise jederzeit vollständige Auskunft. Sie haben sich das Vertrauen aller angesehenen und rechtlichen Leute in Cahira, Alexandrien, Suez u. s. w. erworben und genießen eines großen Credits, weil man sie als sparsame und ordentliche Leute kennt, haben davon aber bisher nie, als jetzt zum erstenmal Gebrauch gemacht. Der Pascha von Aegypten würdigt sie einer besonderen Gnade und mit dem einen seiner Söhne Abdim Bey stehn sie in einem wirklich freundschaftlichen Verhältniß. Dabei hängen sie mit wahrhafter Liebe an ihrem Vaterland und ihren hiesigen Verwandten und Freunden und äußern zuweilen sogar Anwandlungen von Heimweh, die aber bald von ihrem großen Eifer für wissenschaftliche Untersuchungen besiegt werden. Sie arbeiten bis jetzt ohne allen Geldlohn, was ihnen bisher an Geld geschickt worden ist, geht rein auf die Reisekosten. Auf den Reisen selbst fristen sie das ärmliche Leben der Beduinen, haben manchen Tag keinen Trunk Wasser und statt des Brods oft Wochenlang nichts als Bohnenmehl, hundert Andre hätten längst die oft dargebothne Gelegenheit zur Rückkehr ergriffen, aber sie sind beharrlich ihrem Auftrage treu geblieben, haben mehrmals die lockendsten Anerbietungen zu einträglichen Geschäften im Dienst des Pascha von Aegypten ausgeschlagen und der Eifer für die Entdeckung neuer Thatsachen, aus denen mittelbar oder unmittelbar Nutzen gezogen werden könnte, läßt sie alle Beschwerden und Entbehrungen übersehn und vergessen. Schon haben sie eine Menge Pflanzen entdeckt und untersucht, welche als Arznei-Mittel gebraucht werden könnten, haben unter andern auch die Samen der Tschesme Pflanze überschickt, die dort mit so großem Erfolg gegen die einheimische jetzt nach Europa verpflanzte Augen Entzündung gebraucht werden und mit welchen in den hiesigen Militär Lazarethen glückliche Versuche angestellt worden sind. Kein Gegenstand bleibt von ihnen unbeachtet; die Sitten und Sprachen der Eingebornen haben sie eben so fleißig studirt, wie die kolossalen Ueberreste von den Bauten des Alterthums, Manuscripte von den seltensten und wichtigsten Schriften der Araber über die Geschichte und Geographie des inneren Africa welche bisher selbst die Engländer vergeblich aufsuchten hat ein glücklicher Zufall in ihre Hände gebracht, sie besitzen eine vollständige Sammlung aller Münzen, die heutiges Tages im Orient gelten und haben dies Alles nur für die Königl. Sammlungen zusammengebracht ohne irgend ein Stück davon als ihr Eigenthum zu betrachten.

Es wird sehr schwer sein, alle diese Gegenstände und Sammlungen nach Gelde zu schätzen, doch glaube ich, versichern zu können, daß schon das bisher von ihnen Übersandte aus dem Gesichtspunct der Schätzung nach Liebhaberei dem an Werth gleich kommt, was ihnen an baarem Gelde zugewandt worden ist. Dies wird daraus sich beweisen lassen, daß der Werth der von ihnen übersandten Doubletten zoologischer Gegenstände, den ich genau beurtheilen kann, sich auf 2500 Thaler beläuft, die aus dem Verkauf nach und nach wieder eingehn werden. Der Werth der für das Museum zurückbehaltenen Gegenstände beläuft sich aber wenigstens auf 6000 r nach den jetzigen Preisen. Und dies ist doch nur ein Theil ihrer Sendungen und außerdem noch so vieles an Pflanzen, Steinen, Kunstsachen, Manuscripten und Zeichnungen was wohl eben so hoch geschätzt werden kann.

Höher als dies Alles aber muß man wohl nothwendig die Aufklärung anschlagen, die sie dereinst in ihren Schriften über die bereisten Gegenden verbreiten werden. Es ist keine Wissenschaft, die nicht große Bereicherung von ihnen zu erwarten hätte und mit Gewißheit darf man voraussehn, daß diese Unternehmung dereinst historische Wichtigkeit erlangen und einen nicht unbedeutenden Platz in der Geschichte der Entdeckungen einnehmen werde. Indessen die bewiesene Geschicklichkeit und Ausdauer den Männern zu nicht geringem Ruhm gereichen wird, die dieses Unternehmen trotz so vieler unglücklicher Störungen und Hindernisse ausführten, wird es auch in der Geschichte des Monarchen, der es mit so beharrlicher Freigebigkeit unterstützte als eines der vielen Beispiele des erhabenen Sinnes für wissenschaftliche Bildung glänzen, durch welche Preußen auf eine so hohe Stufe geistiger Cultur geführt ward.

Nach Allem diesem kann ich nicht anders als mich aufs höchste verpflichtet halten, Ew Excellenz hiedurch unterthänigst zu ersuchen, daß es hochdenenselben gefallen wolle, eine abermalige Unterstützung zu der völligen Beendigung dieses in seiner Art einzigen Unternehmens Allerhöchsten Orts hochgeneigtest befürworten zu wollen.

Dr. H. LICHTENSTEIN

102. Minister VON ALTENSTEIN an HEMPRICH u. EHRENBERG

[Eingegangen in Bairut Anfang Aug. 1824]

Berlin, den 12ten Juny 1824

Mit lebhafter Theilnahme und mit ernstlichem Bedauern habe ich aus den verschiedenen Berichten, welche Sie an mich in der letzten Zeit erstattet haben, und aus den mehrfachen Schreiben an den Professor LICHTENSTEIN und den Consul BRANDENBURG, insoweit diese nach des Letztern Tode in Triest eingegangen sind, die sehr große Verlegenheit ersehen, in welcher Sie durch das beharrliche Schweigen des p. BRANDENBURG so wie durch die Vorenthaltung meiner an Sie erlassenen Verfügungen und des Ihnen annoch zukommenden Geld-Betrags gesetzt worden sind. Ich kann mir Ihren Schmerz über die empfindlichen Nachtheile, welche dadurch für ihr ganzes Unternehmen herbeigeführt worden sind, und über den unersetzlichen Verlust an Zeit um so aufrichtiger theilen, je mehr Ansprüche auf die Gnade Sr Majestät des Königs und auf meine volle Zufriedenheit Sie sich durch Ihre vielseitigen und unverdrossenen der Wissenschaft in jeder Beziehung hohen Gewinn sichernden Leistungen erworben haben. Ich ersah daher aus Ihren verschiedenen Mittheilungen aus den ersten Tagen des Monats Januar c. in der That nur höchst ungern, daß Sie zu dem Entschlusse gezwungen worden waren, sofort auf Ihre Rückreise Bedacht zu nehmen; dies Abbrechen einer Expedition, welche bisher so viel Zeit und Geld gekostet hat, und deren Resultate im Fall der glücklichen Vollendung nach den bisherigen Leistungen so glänzend seyn mußten, in einem Augenblick, wo Ihnen noch so viel zu thun übrig war, konnte nur das innigste Bedauern erwecken.

Ihre ferneren Berichte vom 5ten und 6ten April d. J. wodurch ich Kenntniß von Ihrem Entschlusse, die Reise fortzusetzen, erhielt, entsprechen daher überall meinen Wünschen.

Ich nahm davon sofort Veranlassung Sr Majestät dem Könige unter Einreichung eines angelegentlichen Verwendungs-Berichts des Professors LICHTENSTEIN über die dringende Verlegenheit ausführlichen Vortrag zu halten, in welche Sie sich durch das Verfahren, den Tod und das Fallissement des p. BRANDENBURG versetzt worden sind. S[e] Majestät haben hierauf die Gnade gehabt, mich unterm 5ten d. M. in den Stand zu setzen, die nach jenen Berichten von Ihnen auf den Consul ROULET in Marseille bezogenen 800 Colonaten und die gleichzeitig durch den Consul D'ANASTASY auf den p. BRANDENBURG entnommenen 1500 Colonaten zu berichtigen. In der Hoffnung auf diese Allerhöchste Bewilligung, waren schon früher die nöthigen Einleitungen getroffen worden daß beide Tratten pünktlich von hier aus berichtigt werden konnten; Sie haben daher die 1500 Colonaten, welche Sie nach Ihrem Berichte vom 21ten April d. J. dem p. D'ANASTASY bereits zurückgegeben haben, nunmehr von ihm wieder einzuziehen. — Endlich haben S[e] Majestät die Gnade gehabt, auch diejenigen Eintausend Colonaten zu bewilligen, welche Sie sich in Ihrem Berichte vom 5ten und 6ten April d. J. zur völligen Beendigung Ihrer Reise bis Triest erbeten; jedoch haben Allerhöchstdieselben dabei ausdrücklich zu befehlen geruhet, daß hiermit durchaus und auf jeden Fall ausgereicht werden müßte. Indem ich Ihnen hiernach allen Ernstes zur Pflicht mache, dem gemäß Ihre Einrichtungen zu treffen, überlasse ich Ihnen zugleich, diese 1000 Colonaten auf demjenigen Wege, den Ihnen Herr p. LICHTENSTEIN bei Uebersendung der gegenwärtigen Verfügung bezeichnen wird, sofort zu beziehen.

Ueberzeugt, daß Sie nunmehr das ganze Unternehmen auf eine ausgezeichnete Weise zu Ende führen werden, freue ich mich aufrichtig auf den Zeitpunkt, wo Sie in das Vaterland zurück kehren und Ihre Muße der sorgfältigen Bearbeitung der vielfachen Notizen und Beobachtungen widmen werden, die Sie auf Ihrer Reise zu machen Gelegenheit gewonnen haben. Es wird mir eine angenehme Pflicht seyn, Ihnen hierbei so weit förderlich zu sein, als es die Umstände irgend gestatten werden.

Schließlich bemerke ich nur noch, daß Ihre im October vorigen Jahres abgeschickte Sendung von 29 Kisten[†], am 7ten v. M. glücklich hier angekommen ist, und mir einen neuen Beweis von Ihrem angestrengten Fleiße und von Ihrer seltenen Umsicht gegeben hat.

Der Minister [. . .]

v. ALTENSTEIN

103. *LICHTENSTEIN an HEMPRICH und EHRENBERG

[Eingegangen in Bairut Anfang August 1824]

Berlin am 15t. Juni 1824

Gebt Wechsel ab!

Obgleich Sie meinen, sehr liebe und werthe Freunde, es sei an den obigen Worten genug, so will ich sie diesmal doch nur als Motto gebrauchen und mir die Freude nicht versagen, dies angenehme Thema noch etwas weiter durchzuführen. Es hat sich alles auf das Erwünschteste gestaltet. Ihre Beharrlichkeit hat gesiegt und auf Ihren Brief vom 2t. April (von welchem Original und Duplicat mir von demselben Postboten überbracht wurden, so dass beide genau gleich kurze Reise gemacht haben) ist es mir nicht schwer geworden, so eifrige Fürsprecher zu finden, daß des Königs Majestät die verlangte Summe sogleich bewilligt haben. Seine Excellenz unser Herr Minister, der im Frühjahr sehr krank gewesen ist, befand sich eben abwesend auf dem Lande zur Erholung. Ich habe Ihre Sache deshalb den Herrn Ministern VON BÜLOW und v. LOTTUM vorzutragen gehabt und manchen Buchstaben in mehreren eiligen Berichten darüber geschrieben, so daß Sie nicht

† Die VIII. Sendung.

glauben dürfen, ich sei unthätig gewesen, weil Sie bis diesen Augenblick keinen Brief von mir erhielten. Ich wußte ja, dass Sie vor Anfang Augusts nicht wieder in Alexandrien sein würden und musste warten, bis ich Ihnen etwas Entscheidendes melden konnte. Nun aber scheint es mir sehr dringend, dass Sie nicht länger in Ungewissheit gehalten werden und während die Ministerial-Rescripte an Sie ausgefertigt werden, lasse ich immer diesen Brief als Vorboten ablaufen, damit Sie sich zum letzten Ausflug in Aegypten rüsten können. Inzwischen werden Ihnen von Triest die früher von Ihnen begehrten und noch von dem unglücklichen BRANDENBURG besorgten Sachen zugeschickt. Ich habe nicht erfahren, was es Alles für Gegenstände sind, man hat mir nur gemeldet, dass der Einkaufs Werth sich auf 2000 Fl. Augsb. Courant belaufen. Vielleicht erspart Ihnen dies doch manche Ausgabe, die Sie sonst machen müßten und setzt Sie in den Stand, Ihre Reise noch um etwas verlängern zu können.

Aus der BRANDENBURGschen Masse wird nicht viel zu retten sein. Wir verlieren etwa noch 1500 Rth. (1000 Colonaten) daran, die Sie hätten bekommen müssen. Ein Glück, dass er doch noch vorher die eben erwähnten Einkäufe besorgt hatte, sonst würde der Verlust doppelt so gross gewesen sein.

Auch wir bekamen seit dem August v. J. keine Antwort mehr auf alle die vielen Briefe, die wir an ihn schrieben. Schon im December erhielten wir von Ihnen die Nachricht von der Absendung der 28 Kisten, und da er uns nun über deren Ankunft in Triest gar keine Anzeige machte, so schöpften wir schon damals etwas Verdacht, schoben aber unglücklicherweise seine ganze Saumseligkeit auf den Verdruss, den er wegen des nicht erhaltenen AdlerOrdens bezeigt hatte, sonst würden gleich nachdrücklichere Maassregeln erfolgt sein. So blieb es bei blossen Mahn- und Drohbriefen, die ich alle 3 bis 4 Wochen immer dringender an ihn ergehn liess. Endlich schrieb ich ihm Mitte März, dass seine Absetzung erfolgen würde, wenn er mir nun nicht mit umgehender Post anzeigte, ob Sie Ihr Geld bekommen hätten und ob die Sendung angekommen sei. Vielleicht hat dieser Brief mit zu dem verzweifelten Entschluss beigetragen, worüber ich mir aber freilich keine Vorwürfe machen kann. Vierzehn Tage vor seinem Selbstmord hatte er denn endlich die 28 Kisten abgeschickt, nachdem sie eine etwas lange Quarantaine von beinahe 3 Monaten in Triest gemacht hatten†. Völlig unerwartet trafen sie am 6t. Mai hier ein, nachdem wir schon 14 Tage früher die unglückliche Katastrophe erfahren hatten und, wie Sie wohl denken können, nun wegen der schönen Sendung nicht wenig in Angst waren. — Die Vögel und Säugethiere wurden sogleich ausgepackt und bis auf eine Kiste (Nr. 10) die sehr von Speckkäfern gelitten hatte, wegen der beigepackten Fisch Skelete, so dass an 40 Vögel, glücklicherweise keine seltne Sachen, weggeworfen werden mussten, in gutem Zustand angetroffen. Die Pflanzen gingen sogleich an das Herbarium, die Mineralien an Prof. WEISS, der sowie Prof. LINK viel Neues unter denselben gefunden zu haben bekennt. Mit dem Auspacken der Spirituosen mussten wir langsam verfahren, da es uns gänzlich an Platz dazu fehlte, auch mit grosser Behutsamkeit und Sorgfalt dabei vorgeschritten werden musste. Noch in diesem Augenblick sind wir nicht ganz damit fertig, aber was für herrliche Sachen haben wir schon gefunden! Welche Freude müssen Sie gehabt haben, die wunderschönen Arten von *Sparus*, *Scarus*, *Labrus*, *Holocentrus* mit ihren glühenden Farben so frisch aus dem Meer gezogen zu sehn! Noch jetzt waren die mehrsten in grosser Pracht da, die sich leider, wenn sie erst in die Gläser kommen, nicht lange erhalten wird. Ich habe daher einige der schönsten gleich jetzt von einem geschickten Maler abbilden lassen, damit Sie nach Ihrer Rückkehr von diesen Bildern Gebrauch machen können. — Es liegt mir zu sehr daran, diesen Brief so bald als möglich fortzuschaffen,

† Die VIII. Sendung.

als dass ich viel über das Einzelne schreiben könnte. Nur einige Bemerkungen muss ich hier beifügen. Ihr *Phoenix* ist *Phaethon aethereus*, ihr *Pachycephalus Oedicnemus* ist von PAYKULL in den Stockholmer Verhandlungen vom Jahr 1805 unter dem Namen *Dromas Ardeola* beschrieben und abgebildet, seitdem aber von Niemand wiedergesehn worden. Auch haben alle unsre Ornithologen die PAYKULLsche Arbeit übersehn und gar keine Notiz davon genommen. Ich hatte mir die Abhandlung schon vor 12 Jahren excerpirt und Sie können sich meine Freude denken, ein so wichtiges Stück in Ihrer Sendung zu finden. Herr SALT muss nun freilich mit seinem Namen auch zurücktreten. Am mehrsten Neues war dann unter den Gattungen *Sylvia*, *Fringilla* (vorzüglich schön *Fr. sinaitica*![51] Ihre *F. imperialis* ist *ignicolor* Vieillot, *sericea* das Junge des *fulvus*). *Lanius* enthielt viel Europäisches aber in merkwürdigen Varietäten; *Falco*, fast alles neu mit Ausnahme von *Haliaetos*, *rufus* und *Aesalon*; *Charadrius Columba* und *collaris* sind neu, Ihr *pallidus* ist *cantianus*; Von *Sterna* lauter seltne aber keine neue; Ihre *brevipes* ist einerlei mit unsrer *Bergii*, die wir vom Cap haben, *makuriensis* ist nicht von *cayennensis* zu unterscheiden, *albigena* ist *arctica*, *nigriceps leucopareia*, *brevicauda leucoptera*, *cantiaca anglica*, und *frontalis fuliginosa* Linn. Gm.[51a]. Die grossen *Lari* alle neu, kein *marinus* und *glaucus* darunter, von den kleineren ist nur *cahirinus*, (als zu nahe mit dem sehr variabeln *ridibundus* verwandt) von irgend geringerem Interesse, *crassirostris* und *leucophthalmus* gehören zu dem Schönsten der Sendung. Von den Säugethieren ist die kleinere, von den Fischen die grössere Hälfte unbeschrieben. Ihre *Raja cyanocephala* ist sehr nahe mit der brasilianischen *Narinari* verwandt aber unleugbar verschieden, *Trygon maculatus* und *pustulatus* neu, herrlich! *Squalus Moysis* et *Aaronis* sind *Mustelus* und *Galeus*, *Tetrodon perspicillatus* ist *testudineus* Bl. — *Balistes mordax* ist *lineatus* Bl. — *Terapoon gerboa* ist *Serranus Servus* Cuv. — *Serranus rufoguttatus*, *ocellatus*, *Panthera* und *Taurina* halten wir alle nur für Varietäten von CUVIERS *Serranus guttatus*. u. s. w. College KLUG hat seine Freude gehabt über die schönen Bupresten und ist besonders begierig auf die grosse Sammlung wie Sie aus einliegendem Briefe sehn werden.

Für die neuen Sammlungen empfehle ich bei den harten und dickhäutigen Fischen etwas schwächeren Weingeist. Für die weichen Seesachen kann er nicht stark genug sein, aber bei den Medusen hilft es doch nicht, die zergehn alle. Wie schön sind aber die Isophyten! und wie freue ich mich auf Ihre Beobachtungen über die Polypen der Madreporen! Lassen Sie sich die grossen *Lari* ferner empfohlen sein, auch die *Dipus*-Arten, von denen wir nie genug bekommen können und deren in den neuesten Sendungen nur wenige waren.

Leben Sie wohl; ich schreibe Ihnen bald wieder. Alle Ihre Freunde und Verwandte sind gesund.

Von ganzem Herzen
Ihr
LICHTENSTEIN

104. *LICHTENSTEIN an HEMPRICH und EHRENBERG

[Eingegangen in Bairut Anfang August 1824]

Berlin am 18t. Juni 1824

[. . .] Endlich wird also doch einmal das Geld zur rechten Zeit in Ihre Hände kommen. Sehn Sie nun zu, dass Sie soviel wir irgend möglich damit ausrichten. Sollte es nicht möglich sein, damit noch einen Streifzug nach Kordofan und Sennaar zu machen? Sie müssen besser wie wir Alle beurtheilen können, was der Wissenschaft am mehrsten frommt. Aber die großen Antilopen, die Giraffe, die Strausse sind doch herrliche Artikel und was muß in solcher Gesellschaft sich noch Alles herrliches finden! Auf den Nothfall schaffe ich wohl noch 200 Rth. zur Rückreise von Triest bis Berlin, das wäre aber auch das Höchste.

[. . .] LICHTENSTEIN

105. HEMPRICH an LICHTENSTEIN

[Eingegangen in Berlin 30. Aug. 1824]

Bairut in Syrien d. 23ten Mai 1824

[. . .] Wir sind nach sehr langer u. beschwerlicher Farth vor 12 Tagen hier glücklich angekommen; schätzen unsre frühern Briefe (es sind 14 seit Oktober vorigen Jahres) in Ihren Händen und erwähnen also Nichts weiter von dem Ihnen jetzt längst bewußten Unglück und unsern neuen Entschlüssen. Besonders für Botanik wird hier etwas zu thun seyn, die Amphibiologie geht nicht leer aus 1 *Emys*, 2 *Lacerta*, 1 *Gecco*, 1 *Hyla* sind uns bis jetzt zur Beute geworden. Die Vögel sind bis jetzt meist Europaeer u. alte Bekannte aus Arabien. — Wir machen von hier aus kleine Excursionen 3—4 Tagereisen in die Runde und erwarten die Beschlüsse des Herrn Ministers, die im Falle sie früher ankommen als wir wieder in Alexandrien sind, Herr Dr. MORPURGO, den wir ermächtigt haben die Briefe zu öffnen, uns in Abschrift mittheilen und die Originale bey sich behalten wird. Wir erwarten einen Rückruf, da wir es für sehr unwahrscheinlich halten, daß Se. Majestät eine neue Summe zu bewilligen geruht haben werde, und da wir einsehen, daß der Herr Staatsminister aus den Ihm zu Gebothe stehenden Fonds so bedeutende Nachschüsse nicht werde machen können. Die Akademie wird auch ermüdet seyn beizutragen, und wir werden also wohl auf ein neues Unternehmen einer Reise nach Abyssinien verzichten müssen. Die Rückkehr nach Europa hat auch wohl ihr Gutes, zu lange Reisen sind für die wissenschaftliche Bildung so nachtheilig. [. . .]

106. *EHRENBERG an seinen Vater

Bairut am 5ten August 1824

Lieber Vater,

So eben komme ich von einer Bärenhetze auf den Eisspitzen des Libanon nach Bairut zurück. Wir haben den ganzen Libanon bis oberhalb Tripolis durchlaufen, Cölesyrien durchschritten, die alte Sonnenstadt, Balbeck, mit ihren riesenhaften Überbleibseln besehen und die Cedern besucht welche leicht Salomo kannte. Ein Bär steckt in unsern Kisten. Wir sind gesund und munter manchen Gefahren entgangen. [. . .] Weit sind wir nicht mehr von der Heymath und wünschen uns sehnlich dahin, unsre Freunde wollen uns noch nicht. Der Herr Minister scheint neue Summen zu geben und unser Reiseplan will zu Ende geführt seyn. Doch sind es nur wenige Monate, keine Jahre mehr, die uns an das Entbehren alles Freundlichen bannen. Mög ein Engel unsre Erndte und unsre Freunde bewahren!

107. HEMPRICH an LICHTENSTEIN

[Eingegangen in Berlin 23. Oct. 1824]

Bairut d. 3ten August 1824

[. . .] Wir sind gestern von einer Exkursion nach Balbek u. zu den Zedern glücklich zurückgekommen. Die Beute, die wir gemacht, ist nicht so bedeutend als wir hofften.

Von Säugthieren: *Ursus* n. sp. 1 Exemplar; *Canis* n. sp. 1 Exemplar, *Mustela* n. sp. 1 Fell, *Pteropus* 1 Exemplar. 3 andre Fledermäusearten; *Sciurus* n. sp. 20 Exemplare, *Aspalax Typhlus* 3 Exemplare. Von Vögeln etwa 10 neue Arten meist in 16—20 Exemplaren. Von Amphibien 4 schöne Lacerten, eine *Salamandra* ob *terrestris*?, 1 *Scincus*, 4 *Coluber*, 1 *Lachesis*. Die letztere hat mich gebissen und hätte mich bald in die andre Welt gebracht, meine gute Constitution hat mich, fast ohne Mittel, gerettet. [. . .]

108. Ehrenberg an Lichtenstein

[Eingegangen in Berlin 28. Sept. 1824]

Alexandrien am 21. September 1824

[. . .] Wir sind verurtheilt nie zum Ziele zu kommen. Wahrscheinlich werden wir diesem Briefe bald selbst folgen.

Unsere Reise in Syrien lief ziemlich glücklich ab. Fünf Kisten mit Naturalien waren die Frucht unsrer Excursionen auf den Sanin und Makmel und in das Thal von Balbek. Wir wollten noch eine Excursion nach Damaskus und in das Moran machen dann unser Gepäck zur See nach Egypten zurückschicken und selbst zu Lande durch Palästina dahin gehen. In Bairut fanden wir aber Briefe des Dr. Morpurgo, in dessen Händen wir unsre Effekten gelassen, welche uns von der Möglichkeit seiner nahen Abreise in Kenntniß sezten und andere die Ihr gütiges Schreiben d. d. 15. u. 18. Juny† und das Ministerialrescript d. d. 12. Juny†† einschlossen. Wir entschlossen uns darauf die Excursion nach Damaskus und die Reise durch Palästina um Zeit und Geld zu sparen aufzugeben und eiligst nach Egypten rückzukehren, um sogleich die Reise ans rothe Meer zu beginnen. Wir mietheten einen Platz für uns unsre Leute und Effecten auf dem Schiff la bonne mere.

Von 3 Leuten die wir aus Egypten mit uns gebracht hatten, war einer, ein Livorneser, Nahmens Trevi, der uns anstatt des Negers, den wir in Alexandrien zurückließen, zum Pflanzenumlegen und zugleich als Koch dienen sollte, im Gebirge, nachdem er uns, zum Glück nur um einige Thaler, bestohlen, entlaufen, die beyden andern, zwey Holsteiner Burkhardt und Falkenstein, die uns nun schon seit 15 Monaten begleiteten und von denen der letztere uns immer mit ausgezeichneter Thätigkeit und Treue gedient hatte, kamen unglücklicherweise auf die Idee ihr Spiel bey Lady Esther Stanhope, die bey Saide residirt, zu versuchen, um der Mühe und den Gefahren einer neuen Reise am rothen Meere zu entgehen. Sie benuzten den Tag vor der Abfahrt, um unter leeren Entschuldigungen und Vorwänden sich von uns loszusagen. Vergebens waren unsre Vorstellungen und die des Consuls in Bairut Herrn Laurellas. Sie zogen den Verlust ihres ganzen Soldes einer fernern Reise vor.

Wir mußten also von einem Deutschen aus Gotha, Johann Dotterweig, der früher bey der Reise nach Dongola in unserm Dienst war, und den wir indeß, ohne doch mit ihm contrahirt zu haben, im zufälligen Zusammentreffen in Syrien mit uns genommen, begleitet allein nach Damiete absegeln, wo wir auch am 11ten Tage ankamen [am 16. August].

Während unsres Aufenthalts in Damiete, wo wir leider Zeuge waren, wie der türkische Gouverneur vier europäische Reisende aus bloßem Übermuthe mit Stockhieben mißhandeln ließ, erhielten wir ein Schreiben Dr. Morpurgo's, der uns anzeigte, daß er vom Pascha, weil er nicht habe in seinen Dienst treten wollen, aus Egypten exilirt sey und Befehl habe binnen 10 Tagen das Land zu verlassen, widrigenfalls man ihn am 11ten Tage

† Briefe Nr. 103 und 104.

†† Brief Nr. 102.

werde unterm Stocke sterben lassen. Dr. MORPURGO hatte unsre rückgelassenen Effecten in Händen, es war also nöthig ihn wo möglich noch zu treffen. HEMPRICH reiste sogleich zu Lande nach Alexandrien um früher einzutreffen, während ich mich mit den Effecten auf dem Nil ebendahin einschiffte. Der brave MORPURGO hatte unsre Sachen nicht vergessen, er war schon am Bord als HEMPRICH ankam, doch fand sich das unsre alles in guten Händen und in guter Condition.

Denken Sie sich nun unsre Lage. Verlassen von zwey Leuten, auf die wir ganz glaubten rechnen zu können und die ganz die Eigenschaften besaßen, um uns die jetzt zu machende Reise mit bestem Erfolg vollführen zu helfen, ohne tüchtige und verlässige Gehülfen, beunruhigt durch die Nachrichten von neuen Unruhen in Oberegypten und vom Einfall von 10 000 Darfooranern in Cordophan wissen wir nicht was wir thun sollen. Sollen wir dem Beyspiele des muthigen RÜPPEL folgen, der trotz alle dem, und obwohl er bey der kurz vergangenen noch glimmenden Revolution in Oberegypten, wobey 10 000 Eingebohrne niedergemacht und 70 Dörfer abgebrannt werden mußten, schon einmal abgeschnitten war, vor Kurzem wieder nach dem Cordophan abgereist ist? Sollen wir uns durch die Furcht in Lagen zu kommen, wo wir die uns bewilligten Mittel überschreiten müßten, nicht abhalten lassen? Sollen wir nur die Ehre, trotz aller Schwierigkeiten wenigstens einen Theil unsres Planes durchgeführt zu haben, ins Auge fassen? Oder sollen wir die Klugheit und Bedachtsamkeit hören, die unsrer Liebe zur Sache widersprechend uns bescheidnen Rückzug rathen? —

Leider sind wir auf uns selbst beschränkt mit Beantwortung dieser Fragen. Wir haben uns dafür entschieden, daß HEMPRICH nach Cahira reist, theils um zu versuchen 1 oder ein Paar brauchbare Gehülfen anzuwerben, theils um Nachricht über den Zustand Oberegyptens einzuziehen, während ich in Alexandrien die Gegenstände unsrer Sammlung zum Absenden nach Europa vorbereite. Finden wir Leute und lauten die Nachrichten aus Oberegypten nicht zu schlecht, oder ist auch nur die Straße nach Suez sicher, so reisen wir und thun was wir mit unsren Mitteln können. 15 Kisten Naturalien und einige der abgeschriebenen Notaten, so wie die weniger nöthigen Zeichnungen werden dann abgesandt. Finden wir keine tauglichen Leute und verfinstert sich der politische Horizont immer mehr, so kommen wir selbst und bringen mit was wir haben.

Sobald wir alles ganz übersehen und unser Entschluß feststeht, werden wir uns beeilen bey Sr. Excellenz dem Herrn Staatsminister in unterthänigem Bericht unsre Schritte zu rechtfertigen.

Innigen Dank für Ihre Güte und unermüdliche Gedult, mit der Sie uns wieder zu Hülfe gekommen sind, innigen herzlichen Dank für die fortwährende Unterstützung von HEMPRICHS Mutter. Erlauben Sie daß ich mich nenne

Verehrtester Herr Professor
Ihr
ewig dankbarer
Dr. EHRENBERG

[PS] HEMPRICH ist vorgestern nach Cahira abgereist. — Auch unser Freund und Wohlthäter CHAMPION österr. Consul, wird abreisen, wie es scheint wegen der Sache MORPURGO's. Seine Familie ist bereits gestern hier eingetroffen. Man sagt er will sich in Constant. und Wien beklagen über diese Eingriffe des Pascha in die Consularrechte und über das niedrige Benehmen seines Generalconsuls He. CAVACCO's. —

109. *Ehrenberg an Nees von Esenbeck

Alexandrien am 21. Sept. 1824

Innig Verehrter Herr Präsident.

[. . .] Wir sind jezt in Egypten mit Geld, ohne Freund und Stütze und ohne Gehülfen, vor Kurzem fehlte es an Geld und wir hatten was uns jezt mangelt. Wir sind Beyde sehr verstimmt und muthlos geworden, wissen uns noch nicht zu rathen und zu helfen. Zu zwey könnten wir zwar reisen, aber nicht sammeln. Das Sammeln ist allen Briefen aus Berlin zu Folge Hauptzweck unsres Hierseyns. Finden sich in Cahira Leute, die wir brauchen können, so versuchen wir schon noch eine Reise, die so lang wird als unser Beutel sich ausziehen läßt, und zwar ans rothe Meer, das voll steckt von herrlichen Sachen. Hemprich ist vorgestern nach Cahira gereist um zu sehen was sich machen läßt. Ich sitze indeß hier und packe die Sammlung ein, um sie absenden zu können. Aus H.s nächstem Briefe werde ich selbst erfahren ob wir vorwärts ziehen können, oder ob wir die harten Thaler unversehrt dem Vaterlande wiederbringen.

Ob ich gern wiederkomme? Etwas beklommen. Man hat zu viel von uns gesprochen. Ich möchte fast sagen, daß die zu hohen Erwartungen, welche auch die Ministerialrescripte aussprechen, zu unsrer Entmuthigung beytragen. Eine neue Reise beginnen ohne mehr auszurichten als schon geschehen und ohne den Hohen Erwartungen einigermaßen zu entsprechen kann keine Ehre bringen. Ein Unglück, wie wir deren schon viele hatten, bringt uns in der Zwischenzeit vielleicht um mehr als wir neu erwerben können und wir laden noch den Vorwurf der Unklugheit auf uns. Rückkehren ohne die Überzeugung den Hohen Erwartungen etwas Reelles entgegensetzen zu können kann aber auch, wie Sie fühlen werden, keine Freude seyn. Warum mußte man uns in diese Hohen Erwartungen führen! Glücklich

Wer in der Stille der ländlichen Flur
Fern von des Lebens verworrenen Kreisen
Kindlich liegt an der Brust der Natur!

Wer hilft uns diesen gordischen Knoten lösen! und die Frist ist kurz. Binnen heut und 14 Tagen will er gelöst seyn. Morpurgo sagte uns noch vor seiner Abreise: das Klügste was Sie jezt thun können, ist — nach Triest abzureisen. Alle Europäer mit denen wir hier bekannt sind sagen dasselbe. Wir fühlen es wohl auch, blicken aber einerseits auf H. Rüppel der vor Kurzem wieder nach dem Sennaar abgereist ist (freylich Niemand Rechenschaft abzulegen hat), andrerseits auf die uns bekannt gewordenen Schätze des rothen Meeres und auf die mit feurigen Buchstaben geschriebenen Hohen Erwartungen des Ministerialrescripts.

Als wir vor 4 Jahren nach Egypten gingen war der hiesige Pascha anscheinend ein Freund der Franken. Jezt ist er offenbar das Gegentheil, weil er ihrer nicht mehr zu bedürfen meynt. Hemprich ist heftig. Schimpf ertrage ich so wenig als er. Lange noch in diesem Lande weilend dürfte, was oft dicht neben uns vorüberging, einmal uns treffen und würde Klugheit zu spät seyn. Aber die schönen so leicht zu habenden Sachen im rothen Meere!! Aber der Befehl zur Vorsicht in unsrer Instruction und in unserm Hirne! [. . .]

Ew. Hochwohlgeboren

innig verpflichteter
Dr. C. G. Ehrenberg

110. *EHRENBERG an SCHWÄGRICHEN

Alexandrien den 22. Sept. 1824

Verehrtester Herr Professor.

[...] Nur zur Regenzeit, sei es Wintertage oder tropischer Sommerregen, findet man Moose, Pilze, Algen. Selbst die Flechten scheint die Sonnenhitze zu tödten und in Staub zu verwandeln, den der Wind verweht. Die Moosernte auf dem Sinaigebirg war kärglich genug und was ich fand war so ausgedörrt und zerbrochen und zerbrechlich, daß das Einsammeln keine Freude war. Sorgsam habe ich aber alle vorgekommenen Formen eingesammelt, da sich doch vielleicht diese und jene auch ohne Fruktifikation, im Fall sie bekannt war, erkennen läßt. Auffallende Formen, die sich zu neuen Gattungen eignen könnten, kamen keine vor.

[...] Unsere Haupternte in Syrien waren Pflanzen. Über 700 Arten sammelten wir in circa 3 Monaten. Die Hälfte davon und etwas drüber sind Ihnen bekannte Formen, die kleinere Hälfte aber will sich mit unseren hiesigen Hülfsmitteln nicht vertragen und reimen. Die von LABILLARDIÈRE beschriebenen Formen haben wir wohl gefunden aber noch manche andere darüber. Von Moosen gab es auch dies und jenes[52], doch dürfen Sie an keine so reiche Algenvegetation denken wie die der Schweiz. Nackte, kahle, versengte Gebirge, die nur 2 Schritt weit rund um den Schnee einen Blumenkranz führen von Veilchen, Hyazinthen, Crocus, Geranien, Orthogalen, Ranunkeln, Campanulen u. andere herrliche Blumen. Moose gehören in die Region des Subalpinen. Da fand sich ein fruchttragendes *Sphagnum*, dem *acutifol.* sehr verwandt. Eine schöne *Bartramie*, der *marchica* ähnlich, eine *Weißia*, eine *Barbula*, diese scheint neue Art, jene ist der *W. controversa* sehr verwandt. Ein *Gymnostomum*, dem *pyriforme* verwandt. Ein paar *Trichostoma* (eines auf den Mauern der alten Heliopolis). Zwei *Orthotricha* (eines an den Stämmen der uralten Cedern bei Bischerre). Eine *Tunaria.* 4—5 Arten von *Hypnum.* Ein schönes *Polytrichum*, das eine neue Art zu bilden scheint. Eine Partie anderer Moose sind unbesehen eingepackt worden, weil andere Beschäftigungen dringender waren. Von Lebermoosen fanden sich im ganzen nur 5 Formen. *Targionia* mit Frucht. Eine *Marchantia* der *polymorpha* ziemlich ähnlich, aber abweichend, zwei Jungermannien, deren eine der *complanata* gar ähnlich ist u. endlich eine Pflanze vom Habitus der *Porella* oder der *Jungerm. triloba* und ähnlicher, die von allen die gemeinste und schönste war. Die sterilen Äste dieser unterscheiden sich durch horizontal ausgebreitete Blätter und Wurzelfasern, während andere etwas aufwärts stehende Äste gekämmte Blätter und keine Wurzeln führen und in jeder Axille eine kleine runde ansitzende Kapsel tragen, welche bivalv und unilocular und polysperm ist. Sind dies männliche Fruktifikationsorgane von einer *Jungermannia* oder sind es weibliche einer ganz neuen Art? Viele hundert Exemplare dieses Mooses habe ich sorgfältig besehen ehe ich sie berührte, um die wahren Fruchtkapseln einer *Jungermannia* an ihnen zu entdecken, immer vergebens, auch keine alten, keine Stiele sah ich je. Die männlichen Fruktifikationsorgane der Jungermannien sind mir im Gedächtniß nicht so gegenwärtig, Sie werden auf den ersten Blick entscheiden, obs Schwefelkies oder Golderz ist was ich Ihnen eben vorgehalten. — *Leskea sericea* ist auch unter den mir bekannten und häufig an Baumstämmen und Felsen *in subalpinis.*

Von Flechten, Farrn, Pilzen u. s. w. erzähle ich Ihnen später oder mündlich etwas. In inniger Verehrung und Hochachtung habe ich die Ehre mich zu nennen, verehrtester Herr Professor,

Ihr dankbarer Schüler
Dr. C. G. EHRENBERG

PS. Annuelle Moose und Formen wie *Buxbaumia*, *Diphyscum* etc. scheint es weder in Nordafrika noch in Syrien zu geben, obwohl *Buxbaumia* eigentlich einen afrikanischen Habitus hat und ich sonst wohl glaubte, daß alle Wege voll dergleichen Formen stehen müßten. An Bäumen ist in Egypten und Nubien und Dongola weder ein Moos noch eine Flechte. Nur in Gärten bei Damiatte und Rosette wächst *Parmel. parietina*.

111. *Chamisso an Hemprich und Ehrenberg

Neu Schöneberg, 10. April 1823

[. . .] Liebe Freunde, freuet Euch Eurer Thätigkeit, der frischen Entwicklung Eurer gesteigerten Kräfte in dem redlichen Kampfe mit der Natur, worin Ihr begriffen seid — zwingt ihr Vieles ab und immer noch mehr. Genießet und schwelget. Lustiges und frisches sehe ich eben nichts mehr in unserm alten Europa, alles welkt und läßt die Blätter hängen. Es möchte einem bedünken, als erwartete es, um wieder aufzuleben, mit Blut gedüngt zu werden. — Es ist schwüle, schwere Luft eingetreten, die dem Gewitter vorangeht. Krieg wird es wieder werden; der Boden ist überall minirt und contreminirt und die Lunten werden eben angeblasen. Bei solchen Umständen muß jedes Thun und Treiben, was in unmittelbarer Beziehung mit dem Gesammten der Zeit steht, recht nichtig erscheinen. Wer auch möchte bauen und pflanzen, wo ein Ausbruch des Vulkans bevorsteht und alle Augen und Sinne darauf gerichtet sind. Meine lieben Freunde, freut Euch ob 2 Dingen, und zwar das eine, daß Ihr in Afrika seid, und das andere, daß Ihr nicht seid in Europa. — Unterlaßt aber nicht, an uns zu denken, die wir Euch hegen und lieben, und erhaltet Euch frisch uns selber zum Muster und zur Erbauung. [. . .]

112. *Ehrenberg an Chamisso

Alexandrien am 26. September 1824

Guter, bester Freund.

Deine Briefe machen uns große Freude, Deine lezten Briefe lassen sich aber nicht in Prosa beantworten, weil sie innig ergreifend waren. Seit wann hat Dich der Hypochonder so ergriffen! So lahm meine Muse ist, so loderte sie doch auf und promenirte in folgenden Phrasen

Du alter Freund in Deiner Clause
Mit noch so langem Zopf,
Sag froh wie sonst noch eine Flause
Und werde mir kein Tropf.

Du hotzelst gar wohl schon zusammen
Ziehst Deine Segel ein,
Laß frischen Wind Dich neu entflammen
Und segl' im Sonnenschein!

Was wägest Du Europens Kriege
Was geht Dich 's Rheuma an!
Jetzt denk an des Versprechens G'nüge
Und stell den dritten Mann!

Dein

Ehrenberg

in treuer Freundschaft

In Syrien hat es viel Pflanzen geregnet. Ich habe schon im Ganzen mehr neue Genera gemacht als im Persoon alte stehen. Es werden doch hoffentlich 2 davon die Feuerprobe aushalten damit auf jeden von uns eine kömmt. Das Gänseblümchen war eine Alpenpflanze. Wir tappen so im Finstern herum wie blinde Hühner. Unser Perspectiv, der kleine Persoon, ist gewiß trübe und kurzsichtig. Wir werden oft ein Schwefelhölzchen für eine Turmspitze gehalten haben.

113. *Hemprich an Ehrenberg in Alexandrien

Cairo, d. 29. Sept. 1824

Liebster Ehrenberg!

Falkenstein ist heute hier angekommen als reuiger Sünder. Er will reisen wohin wir wollen und verspricht keine neuen dummen Streiche zu machen. Burkhardt ist auf den Todt krank am Fieber in Damiette. Die Lektion ist gut gewesen.

Der Reise steht nun, wenn Du es wagen willst, kein Hinderniß entgegen. Auch Martino der Italiäner hat sich wieder gemeldet, man hat mir aber abgerathen. Also zwey hätten wir. Martin Bretzka und Falkenstein. [. . .]

114. *Ehrenberg an Hemprich in Cairo

Alexandrien den 4t October 1824

Liebster Freund,

[. . .] Falkensteins Erscheinen ruft uns vorwärts. Ein Jahr wird bald im Reisen um seyn und jeder Ort den wir erreichen können wird so viel liefern, daß wir etwas nützen. Der Mangel an Geldmitteln, dem nöthigsten Reisebedürfnis, entschuldigt uns, wenn wir unsern Reiseplan nicht ins Abentheuerliche führen und zieht uns bey den Haaren nach Triest im nächsten Sommer. Also vorwärts! Marsch! Turum tum tum! turum tum tum! [. . .]

Dein Ehrenberg

115. *Ehrenberg an Hemprich in Cairo

Alexandrien, am 7. Okt. 1824

Lieber Hemprich

Fasse noch einmal die frohe Hoffnung. Mich dünkt, nicht ich bin es der Dich nicht nach Hause lassen will, es sind andere Kräfte, die uns beyden gebiethen. Ich war entschlossen mit Dir abzubrechen. Es ist anders gekommen. Jezt müssen wir schon nochmals anfassen. Je geringer das abentheuerliche Feuer ist, desto sichrer die Fahrt. Heut hier, über's Jahr wieder hier oder doch ganz nahe! [. . .]

116. *Ehrenberg an Hemprich in Cairo

Alexandrien, am 11ten Okt. 1824

Liebster Hemprich

Martin leidet seit 3 Tagen an einem Wechselfieber, geringerem Grade der *perniciosa*, ist aber mir dadurch völlig unnütz und braucht Abwartung. Ich bin dadurch mit Absand der Sammlung um so viel zurückgekommen. Alles Einpacken muß ich selbst machen und in die Stadt gehen, um 10 mal bestellte Kisten zum elften Male umsonst zu verlangen. Jeder Gang in die Stadt verdirbt einen halben Tag, da indeß zu Hause nichts geschieht. Bin ich zu Hause, so geschieht in der Stadt nichts. SOPRANICH reist Morgen ab. Ich kann die Sachen nicht mit ihm abschicken. Geduld also, Geduld! Kannst Du hierherkommen so gewinnen wir einen Monat Zeit. Willst Du Dich gedulden, bis ich langsam fertig bin, so ist mir's auch recht, da ich Dich gern den Beschwerden der Doppelreise überheben möchte. Ich kann noch nicht an etwas andres denken als an Vorbereitung der Absendung der Sammlung. [. . .]

117. EHRENBERG an LICHTENSTEIN

[Eingegangen in Berlin 28. Nov. 1824]

Alexandrien, am 16ten October 1824

Einer der beyden uns entlaufenen Deutschen, der bessere, hat sich reuig wieder zu uns gefunden, nachdem er den andren vom abentheuerlichen Marsche durch die Wüste todtkrank in Damiette liegenden verlassen hat. Zwey Leute welche wir früher entliessen haben wir ebenfalls wieder an uns gezogen und so wäre denn diess Hinderniss wieder besiegt. Die politischen Ereignisse sind besänftigt und wir wagen noch einen Ausflug nach Habesch. HEMPRICH hat in Cahira Gelegenheit gehabt mündlich Notizen von Abyssinien einzuziehen und sie sehr günstig gefunden. Einmal in Massaua soll man ohne Gefahr ins Innere gehen. Ferner hat ihm der coptische Patriarch in Cahira ein sehr warmes Empfehlungsschreiben an den Bischof in Abyssinien gegeben was uns sehr nützlich seyn wird. Ein Firman des Pascha von Egypten soll uns hoffentlich wohlbehalten bis Massaua fördern und ein guter Engel uns zurück zu Ihnen führen.

Wir werden demnach von Cahira nach Djedda segeln und von Djedda um Zeit für Abyssinien zu gewinnen gerade nach Massaua steuern. Auf den Inseln an der Küste und im Innern von Abyssinien werden wir uns so lange verweilen bis unser Geld den Heimweg begehrt. [. . .]

118. *EHRENBERG an LINK

[Eingegangen in Berlin 15. Nov. 1824]

Alexandrien am 17. Oct. 1824

Innig verehrter Herr Professor

Von Bairut aus hatte ich die Ehre Ihnen in ein Paar Zeilen den glücklichen Anfang unsrer Pflanzenerndte zu melden. Unsre Hoffnung ist übertroffen worden. Über 1000 Arten (ich zähle 1140) sind uns binnen 2½ Monaten in die Hände gefallen. Die Zahl möge es entschuldigen, wenn die Bestimmung aller Formen flüchtig und oft mangelhaft ist. Meine seit 4 Jahren nicht genährten Erinnerungen haben nothwendig große Lücken bekommen und Sie werden häufig Unkraut unter dem Weitzen finden. Hätten uns nicht die ähnlichen abyssinischen Berge gelockt, so wäre es wohl der Mühe werth gewesen auf der andern Hälfte des Libanon und in der Jordanaue diese Zahl zu verdoppeln. Allein von all diesen vielen Hundert Pflanzenformen waren bloß 21, welche nicht in die PERSOON-LINNEIschen Gattungen paßten. Keine neue Cryptogamengattung, wenn nicht eine Jungermannien-artige Form, die der Frucht halber vielleicht zu *Lycopodium* gehalten werden muß, eine neue Lebermoosgattung bildet. Besonders unter den Dolden scheinen neue Formen zu seyn, und obwohl ich aus der übrigen Masse 6—700

Süd u. Nordeuropäer herauszufinden meynte, so kann es doch wohl nicht, wenigstens an einem guten Theile, neuer Pflanzenarten fehlen. Schade, daß die Berge nicht südlicher waren! Obwohl durch so viele Widerwärtigkeiten sehr entmuthigt haben wir uns doch noch einmal ermannt um Trotz zu biethen und steuern nun den Abyssinischen Alpen zu. Der Gefahren sind viele, aber unsre Hoffnung ist groß. Ohne des an wichtigen Formen reichen Meeres zu gedenken so muß, wo He. SALT im Vorüberziehen eine solche Menge Eigenthümliches fand, für uns noch etwas mehr gewachsen seyn. Glückt es uns die rechte Jahreszeit zu treffen, so erwarten Sie uns immer voll herrlicher Pflanzen.

Gern thäten wir auch für Physik und Geographie etwas, allein die Herrn Physiker haben uns verlassen und keines der seit 3 Jahren erbetenen Instrumente ist angekommen. [. . .]

Rücksichtlich der dem botanischen Garten zugesandten Sämereyen hätten wir 3 Bitten an Sie, Theuerster Herr Professor, die Sie vielleicht schon ohne unser Erinnern etwas haben berücksichtigen lassen.

1) Es möchten doch alle für neu erkannte blühende Pflanzen sogleich durch eine Abbildung festgehalten werden.

2) Es möchte Altes und Neues was aus den Saamen hervorgeht, sobald es erkannt ist, aufgeschrieben werden nebst dem von uns beygefügten Fundorte.

3) Es möchte in einem Winkel des botanischen Gartens eine lebendige nordafrikanische und syrische Flor bis zu unsrer Rückkehr gesondert erhalten werden. Die syrischen Pflanzen dauern vielleicht meist im Freyen aus.

Wir möchten gern bey einer spätern Bearbeitung der Pflanzen möglichst umständlich zu Werke gehen und nur lebendige Pflanzen geben lebendige Wahrheiten. — Im Fall Herrn Insp. OTTO's weitläufige Arbeiten diese Bemühungen unmöglich machten, so würde He. Prof. NEES in Bonn gewiß sehr gern die Hand dazu biethen und die Hälfte aller Sämereyen an ihn gesandt würde diese Zwecke leicht erfüllen.

So Gott will ist es mir erlaubt im künftigen Jahre Ihnen mündlich zu sagen, daß ich nie aufhören werde zu seyn

Ihr innig dankbarer Dr. C. G. EHRENBERG

119. *EHRENBERG an RUDOLPHI

Alexandrien, 21. October 1824

Innig verehrter Herr Geheimrath.

Der vor einigen Tagen von mir abgesandte Transport unserer Sammlung enthält den Schatz von Seethieren, von welchem wir Ihnen früher meldeten. Wir haben die Glasfläschchen, weil sie oft austrockneten, sämtlich in Blechkasten unter Branntwein gesetzt und hoffen sie so sämtlich gut zu erhalten. Durch Ihre gütige Vorsorge werden ja wohl dann alle einzelnen Fläschchen revidirt und mit neuem Pfropf und Etikette versehen. Da immer gleichartige Hunderte beisammen stehen, so werden einzelne verloschene Nummern sich wohl leicht ergänzen lassen. Zuweilen waren wir genöthigt ziemlich dicke weiche Thiere mit einigem Zwang durch eine enge Öffnung in die vorhandenen Fläschchen zu bringen, dergleichen Fläschchen möchten lieber behutsam zerschlagen und mit anderen ausgetauscht werden, die eine grössere Öffnung haben, weil das Herausnehmen dieser Körper ohne Zerreissung fast unmöglich ist. Für Entozoologie hatten wir viel eingetragen. Ob wohl alles bei Ihnen angekommen ist? Was wir von jetzt an eintragen, setzen wir alles wieder in Blechkasten und diese Methode wird es hoffentlich völlig sichern.

In Syrien hat die Botanik der feineren Zoologie einigen Eintrag gethan, weil jene all unsre Sinne reizte und die kurze Zeit unsres Aufenthaltes beim steten Herumziehen uns zu wenig Ruhe liess. Der syrische Regenwurm ist wieder *Enterion terrestre* Savigny, und zwei neue Egel sind die Anneliden. Ein *Limax* scheint neu; mehrere neue Landschnecken und unter ihnen eine neue Gattung bilden die Mollusken des Landes. Eingeweidewürmer hatte der Bär nicht und haben wir überhaupt fast gar nicht beobachtet. Insekten haben sich doch eine ziemliche Zahl zusammengefunden. Wenig aegyptisches, mehr europäisches, nicht selten eigenthümliches.

Bei unserer Rückkehr nach Aegypten gab der hohe Nilstand uns Gelegenheit die Flussconchylien genauer zu studiren. Ich malte das Thier einer *Ampullaria*, einer *Melania* (ob eigene Gattung?) u. meyne von *Lymnaeus* eine Form trennen zu müssen, welche die Augen rechts (nach aussen) trägt. Ein paar Formen schöner grosser Wasserspinnen mehrten die Zahl der aegyptischen Arachniden. In Syrien machten wir die interessante Bemerkung daß *Mygale* vier Lungen hat, nicht zwei wie ihre Consorten[53].

In Alexandrien fanden sich in einem im September getödteten Exemplare der *Platalea leucorodia* fünf Sorten Eingeweidewürmer, nämlich im Magenschleim eine *Taenia*, im Dünndarm dicht am Pylorus ein wunderbares *Amphistoma*??, was Ihrer Untersuchung werth zu sein scheint. Ferner saß im oberen Dünndarm häufig ein *Echinorrhynchus* fest angeheftet, im unteren Dünndarm ein ähnlicher größerer. Im Rectum fand sich ein *Distoma* (ob *D. bilobum*?).

Zwei Specimina des *Grus Virgo*, welche ich im October in Alexandrien kaufte, hatten keine Würmer, da mir ferner einfiel, dass dies der einzige Vogel sein solle der kein Pecten im Auge habe (vrgl. MECKEL Anmerk. zu CUVIER's Vergl. Anat.) so wollte ich mich davon überzeugen, fand aber leider, dass es eine Lüge oder ein Irrthum von PERRAULT war. Ein ungeheuer grosser Kamm theilt fast die hintere Augenkammer in 2 Hälften, hat 13 Falten usw. Alle 4 Augen, von einem die Hälfte, habe ich in Spiritus gesetzt für Ihr Museum. Balg und Skelet des Vogels befinden sich in derselben Sendung. Keinem von den uns vorgekommenen Reiher-Arten fehlte das Pecten.

Wir ziehen denn noch einmal zum rothen Meere, u. südlicher als je wollen wir wieder unsere Kasten füllen. Die Spirituosen, welche wir mitbringen, sollen sich hoffentlich ein schönes Lokal in Ihren Museen verdienen. Die Meeresprodukte sind uns wohl in bedeutender Zahl gewiss, wenn es doch ebenso die abyssinischen Pflanzen wären. Die rechte Jahreszeit würde uns mit unerhörtem Reichthum überschütten, die schlechte kann uns leicht kärglich abspeisen. Man muss hoffen und wagen das Glück zu erjagen. Bei Axum und am Tacazze mag es wohl das beste geben. Geleite der Himmel uns rasch und glücklich dorthin! Vielleicht gelingt es auch das Wesen der Korallenthiere vollends zu ertappen, eine Zahl Muschelthiere zu beobachten, die Eingeweide u. Eingeweidewürmer einiger Hundert noch nicht in dieser Hinsicht besehener Fische zu gewinnen cet. Kurz wir sehen viel Arbeit und viel Gewinn, nur Glück und Gesundheit!

In inniger Hochachtung u. Verehrung

Ew. Hochwohlgebohren

dankbarster

C. G. EHRENBERG

PS Der Schädel des syrischen Bären ließe sich, ehe der Balg ausgestopft wird mit unserm Landbärschädel vergleichen und so die Identität oder Verschiedenheit sicher ausmitteln. Er ist nicht zerschlagen, wir haben nur die obere Schädelplatte ringsum abgemeisselt, um das Gehirn ganz herauszunehmen, und wieder aufgebunden. Schade daß wir nicht noch einen zum Skelet bekamen, wir sahen weiß und braun gefleckte Bären (junge). Sehr selten soll es dunkler gefärbte geben. Die Bauern deren wir uns zur Jagd bedienten, ließen sich vorher einsegnen.

120. HEMPRICH an LICHTENSTEIN
[Eingegangen in Berlin 22. Jan. 1825]

Cairo d. 20t. November 1824

Innig verehrter Herr Professor!

[. . .] Wir entschlossen uns eine letzte kurze aber erfolgreiche Farth zu machen. Wir wollen von Suez nach Djedda von Djedda grade nach Massaua gehn in Massaua sollte EHRENBERG bleiben, ich in's Innere gehen; dann ich bleiben und EHRENBERG in's Innere gehen. Nach 5—6 Monaten Aufenthalt wollten wir dann direkt über Suakem, Cosseir nach Cairo rückkehren. 10 Monate war als Reisezeit, 2500 Colonaten als Reisekosten berechnet. Mitte Oktober spätestens wollten wir in Suez zur Abreise bereit seyn.

Leider aber ward MARTIN BRETZKA in Alexandrien und FALKENSTEIN in Cairo von der *Febris intermittens perniciosa dysenterica* befallen. Dies und die Manuskripte, mit denen uns der lügenhafte JACHJA EFFENDI von Tage zu Tage hinzog[54], haben uns bis jetzt verzögert, und wir dürfen kaum hoffen vor Mitte Dezember von Suez wegzukommen. December, Januar und Februar sind die Monate wo man die contrairen Südwestwinde am meisten zu fürchten hat; es könnte also leicht seyn, daß wir vor Ende Februar nicht in Massaua seyn könnten. Dort müssen wir uns mindestens 5 Monate aufhalten; könnten also erst im August die Rückreise antreten, und die Reise dürfte also ein Jahr dauern und 400 bis 500 Collonaten mehr kosten.

Wir besitzen nach gemachten Ausrüstungsausgaben noch:
2320 Collonaten. — Damit hoffen wir trotz der unerwarteten Mehrausgaben Reise und Rückreise bis Cairo und Sold der Leute zu bestreiten, nur wie wir früher hofften damit auch bis Triest auszureichen wird wahrscheinlich unmöglich seyn. Wir müssen Sie also ergebenst bitten Seine Exzellenz den Herrn Staatsminister in unserm Nahmen unterthänig um einen bey unsrer Rückkehr in Cairo September oder October 1825 disponibeln Nachschuß von mindestens 2000 Floren anzuflehen mit dem wir dann bis Berlin auszureichen suchen werden. Sie versprachen uns im Nothfall einen Zuschuß von Rthl 200 zur Reise von Triest bis Berlin, das ist aber unstreitig nur ein Schreibfehler, denn wenn ich und EHRENBERG wir auch jeder in Triest uns nur einen groben Tuchrock kaufen und in den Wintermonaten zu Fuß nach Berlin pilgern (wozu ich von Egyptens Sonne verwöhnter Sohn des Nordens aber keine Lust habe) so würden doch 200 Rthl. ein zu kärgliches *viaticum* seyn. Die Hohe Gnade und Großherzigkeit Sr. Exzellenz des Herrn Staatsministers und Ihre Güte und Freundschaft bürgt uns dafür, daß das Ganze nur ein Schreibfehler ist und 2000 Rthlr heißen soll. Wir glauben sicher, daß Se. Majestät unser Allergnädigster König die Herausgabe der Reiseresultate anbefehlen und daß Höchstdieselben diese so huldreich unterstützen werden als die Reise selbst. Kurz wir denken, daß bey der bekannten Liberalität und Gerechtigkeit unsrer vaterländischen Regierung ein schon so weit gediehenes Werk, das Ihrer Unermüdlichkeit schon so vieles dankt, nicht mehr verkümmern könne, besonders da wir weder durch Ueberschreiten der bewilligten Summe noch sonst durch etwas Grund zur Unzufriedenheit geben und, wie wir hoffen, unsere frühern Leistungen übertreffen werden. [. . .]

Da wir die Zeit unserer Thätigkeit in Abyssinien, denn die Hin- u. Herreise kann nicht gerechnet werden, nur sehr beschränkt (4—5 Monate) annehmen, u. wir uns dort in 2 Partheyen trennen müssen (indem einer von uns mit dem Mammon und schweren Gepäck an der Küste bleibt, der andre die Excursionen ins Innere macht), so war es nöthig eine größere Zahl von Gehülfen zu haben. Wir haben außer den 3 erwähnten, noch einen gewissen NIEMEYER, der sich rühmt Ihr Verwandter zu seyn, und einen freyen Neger, der sehr brauchbar zu seyn scheint, angenommen. Ein Araber dient als Koch u. zu den niedrigen Arbeiten, zu denen die Europaeer hier sich nicht verstehen wollen. Ein Maler soll EHRENBERG helfen die Naturkörper durch treue Bilder festhalten und zugleich in einigen Ansichten und Kostümen unserm Werklein ein allgemeines Interesse geben. Herr FINZI der Maler dient uns als verlässiger Reisegefärthe und wird durch ein Hundert nach der Natur gemalte Fischabbildungen und durch das Zeichnen der wichtigern Pflanzenformen nach der Natur uns später in Berlin einen dazu anzunehmenden Maler ersparen. Wir sind 9 Personen; u. werden so in 4 oder 5 Monaten was Tüchtiges leisten können. Schade, daß die Vorbereitung, die Hin und die Rückreise so viel Zeit kosten, sonst würde das Ganze sehr wenig Zeit u. Geld kosten. [. . .]

Wenn also nicht Mangel an Schiffen oder widriger Wind uns länger in Suez oder Djedda aufhält, oder epidemische Krankheiten oder nicht voraus zu berechnende politische Ereignisse unsere Reisezeit verlängern, so reichen wir mit den uns Allergnädigst bewilligten Fonds bis Cairo vielleicht auch bis Alexandrien vollkommen aus. Da uns nun die bloße Möglichkeit einer Mehrausgabe und die bloße Möglichkeit von Hindernissen nach so bestimmten Befehlen von Seiten der Höchsten und Hohen Behörden von der Reise nicht abhalten konnte, so reisen wir in Gottes Nahmen, werden pflichtschuldig Alles Mögliche thun, um Mehrausgaben zu vermeiden, und hoffen im Nothfall auf die Hohe Milde unsres Monarchen, die uns 5jährige Pilger im Morgenlande nicht verlassen wird.

Ich empfehle Ihnen meine Mutter; Sie und uns dem Schutz des Höchsten und bin in inniger Hochachtung und verehrender Liebe

Ew. Hochwohlgebohren
dankbar ergebner HEMPRICH

121. Minister VON ALTENSTEIN an HEMPRICH u. EHRENBERG

Berlin, 20. Februar 1825

Ihr Bericht vom 22ten November v. J. ist mir vor einigen Tagen richtig zugegangen. Es ist mir erfreulich gewesen, dadurch nähere Nachricht von Ihnen zu erhalten, und ich hoffe, daß Sie die ganze Expedition nunmehr glücklich beendigen und in Ihre Heimath zurückkehren werden.

Die darin erwähnten beiden Sendungen von 16 Kisten mit Naturalien und 2 Kisten mit Insekten sind eben so wie die am 20t. November v. J. abgesandten 6 arabische Manuscripte und 200 Blätter Zeichnungen glücklich in Triest angelangt, und werden auch hoffentlich im erwünschten Zustande im Laufe des künftigen und des nächstfolgenden Monats hier ankommen.

Was dagegen den von Ihnen zur Vollendung der Reise und zu Ihrer Zurückkunft hierher ferner erbetenen Zuschuß von 1000 Colonaten oder 2000 Floren betrifft, so kann ich mich nur auf den Inhalt meines Rescripts vom 12ten Juny v. J. beziehen, woraus Ihnen die derfalsigen Bestimmungen Sr. Majestät des Königs vollständig bekannt sind. Der Professor LICHTENSTEIN ist daher auch wiederholt veranlaßt worden, Sie hierauf aufmerksam zu machen, um demgemäß Ihre Einrichtungen zu treffen.

v. ALTENSTEIN

122. *EHRENBERG an seinen Vater

Cahira am 22. November 1824

Lieber Vater,

Noch kann ich nicht in diesem Jahre mit meinem Freunde HEMPRICH an Ihre Thür klopfen, so gern ichs wünschte. Eben sind wir im Begriff mit einigen 30 Kamelen wieder von Cahira nach Süden zu ziehen. Vorwärts, ihr langbeinigen Bestien, tummelt euch, daß wir bald wiederkommen! Du hölzerner Kasten mit dünnen Leinwandlumpen, arabisches Schiff, führ uns rasch nach Djedda und Massaua wo unsre Blumen blühn und bring uns bald wieder an den Mosesbrunnen, denn von da geht es dann rasch weiter nach Norden und Norden, bis dahin wo der herrliche Schnee fällt, wo die schönen Kartoffeln blühen und unter Zwetschken die Freunde wohnen.

Unsre Deserteurs kamen wieder, in Oberegypten ward es ruhig und so ist es denn unsre Pflicht noch in unsrer Festung auszuhalten. Zu Weyhnacht übers Jahr aber können wir, wenn nicht sehr ungünstige Verhältnisse über uns gebiethen, nicht weit mehr vom Vaterlande sein. Alle Auspicien sind gut und besser als je. Hoffentlich wird uns nach so vieler fast vergeblicher Anstrengung das Glück einmal freundlich begegnen. [...]

123. *EHRENBERG an CHAMISSO

Bulak am 27. Nov. 1824

Guter langer Freund Chamisso

Ich bin immer etwas neidisch, wenn ich HEMPRICHEN ansehe oder Dich mir vorstelle, daß ich etwas zu klein davon gekommen bin. EYSENHARDTEN oder SCHLECHTENDALEN tret ich schon eher unters Gesicht, aber ihr beyden seyd fürchterlich lang. Es läßt sich nicht ändern. Man muß zufrieden seyn. Als wir neulich von der Bärenhetze kamen schrieb ich Dir eine Antwort auf Deinen mißlaunigen Brief. Vielleicht nützt Dir dasselbe recept, welches wir befolgen. Rp.: Eine Schalmey

Eine Geige

Misceatur ludatur usque ad nauseam

Du kannst glauben, wenn man so recht mitten unter gellenden Tönen gewesen ist schläft sichs herrlich drauf und man bekömmt so viel Appetit, daß es einen ankömmt die Schalmey und die Geige mit zu verzehren. Theurer Freund Du warst so philosophisch und scheinst es nicht mehr zu seyn. Warum? Nirgends braten sich die Gänse von selbst, man muß sie stopfen, rupfen, in gelindes Feuer bringen und ja nicht verbrennen. Ich möchte auch manchmal gern gebratne Gänse essen, aber es giebt hier keine die das Braten werth sind und zum Stopfen hat ein Reisender keine Zeit. Bist immer besser dran, kannst so gelegentlich welche mit anfüttern.

[...] Der Weg von Cahira über Abyssinien nach Berlin soll nicht gerade der gerad'ste seyn, weil wir aber gern wollten Deinen Jungens einen kleinen Elephanten mit bringen, haben wir einen Umweg nicht angesehen. Wir denken noch 12 Monate zu brauchen eh wir zu Euch kommen. Euch Botanikern liegt es ob, hie und da mit bey Herrn Inspector OTTO an den ich schrieb und den ich wieder herzlich grüße etwas für den botanischen Theil unsrer Reise zu sprechen. Wir wollen nichts weiter als die überschickten Sämereyen (auch ...... *oleraceus*) als blühende Pflanzen wiederfinden und die überschickten Pflanzen in wohlverwahrten Kisten durch beygelegte Terpentinöhlpapiere gesichert wissen.

Berichte doch gelegentlich unter bester Empfehlung und Herzlichem Gruße an Herrn Prof. HORKEL, daß ich Nymphaeen Blüthen, beyder Arten, in Menge und in den verschiedensten Altern in Spiritus gesetzt habe, was bereits in Berlin angekommen seyn muß. Frische Exemplare sind an Ort und Stelle mehrere zergliedert worden und die Differenzen der beyden Arten bis zum Embryo sind vorläufig festgehalten worden. *Nelumbo* scheint nicht zu existiren.

Grüße von mir und HEMPRICH an Dich und SCHLECHTENDAL

Dein treuer Gevatter
EHRENBERG

124. *EYSENHARDT an HEMPRICH und EHRENBERG

Berlin, den 19ten November 1824

Liebsten Freunde.

[. . .] Dass es Euch nicht zum Besten jetzt geht, hat mir LICHTENSTEIN gesagt. Ihr wisst, welchen Antheil ich an Euren Schicksalen nehme, u. wie sehr ich (was freilich ein Jeder thut) Eurer Reise den glücklichsten Fortgang wünsche. Aber Eines lasst Euch gesagt sein: wenn die Aussichten zu trübe werden, so kommt zurück, u. setzt Euer Leben nicht daran. Ihr müsst bedenken, dass die grösste Frucht Eurer Reise erst nach Eurer Zurückkunft erwachsen kann, wenn Ihr nämlich Eure Sammlungen u. Manuscripte bearbeiten werdet. Stirbt einer von Euch, so ist, abgesehen von allen andern menschlichen Rücksichten, der Verlust für die Wissenschaft weit grösser, als durch Unterlassung einer Excursion in Abyssinien, oder sonst wo, hinein. Nehmt das zu Herzen, u. habt das *Ne quid nimis* fortan vor Euch! [. . .]

Herzlichst

der Eurige

EYSENHARDT

125. *SCHLECHTENDAL an EHRENBERG

Berlin, Neujahr 1825

Das neue Jahr kann ich nicht besser beginnen, als dass ich alle Sünden bereue und wieder gut zu machen versuche, dass ich mich häute, den alten Adam abstreife, kurz dass ich an Dich, an Euch schreibe. Das nächste, aber nicht das Beste wäre Dich mit Jeremiaden zu überschütten, aber wozu? Du bist dem Vaterlande des seeligen Jeremias so nahe und hast so viele selbst zu singen, dass ich Dich mit fremden wenn gleich befreundeten, in deren schlechten Sang und Klang Du doch zurücktauchen musst, verschonen will. Ein halbes Jahr lang und drüber habe ich den Kopf aus dem Heuschober gezogen und mich in der civilisirten europäischen Welt ein wenig umgesehn, das hat mir neuen Muth gegeben, die alpinische Luft und der alpinische Duft haben Herz und Brust erfrischt und gestärkt, und die Dreck- und Stinkstadt hat mir ihr Gift und ihre Luft gezeigt, ohne daß es anders als auf Nase und Augen widerlich gewirkt hat. Und nun bin ich wieder hier und sehe die *giganteam molem* von Naturprodukten, die Ihr in Wüsten und Einöden zwischen menschlichen und thierischen Bestien aus dem großen Urruderatum Aegypten zusammengeschleppt habt und sperr darob Maul und Augen auf wie es möglich sei. Zugleich wird es mir dabei etwas ängstlich, dass Ihr noch nicht rückkehret, wieder eindringen wollet gen Habesch, nimmer zufrieden, nimmer rastend und ruhend. Es wird mir bange, wie diese Massen geordnet, bearbeitet, beschrieben, gezeichnet, gedruckt und gestochen erscheinen sollen, denn der *nervus rerum gerendarum* leidet an Schwäche und Nervenschwäche! — [. . .]

Das Herbarium ist jetzt in Schöneberg in einem Gebäude ehemals dem Justizrath SCHÜTZ gehörig, dessen ganzes Grundstück der König kaufte, das Hauptgebäude dem Herbario bestimmend mit Ausschluss des Saales, worin der Verein für Gartenkultur in Preussen seine Sitzungen hält, der Garten und die ehemaligen Wirthschaftsgebäude sind für die Gärtnerlehranstalt bestimmt, in der einige junge Leute zu ausgezeichneten Gärtnern gebildet werden sollen, *tempus docebit.* Mir als Heu-Cerberus hatte man ein grossartiges Hundehaus zur Wohnung ebendaselbst angewiesen, da ich aber weder zu verschimmeln noch ein Anachoret zu werden gesonnen bin, habe ich mich wieder herausbegeben und lebe wieder *in ipsa urbe.* Freund CHAMISSO der die Stadt nicht wieder verlassen hat, seit er sich verbrannt hat, erhält einzelne kommissarische Aufträge *quoad rem herbariam*; OTTO lebt lustig und in Frieden, schleppt unbändig viel Pflanzen zusammen und hält sie *solito more* vortrefflich; LINK lebt als Genie auch wie bisher, macht gute Witze, isst gut und trinkt noch besser, schreibt Bücher verschiednen Inhalts und Werths und ist mein guter Freund. HORKEL arbeitet fleißig, aber weder Purganzen noch Vomitiven können ihn zum Ediren zwingen; HAYNE geht seinen ängstlichen Schritt, seine schon von jeher ausgezeichnet hysterische Frau ist närrisch geworden und bewohnt mit WILKEN, der nach kurzer Genesung wieder toll geworden ist, den Sonnenstein, LICHTENSTEIN leidet an Hämorrhoiden und kommt vor Kaufmannsgeschäften nicht zu wissenschaftlichen, WEISS stochert nach wie vor mit dem Federmesser in den Zähnen *et sic porro*, jeder nach seiner Art. HOFFMANN ist Professor in Halle, RUNGE sitzt in Paris und fabelt und untersucht und unser armer Freund EYSENHARDT ist hier, um in diesem günstigen Klima, das nach meinem Bedünken doch recht spottschlecht ist, eine Besserung abzuwarten, die ihm, wie ich fürchte, nie mehr werden wird. Alles heirathet und ist mehr oder weniger fruchtbar und mehret sich und die Kindlein wachsen auf und stellen sich immer grösser neben einen hin und wir fahren stets noch als Einspänner umher und mancher wirds bleiben sein Lebelang. In der Botanik ist es jetzt Mode geworden Systeme zu schreiben, DECANDOLLE schreibt eins, SCHULTES quält sich mit dem zweiten, SPRENGEL huscht das dritte zusammen und HOOKER soll das vierte anfangen, ausserdem denkt PERSOONIUS auch noch an einer neuen Ausgabe der Synopsis, so war vor ein Paar Jahren die Mode Handbücher zu schreiben, von denen wir wohl über ein halbes Schock haben werden. Ich habe weiter nichts geschrieben als eine *Flora Berolinensis* in zwei Bänden von denen der erste in seinem Fett erstickt, der zweite an Schwindsucht vergeht. Jetzt fange ich *Adumbrationes plantarum* ein Werk mit Kupfern, den Anfang melke ich aus der Warze des grossen Euters, Afrika genannt, aus dem Cap, es ist eine Auseinandersetzung der Capschen *Filices*; dem soll sich CHAMISSO anschliessen mit den nordischen *Caricibus*. Frost und Hitze das kann ein Fieber geben. Die Flor von Berlin hat nach mir noch zwei Bearbeiter gefunden, der eine DIETRICH, ein früher von Halle weggejagter Student, hat sie mit deutschen Füssen breit getreten und verwässert. Dazu hat LINK eine Vorrede geschrieben und ihm das Lehramt der Botanik an der Gärtnerschule verschafft; der andere ein Studio BRANDT, hat sie *in nuce* zusammengezogen und die fatalen Neuerungen ausgemerzt, auf HAYNE's Rath und Wunsch. Noch ist hier in Berlin ein Pflanzenphysiolog SCHULZ zur Pepinière gehörig, der eine neue Fackel angezündet hat und sie nicht zu tragen versteht, so dass er sich selbst schon verbrannt hat. SIEBER ist mit grossen Pflanzenschätzen aus Neuholland zurück, er wollte hier in aller Schnelligkeit Professor werden, das ging aber so leicht nicht, da hat er sich denn in Dresden niedergelassen, wo ihn REICHENBACH gewiß um einige Arten reicher machen wird, denn der sieht die neuen Arten dutzendweise. [. . .] Dr. PÖPPIG den Du wohl kennen wirst, ist jetzt längere Zeit in Cuba gewesen, hat dort viel gesammelt, drauf sich nach Nordamerika begeben wo er auch sammeln wird und wird nun durch eine Aktienaushülfe in den Stand gesetzt nach den Sandwich Inseln und Neuholland zu gehen um auch dort zusammen zu schleppen. SELLO sammelt noch in Brasilien, seine letzte Sendung ist aber Vater Neptun bei Helgoland in die Hände gefallen, am Cap sammelt ein gewisser KREBS, der aber lange nichts gesendet hat. Was RÜPPEL für Frankfurt gesammelt hat ist eine wahre Kleinigkeit gegen das was Ihr geschickt habt, ich habe die Sachen *in loco* gesehen. NEES erhält schöne Sachen aus Java durch den Dr. BLUME, welch' ein Reichthum ist dort an Laub- und Lebermoosen! Der GRAF SACK ist mit DEPPE (kennst Du ihn?) nach Mexico abgegangen, aber Sr. gräfliche Gnaden sind ein zu verbohrter Kauz, als dass auf grosse Ausbeute zu rechnen wäre. Es wird immer zweifelhafter ob HUMBOLDT noch reisen wird, soviel ist gewiss dass KUNTH der jetzt in der Beendigung der botanischen Werke ist, in diesem Jahr seinen Sitz bei uns aufschlagen wird, um sich nun auch einmal an frischen

Pflanzen zu versuchen, er wird hier wohl sitzen bleiben und sich einen bequemen Posten geben lassen bei dem er keine *onera* hat. [. . .]

Da habe ich Dir denn allerhand Notizen bunt durch einander vorgehalten, geniesse davon was Dir schmeckt. Dass ich nicht trüb geschwiegen aus Trägheit nicht aus bösem Willen, ich habe es mir hundertmal vorgenommen an Dich zu schreiben, aber eben so oft es auch wieder verrutscht, so geht es mir mit allen Dingen und drum wird auch nichts aus mir. Hier wird jetzt mörderisch verändert, man lässt viele Stellen eingehen, macht Abzüge vom Gehalt, erhöht Post und Chausseegeld, fabrizirt neues Papiergeld alles um Ausgaben und Einnahmen mehr in Harmonie zu bringen. Dennoch wird ungeheuer viel gebaut in Berlin, so dass Du manche Theile der Stadt sehr verändert finden wirst, die Volksmenge wächst, die Getreidepreise sind äusserst niedrig zum Verzweifeln für die Producenten; dabei ist diesen Herbst ein solcher Wind- und Wasser-Ueberfluss, dass von allen Orten Klagen einlaufen, der Weltuntergang sollte bestimmt vergangene Weihnachten eintreffen, aber nur ein Donnerschlag liess sich hören, der jedoch genug Menschen um ihre armseelige Menschlichkeit erzittern machte. Ueberall will man Erdbeben verspüren, dicke Quellen sollen plötzlich aus dem Erdboden sich aufthun, kurz man beschuldigt Erde und Himmel der grässlichsten Umtriebe, aber wo sind die Giganten, die sich dagegen auflehnen könnten seit Ilium, [. . .] der kleine erbärmliche Mensch kann diese wilden Mächte nicht besänftigen, kann ja seine eignen kleinen Kräfte meist nicht bezwingen.

Alle die göttlichen himmlischen Schaaren, Cherubim, Seraphim sollen Euch wahren. Gott befohlen, kehret frisch und gesund wieder, wenn Euch die Krokodile leben lassen, so soll Euch auch hier niemand etwas anhaben. Gruss und Handschlag Euch muthigen Männern der Wüste von Eurem alten Freunde SCHLECHTENDAL.

126. HEMPRICH an LICHTENSTEIN

[Eingegangen in Berlin 14. Febr. 1825]

Suez d. 7ten Dezember 1824

[. . .] Morgen Abend gehen wir an Bord der Sium Fatuh el cheir Kapitain Dafr Abu Selim nach Djedda ab. Wir haben bis hieher viel Unglück gehabt.

[. . .] 2.) Als eben aufgeladen werden sollte ging Herrn FINZI, dem Mahler, die Flinte los und der ganze Schuss zerschmetterte einem nebenstehenden Beduinen den Fuss. Neue Schwierigkeiten, neue Unkosten. Soldaten des Paschaga, Schanisch, Chiech der Tribus mussten Trinkgelder haben; dem Verwundeten mussten 1000 Piaster gezahlt werden, FINZI musste zurückbleiben und mit einem Dromedar nach Suez über Matarieh nachkommen um sich und uns nicht der Blutrache auszusetzen. Herr CHAMPION der würdige österreichische Consul hat den grössten Theil dieser Lasten auf sich genommen aber 30 Collonaten sind uns zugefallen, die wir aber indess aufs Conto des FINZI geschrieben haben.

3.) In Suez angekommen gaben wir an den Commandanten, MUSTAPHA AGA seit 2 Monaten vom Pascha neu ernannt, unser Empfehlungsschreiben ab und baten ihn uns eilig ein Schiff zu verschaffen. 2 Kistchen Salaisor begleiteten unsre Bitte (86 Piaster im Werth). MUSTAPHA AGA erklärte uns aber am andern Tage rund heraus wir würden trotz der Empfehlung des Pascha kein Schiff erhalten wenn wir ihm nicht ein Geschenk von 100 Colonaten machen würden. Ich habe mich mit ihm gestritten, gezankt und habe mit allen Drohungen etc. es dahin gebracht, dass aus den 100 Colon. 40 wurden. [. . .]

Eine neue *Doris*, *tigrina* N; ein neues genus von nudibranchen *Polybranchus* N. und einige andre Nova haben wir in diesen Tagen erbeutet. Herr FINZI hat angefangen sich an Crustaceen zu versuchen. Er hat viel Lust und auch Geschick. Dann soll es an die Fische gehen. Es wird nach etwas unglücklichem Eingange wohl Alles gut gehen. [. . .]

127. *Ehrenberg an seinen Vater

Djedda, zum 1. Januar 1825

Lieber Vater

Glück und Freude zum Anfang und Ende des neuen Jahres! Wir liegen im Hafen von Djedda, sind glücklich über Corallen gehüpft und befinden uns wohl. [. . .] Wir gingen zu Kamel von Cahira nach Suez, zu Schiffe von Suez nach Tor, von Tor nach Ras Muhammed, von Ras Muhammed nach Wusch, von Wusch nach Hassani (eine große Insel) von da nach Mahas (eine Bucht am Lande), von Mahas nach Jambo. Jambo ist eine kleine Stadt an einem großen sichern Hafen, wo man Zwiebeln, Weitzen, Möhren, Fische, Ziegen- und Kamelfleisch, aber keine Kaffeetassen zu Kauf erhalten kann. Leider hatte nehmlich Herr Blasius unser offnes Schifflein so maltraitirt daß alle Kaffeetassen in ihre Urbestandtheile zurückgekehrt waren. Am Weynachtsheiligenabend fuhren wir von Jambo nach Edschas, kochten am Abend einen Thee, gossen etwas Rum hinein und nannten es Punsch. Zu Weynacht ankerten wir in Mastura. Kein Christbaum, kein Kuchen, aber Fische für Magen und Kopf. Nach Mastura zogen wir gen Dinab wo einige Pflanzen für uns blühten. El Goat, Obhor, Djedda.

Djedda ähnelt von weitem unserm Löbnitz, heißt eine große Stadt, hat einen gefährlichen aber großen Hafen und wird uns wohl einige Tage langweilen, weil wir hier ein anderes Schiff miethen müssen und dem heiligen Eifer der Muhamedaner mit unserm Sammeln von Naturalien des Landes nicht sehr in den Weg treten dürfen. [. . .]

Auf dem Markte verkauft man gebratne Heuschrecken die guten Abgang finden.

Christen dürfen hier nicht zum Thore hinausgehen, weil die Thore dadurch entweiht werden, demohngeachtet habe ich es einige male drauf ankommen lassen müssen, weil das im Hause sitzen unserm Zweck zuwider ist. Der große Scherif von Mecca war neulich hier, machte bekannt, daß dieß Jahr, weil es mit einem Freytag angefangen, viel Stürme haben werde und wollte nicht erlauben, daß wir nach Taif einem Ort zwischen Mecca und Gumfude gingen. Es wird Zeit daß wir hier wegkommen. Heilige Orte sind das Grab des Verstandes. [. . .]

128. Hemprich an Lichtenstein

[Eingegangen in Berlin 6. Juni 1825]

Djedda d. 20ten Januar 1825
Freitag

Hier sind wir im heiligen Lande der Muselmänner, wir Christenhunde, dürfen nicht aus dem Thore, weil man fürchtet wir werden Mekka schauen gehn, haben aber doch dem Thore und den Thälern am Mekkawege ein halb Hundert neuer Pflanzen abgegeizet. Von Vögeln neu 5 *Cursorius* und einen neuen Spatz[55] in vielen Exemplaren. Von Fischen viel hübsches. Ein *Scincus*, ein *Coluber*. Montag soll es von hier über Ghonfuda, Ghisan, Abu Arisch, Loheia, Cameran, Harfala, Dhalak nach Massaua gehen. [. . .] In Massaua machen wir dann Hauptquartier.

Die erste Excursion will ich nach Adowa vielleicht bis Doba machen, die 2te Ehrenberg nach Adaua und den Schneegebirgen von Semen; die 3te vielleicht wir alle beyde nach Gondar. Wir haben grosse, grosse Hoffnungen aber kleinen, kleinen Beutel. Was meinen Sie wohl; sollte das, nur von Bruce besuchte Gondar, seine Seen, seine Nilquellen, das viele neue was uns dort erwartet, nicht ein paar hundert Thaler mehr lohnen? Wie wir erst rechneten werden wir unsern Aufenthalt in Abyssinien wohl gar sehr beschränken müssen; denn ehe wir hineintreten, geht zuviel darauf; wir werden wie immer im Augenblick wo die Erndte beginnt abbrechen müssen und zu den frühern Bruchstücken neue Bruchstücke häufen. Könnten wir 10 Monden in Abyssinien hausen oder auch nur 8 oder 9, aber *pia vota* — wir werden uns mit 3—4 begnügen müssen. Wir werden thun, was wir können und sparen soviel wir irgend können. Übermorgen soll es von hier fort gehen. Der Aufenthalt in Djedda von nicht ganz einem Monat hat uns viel gekostet und die Krankheiten, (ich und drey unsrer Leute waren krank) uns viel gestört.

Der Himmel beschütze uns und führe uns glücklich durch die Korallenbänke und durch die Wälder Abyssiniens zu Ihnen. Wir haben noch viel Gefahren zu bestehen aber Muth und Ausdauer wird siegen. Wenn uns nur bey der Rückkehr in der Heimath ein Händedruck von Ihnen wird, so sind wir für alle Mühe belohnt.

EHRENBERG empfiehlt sich in die Fortdauer Ihrer Gewogenheit. Ich nenne mich mit der innigsten Hochachtung und dankbarsten Verehrung

Ew. Hochwohlgebohren
ewig verpflichteter
HEMPRICH

129. *EHRENBERG an RUDOLPHI

Djedda am 21. Januar 1825

Innig verehrter Herr Geheimrath,

Drei Tage nach Weihnacht sind wir glücklich in Djedda angekommen. Die Reise war etwas gefährlich, aber mäßig lang. Sechs mit uns ausgelaufene Schiffe werden noch vermißt, von einigen weiss man, daß sie untergegangen. Auch unser Schiff stieß bei Wusch mitten im hohen Meere an eine Corallenbank, zum Glück geschah kein Schade. In der gefährlichsten Nacht lagen wir bei der Insel Hassani vor Anker. Wie wir im Voraus fürchteten, gab es unangenehmen Aufenthalt in Djedda, doch sind wir jetzt im Begriff weiter zu ziehen. Die Stadtthore in Djedda sind, wie vor Zeiten, keinem Christen offen. Excursionen am Meeresufer haben doch einige neue Vögel geliefert, u. ein verstohlener Sprung in das 3 Stunden entfernte Gebirge gegen Mekka hat der Botanik ziemlich zu einem halben Hundert neuer Pflanzen geholfen. Einige Forskaliana u. sieben scheinbar neue Gattungen sind darunter. Für Ichthyologie war der Aufenthalt in Djedda ziemlich wichtig, da wir durch ihn viele FORSKÅLsche Fischarten erhielten, die wir früher vergebens suchten.

[. . .] Unsre Hoffnungen rücksichtlich der interessanten Ausbeute in Abyssinien werden täglich durch neue Nachrichten gesteigert, unser Geldbeutel schwindet aber dabei über unsre Erwartung. Einer schweren Katastrophe sehen wir entgegen, um von Massaua wieder wegzukommen. Schade daß wir unsere 4 Jahre so zersplittern mußten, und nur auf so schwachen Füßen stehen. Mit etwas Glück wird's auch noch gehen.

Von Entozoen haben sich bereits einige 50 Gläschen gefüllt, lauter bisher nicht vorgekommene Sachen aus hiesigen Fischen. Ich kann nicht unterlassen Ihnen eine interessante Beobachtung mitzutheilen. Man findet hier bei Fischsektionen häufig freie schwarze, mit Zellgewebe umgebene nadelförmige harte Körper, wie verkalkte Gräten dergleichen, in der Bauchhöhle. Vor Kurzem fand sich der Schlüssel zu diesem Räthsel. Die *Anthostomata* u. selbst *Trichosomata* versteinern zuweilen. Sie sollen halbversteinerte in allen Übergängen sehen, wenn wir zu Ihnen kommen. Immer werden sie schwarz.

[. . .]

In inniger Verehrung u. Hochachtung

C. G. EHRENBERG

130. *EHRENBERG an LINK

Djedda am 22. Januar 1825

Hochwohlgeborner

Innig verehrter Herr Professor!

In Djedda sind wir seit 29 Tagen glücklich angekommen ohne uns unterwegs mehr als zur Fahrt nöthig aufgehalten zu haben. In Wusch, Dinab u. Obhor (drei wüste Ankerplätze), wo wir auf ein Stündchen ans Land springen konnten, fanden wir schon ziemlich eigenthümliche Vegetation, in Djedda fast alles neu, d. h. arabisch. Eine bedeutende Menge eigenthümlicher Pflanzen würde unserer Meinung nach Taif liefern, der Ort zwischen Mekka u. Gumfude, welcher die ganze Gegend mit Küchenkräutern u, Früchten versieht. Der hiesige Commandant, ein guter Muselman, dem wir unseren Wunsch dorthin zu gehen mittheilten, machte Schwierigkeiten, u. der große Scherif von Mecca, welcher neulich bei ihm war, wollte gradezu nichts von uns noch von der Botanik wissen. Die Gegend um Djedda selbst haben wir wohl ziemlich abgelesen und ich habe auch einen Sprung drei Stunden weit gegen Mecca ins Gebirge gemacht, wo mir sogleich beim Eintritt die Cactus-artige strauchförmige *Stapelia quadrangula* Forsk. begegnete. Im Ganzen besteht unsere Flor von Djedda bis heut aus 83 Arten, von denen sich nur 27 unter alte Namen bringen lassen. Sieben prangen indessen als neue Gattungen. Da sich hier viele der dongolanischen Formen wiederholen, so hat es schon Gelegenheit zu Correkturen gegeben, z. B. unsere *Drovettia* ist *Rocama prostrata* Forsk., unsere *Soddaea* ist *Antichoras* (*Jussieua edulis* Forsk.) Diese letztere Pflanze ist sehr veränderlich, paßt nicht in den Charakter von *Jussieua* u. ist oft 9—10 männrig. Bei *Rocama* hat FORSKÅL Kelch genannt, was der Stellung der Staubfäden zufolge Corolli heißen muß. — Bei Wusch gab es einige Flechten, hier einen *Agaricus*.

Irgendwo werden wir ja ankommen können zu einer Exkursion in Arabien u. werden schon noch allerlei finden, was die Dänen dort ließen. Jetzt ist unser Hauptaugenmerk auf die Alpen von Abyssinien gerichtet. Gelingt es dort gut anzukommen so reisen wir fröhlich wieder durch die vielen Corallenbänke zurück, durch welche wir sorgsam hergefahren. Dann aber möchten wir auch *con amore* bearbeiten, was wir mühsam sammelten. [. . .]

131. *EHRENBERG an seinen Vater

Massaua am 26. April 1825

Lieber Vater

Vorgestern bin ich mit Freund HEMPRICH gesund auf der Insel Massaua angekommen, wo wir auf mehrere Monate Hauptquartier machen werden. [. . .]

In Lohaie blieben wir 14 Tage, während welcher HEMPRICH unsre Truppen aufs Land führte und wohlbehalten und beladen wieder brachte. In Lohaie haben wir zuerst Kischer getrunken von dem ich Ihnen früher schrieb. Er schmeckt schlecht genug, wie schlechter Thee. Durch Zuthun von Nelken Zimt Zucker wird er leidlich. Beym Besuch des Dola (Commandanten) brachte man sogleich ein dreybeiniges (nicht eben künstliches) Tischchen, so groß daß 2—3 Kaffeetassen darauf Platz hatten, und schenkte mir 2 Tassen Kaffee auf einmal ein. Nachdem diese geschlürft waren, brachten die Bedienten andere Tassen und füllten sie mit Kischer, immer wenn sie leer waren wieder füllend. Mitten im Zimmer standen 3 große persische zierliche Tabackspfeifen, deren lange Röhre dem Gast auf seinen Platz gereicht werden, die ich aber ausschlug. Als der Dola merkte, daß ich fortgehen wollte, ließ er sich eine künstliche Flasche mit einem engen Mundstück geben, in welcher

Rosenwasser war, stand auf und begoß mir das ganze Gesicht mit diesem Wasser, drauf nahm er ein Fläschchen mit Nelkenöl und goß mir davon etwas in die hohle Hand, womit ich mir nach Landessitte Bart, Hände, Gesicht und Hals einölte, so daß ich mich vor Wohlgerüchen nicht zu lassen wusste. So entfernte ich mich mit: Friede sey mit Dir! — [...]

132. Ehrenberg an Lichtenstein
[Eingegangen in Berlin 28. Sept. 1825]

Massaua am 30sten April 1825

Innig verehrter Herr Professor,

Am 24sten April sind wir glücklich in Massaua angelangt, haben bereits eine hübsche Sammlung und Abyssinien liegt so friedlich und einladend vor uns, daß wir des langen Weges und seiner vielfachen Gefahren schon vergessen haben. Eine eilige Gelegenheit über Suakem nach Djedda erlaubt mir Ihnen diese wenigen Zeilen zuzusenden, und obwohl sie unsicher genug ist, so möchte ich sie nicht ungenuzt vorübergehen lassen. Unsre lezten Berichte an Sie sind von Djedda in Triplo abgegangen. Hemprich war in Djedda an einem heftigen rheumatischen Fieber krank, erholte sich aber in wenigen Tagen wieder, ein Gleiches traf den Mahler. Es war unsre Absicht von Djedda geradeswegs nach Massaua zu eilen, allein weil Massaua wenig Ausfuhr hat, so forderte man uns eine so bedeutende Summe für bloße Überfahrt ab, daß wir für nützlicher hielten ein offenes Schiff des Pascha von Egypten für 400 Coll. auf 100 Tage zu miethen. Am 25sten Januar 1825 fuhren wir von Djedda ab, immer längs der Küste, die wir in el Gidan, el Sode, Machram und Ga el ma berührten, unserm Zwecke gemäs sammelnd und beobachtend und gelangten am 31sten nach Liht, von wo wir am 2ten Februar nach der Insel Sannak abgingen. Wir besuchten die Inseln Ras el guhr und Gorab und erreichten am 6ten Februar Cumfude. Bey Cumfude stehen einige Regimenter auf europäischen Fuß exercirter Truppen Mehemed Ali's und da mithin hier einige Sicherheit war, so machte Hemprich alsbald eine Excursion ins Land, die er aber wegen Bosheit der Sahris, die ihn nicht ins Gebirge kommen ließen bald abbrach. Der Commandeur der türkischen Truppen Mohammed Bey war so artig unsern Wunsch das Gebirge zu besuchen zu unterstützen und eine *Febris perniciosa* welche ihn zufällig befiel und in der ihn Hemprich besorgte brachte ihn selbst zu dem Anerbiethen uns so viel Soldaten mit zu geben als wir nöthig glaubten. Wir baten um 1 Officier und 4 Mann und ich ging am 19ten Februar mit ihnen und 3 unsrer Leute über Maschkal nach Wadi Djara und Wadi Kanune (zwey angenehme Flüsse) bis in die Nähe des Gebel Derwar. Bey diesen Excursionen mehrte sich unser arabisches Herbarium um 157 Arten und wir lernten herrliche Vögel kennen. Mit der Jagd des *Simia hamadryas*, von dem wir 5 Stück sahen, wollte es nicht gelingen[56], doch erhielten wir einen gezähmten in Cumfude. — Am 5ten März fuhren wir von Cumfude ab nach der Insel Ketumbul, wo uns wieder neue Pflanzen angenehm überraschten. Am 7ten landeten wir an der großen bewohnten Insel Farsan[57], blieben bis zum 11ten daselbst und erbeuteten nebst einigen Pflanzen und Wasservögeln eine Gazelle (*Antilope arabica* N). Auf dieser Insel erkrankten 2 unsrer Leute an der *Febris perniciosa* und in Gisan, wo wir am 11ten einliefen, mußten wir sie ans Land bringen, weil die Schiffsbewegung und der enge Schiffsraum die Einwirkung der Medicin verhinderten. Am 25sten schifften wir die Reconvalescenten wieder ein und fuhren nach der Insel Aschik. Am 26sten liefen wir in Lohaie ein. Der Dola von Lohaie war aber von einem persischen Schiffe im Hafen und von seinen Soldaten in der Stadt blockirt. Unsre Flagge und ein Kanonenschuß hielten die Mannschaft des bewaffneten

Schiffes von uns ab. Der Dola war freundlich und die Soldaten respectirten MEHEMED ALI'S Protection. Wir fanden nicht eben große Gefahr und beschlossen eine Excursion nach Mor und Wadi Surdud, der *regia sedes Florae jemenensis* nach FORSKOL zu versuchen, von der wir viel Aufschluß über die FORSKOLschen Pflanzen erwarteten. Am 28sten ging HEMPRICH zu Kamel mit 3 unserer Leute, 2 Matrosen und einem Soldaten des Dola nach Mor und Sahhra. Leider waren gerade die Bewohner des Wadi Surdud mit einigen ihrer Nachbarn in offner Fehde und Emir Marfan, der Commandant von Sahhra, widerrieth so viel er nur vermochte dahin zu gehen. Überdieß entlief der Soldat HEMPRICHS aus Furcht, und die Soldaten des Dola in Lohaie fingen an die Thore zu sperren und die Wohnung des Dola zu beschießen. Unter diesen Umständen hielten wir für räthlicher uns an ruhigere Puncte zu begeben, zumal da wir den größten Theil der FORSKOLschen Pflanzen aus frühern Excursionen schon kennen gelernt hatten. Übrigens war die Exkursion nach Mor für Botanik wichtig und hat uns vielen Aufschluß gegeben. — Am 6ten April verließen wir Lohaie und ankerten am 7ten an der Insel Ormuk, am 8ten an Badie, am 9ten an Cameran. Am 11ten gingen wir von Cameran ab, um die für offene Schiffe gefährliche Überfahrt über das Hohe Meer nach Massaua zu beginnen. Am 12ten Abends sahen wir die Inseln Megaede der andren Seite und legten uns unter ihre westliche Spitze vor Anker. Am 13ten besuchten wir die Insel Belhosse, am 14ten Hauakil, am 16ten Dhalac. In Dhalac blieben wir bis zum 24sten packend und sammelnd. Am 24sten liefen wir in Massaua ein[57a]. — Unsre Sammlung besteht gegenwärtig in 570—80 Vögeln, zwanzig und einigen Säugethieren, 30 Paqueten Pflanzen, 1 Kiste Corallen, 1 Kiste Fischbälge u. Skelete, 10 Insectenkistchen, 3 große Blechkästen mit Spirituosen (schöne Fische), 3 Blechbüchsen dito.

Vorzügliche Stücke sind von Säugthieren: *Simia Hamadryas. Felis Chaus. Felis Leopardus?* *Felis* n. sp. (von leztern beyden schlecht abgezogene Felle). *Lepus arabicus. Herpestes Ichneumon.* — Vögel *Scopus Umbretta??* 10 Stück. *Otis Arabs? Vultur* n. sp. 20 Stück *Sula arabica* 20 Stück *Dromas Ardeola* 30 Stück. *Corvus albicollis*, schöne Drosseln und Finken, die großen Laren, *Coracias benghalensis*, *Crotophaga griseomaculata* Forsk. mit Jungen u. Eyern. Ein schöner *Centropus* in vielen Exemplaren. *Ciconia Abdimii. Vanellus* n. sp. (dem *pileatus* verwandt). — Amphibien *Testudo Emys arabica* N. *Testudo serrata* N. Viel schöne Schlangen und Eydechsen. — Von Fischen — *Delphinus rostratus?* Schädel (gehört oben hin). *Xiphias velifer?* Die verschiedenen Hayfische in großen Exemplaren (sind doch wohl Arten, nicht Varietäten)[58]. — Schöne Insecten.

Unser Mahler He. FINZI hat bereits 49 schöne Fische nach dem Leben colorirt, mehrere halb fertig und 216 in Umrissen gezeichnet, die alle nach und nach colorirt werden sollen, wenn Zeit ist[59]. Ich selbst fahre wie bisher fort meine Bildchen der feinern Gegenstände so gut zu machen als ich es kann und so hoffen wir, wenn Gott Gesundheit schenkt ein gut Stückchen Arbeit mit zu bringen.

Der Aufenthalt in Massaua und Abyssinien scheint sehr billig zu werden, aber die Herreise hat uns viel von unsren Kräften benommen und wir müssen deren viel für die Rückkehr sparen. Mit 1000 Thalern mehr ließen sich jezt interessante Excursionen machen und Ihren Museen sich manch Schönes zuführen. HEMPRICH hat gestern eine vorläufige kleine Probeexcursion nach Arkiko begonnen und hat, wie ich heut höre, bereits schöne neue Vögel erbeutet. Wir gedenken 2 Hauptexcursionen nach Abyssinien zu machen, so daß ich mit dem Mahler zuerst in Massaua bleibe und die Mehrzahl der Seekörper festzuhalten suche, während HEMPRICH die Vögel, Pflanzen und Insecten bis Adowa verfolgt. Giebt es Elephanten Löwen und Nashörner desto besser, man spricht von ihnen, wie von Rehen bey uns. HEMPRICHS Aufenthalt ist auf 1—2 Monate berechnet, nach welcher Zeit ich mit dem Mahler das größte Stück Arbeit am Meere vollendet zu haben meyne und noch eine Nachlese zu halten gedenke, die ebenfalls 1—2 Monate wegnehmen dürfte. Wir könnten mithin im October zur Abreise von Massaua fertig und im December vielleicht in Suez seyn. Wohlfeilheit in Abyssinien kann den Aufenthalt um einige Monate verlängern, Theuerung ihn abkürzen. Je größer der Aufenthalt seyn wird, desto voller werden unsre Kisten werden, desto größer der Gewinn. [. . .]

In inniger Verehrung habe ich die Ehre mich zu nennen

Theuerster Herr Professor
Ihr
dankbarster Dr. G. EHRENBERG

[PS] Ein heut eingehender Bericht HEMPRICHS meldet die Beute eines schönen alten *Simia Hamadryas.* Mir bringt so eben ein Fischer 6 Sorten neuer Fische.

Am 2ten May schickte mir HEMPRICH von Arkiko 3 *Antilope Madoqua*, 2 *Canis riparius* N., 1 *Lepus Muntille*, 2 *Hyrax syriacus*, 1 *Otis arabs*?, 5 *Corvus albicollis*, 2 *Ciconia Abdimi*, 1 *Ibis religiosa*, 1 *Vanellus* n. sp.? 9 Sorten kleiner Vögel, die wir noch nicht sahen.

Ich erhielt hier nebst schönen *Doris* und andren Mollusken und Würmern und unter mehreren Sorten neuer Fische eine neue Gattung wie *Scomber* aber ein Malacopterygier 3 Fuß lang.

133. *HEMPRICH an EHRENBERG

Wadi Togodele, 2 Stunden von Arkiko,
[etwa 10. Mai 1825]

Lieber EHRENBERG!

Jagd am 7. Tage: *Simia Hamadrias* ein schönes altes Exemplar, *Charadrius* n. sp., *Pterocles* n. sp.

Am 8. Tage nur: 5 kleine Vögel, nichts Neues, 1 *Antilope Madoqua.*

Der Zwieback und das Pulver gehen uns aus, und doch möchte ich gern noch etwas hier bleiben, wo noch viel an Vögeln und Säugthieren zu thun. Von Amphibien habe ich 2 neue *Agama.* Man brachte mir einen neuen *Eryx* aber ganz zerschlagen. CAROFALI[60] will eine fliegende Eidechse gesehen haben. Gestern aßen wir eine Ziege die, vom Leoparden gewürgt, ich dicht beym Zelte sterbend fand. Eilet ein Dorf wenige Stunden von hier (4) soll Elephanten, Löwen, wilde Schweine etc in seiner Nähe in Menge haben. Da hab ich mir gedacht gleich eine Tour von hier dorthin zu machen. [. . .]

Schicke mir: [. . .] Einen tüchtigen Sack Werg. Der alte Herr [*Hamadryas*] hat Alles aufgeschluckt. Sieht aus wie ein Löwe. Seine Kameraden hätten FALKENSTEIN bald zerrissen. — Laß Dir Seegras in Menge bringen, trockne es und lege ein Magazin davon an, damit wir es bey der Rückkehr finden. . . . Ich bin seit 3 Tagen von einem rheumatischen Fieberchen befallen, was mich etwas ärgerlich macht. [. . .]

Ihr seyd wie ich sehe auf gutem Wege, nur frisch vorwärts. — Um ein Corallenmagazin anzulegen, darfst Du nur hinter dem H . . . . . ein 4—5 Fuß tiefes Loch machen lassen, dient zugleich als Fluthmesser. Witz, Witz Herr Confrater! [. . .] Schick uns den kleinen Stutzen, im Fall wir Elephanten oder Eber treffen, die Kugelformen u. Blei.

Gott mit Euch.

134. EHRENBERG an LICHTENSTEIN
[Eingegangen in Berlin 23. Nov. 1825]

Massaua am 13. May 1825

[. . .] Herrliche Mollusken, kostbare Anneliden, unter anderen die *Leodice gigantea* Sav. welche eine eigne Gattung bilden muß. *Rossellaria Fusus* und viel schöne Cypraeen Conen Pinnen[60a] *Doris* Holothurien cet. deren schönste Formen erst kürzlich eingegangen. Eingeweidewürmer in guter Zahl und Neues! — Die meisten FORSKÅLschen und viel neue Pflanzen[61]. — Scharfkantige, sehr schön erhaltene Eisenkrystalle lieferte ein Berg bey Gisan.

Von Zeichnungen besitzen wir 250 Arten Fische in Umrissen, wovon 68 bereits colorirt sind. Eben so hat He. FINZI eine gute Zahl Abbildungen von diversen Mollusken, Seesternen cet. gefertigt. Ich selbst fahre fort täglich ein Bildchen zurückzulegen[62]. Auch habe ich in Arabien einige Pflanzen gemalt und ebenso hat FINZI Stapelien und große Euphorbien abgebildet. Von Costumes und Artefacten giebt es ebenfalls schon einige Blättchen.

Aus Abyssinien erwarten wir viel, sehr viel, und wie es scheint werden uns die meisten Schwierigkeiten weichen. Leider ist nur vorauszusehen, daß, obwohl hier alles sehr billig ist, doch unser Geld zu rasch schmelzen wird. Wir möchten gar gern 2 Hauptexcursionen nach Abyssinien machen, HEMPRICH eine, ich die andre. HEMPRICH würde besonders die Jagd der größern Thiere berücksichtigen, ich besonders Pflanzen und kleinere Thiere, unser fernstes Ziel sollten die Schneegipfel des Semehngebirges (Samsu) werden, welche die wahren östlichen Nilquellen ausmachen. HEMPRICH hat bereits am 29. April eine Probeexcursion nach dem Berge Gedam angetreten und theils schon in Arkiko, theils im Gebirge sich vom Daseyn einer Menge merkwürdiger Thierformen überzeugt. *Canis riparius* N. (SALT's Sea fox) *Antilope Madoqua, Simia Hamadryas* und 20 Arten schöner und unbekannter Vögel waren seine Beute bis vorgestern, wo mir ein Bote wieder Nachricht und einen Brief überbrachte. In wenig Tagen erwarte ich ihn zurück, ein Theil seiner Sammlung ist bereits bey mir eingetroffen, und besonders die niedliche Gazelle hat mir große Freude gemacht.

Ich beschäftige mich hier mit Meeresproducten, und unsre Ichthyologische Sammlung bekommt täglich neuen Zuwachs, besonders reich auch ist diese Insel an Crustaceen. Von diesen Tagen sind die beyden *Scomber*artigen großen Fische, welche unter sich *genere* verschieden sind und in keine der CUVIERschen Gattungen passen. Ein riesenhafter *Portunus* und ein ähnlicher *Inachus* sind die ausgezeichnetsten Crustaceen nebst einer großen und schönen *Calappa*. FINZI malt Fische und Krebse, ich Muschelthiere[63] und Fischeingeweide. Zu fernerer Beschäftigung für mich in Massaua sollten besonders die Corallenthiere werden. Sollte es mir, wie ich doch hoffe, gelingen dicht am Hause ein kleines Corallenmagazin lebend zu erhalten, was in Tor gut möglich war, hier aber mir der Seichtigkeit des Ufers halber schon einige male ausgestorben ist, so rechne ich auf interessante Sachen.

Unsre Abreise von hier könnte vielleicht in die Nähe des Monats October fallen, läßt sich aber nicht genau vorausbestimmen, da wir, einmal über so viele Gefahren hinweggeschwommen, ohne ein der Anstrengung angemeßenes Resultat ungern wiederkehrten. [. . .]

135. EHRENBERG an LICHTENSTEIN
[Eingegangen in Berlin 13. Febr. 1826]

Insel Massaua am 2ten Juny 1825

Innig verehrter Herr Professor,

Am 19ten May kam Freund HEMPRICH von seiner Excursion zurück und traf mich beschäftigt ein Quartanfieber aus dem Felde zu schlagen, welches mich 2 mal heftig angegriffen hatte. Am 20sten befiel auch ihn ein scheinbares rheumatisches Fieber, welches sich leider in der Folge zu einer heftigen *intermittens perniciosa sudorifera* ausbildete. Nach wenig Tagen wurden allmälig alle unsre Leute von demselben Fieber angegriffen, und nur ich allein zählte durch große Vorsicht in der Diät als Gesunder. Seit einigen Tagen glaube ich HEMPRICH aus der größten Gefahr, und obwohl er zwar sehr geschwächt ist, so heben doch ein mehr beruhigter Puls, geringer eintretender Appetit und die übrigen allmälig sich dem Normalzustande annähernden Körperfunctionen meine größte Besorgnis. Ausbleibende Zeichen von eingetretener Crise erhalten mich noch zwischen Furcht und Hoffnung. Leider geht durch die vielen gleichförmigen Krankheiten unsre Medicin, besonders die China zu Ende, und ich habe nur noch wenig um sie dem kranken Freunde zu reichen. — Wo sind jezt unsre Hoffnungen! — Unsre Anstrengung ist wieder umsonst. Wir kommen bis an die Thür und nicht hinein! Unter einem Monat erlaubt die beste Reconvalescenz keine Excursion. Wird sie überhaupt möglich seyn?

Daß wir unsre Pläne jetzt abändern müssen, sehen Sie Verehrtester Herr Professor leicht ein. Was geschehen wird, wie wir uns werden helfen können, weiß ich heut selbst noch nicht. Sobald HEMPRICH wieder aufgelebt ist, schreiben wir Ihnen wieder und melden unsern Entschluß. Gott gebe, daß es recht bald geschehen könne!

Einer unsrer Leute ist überdieß durch muthwillige Krankheiten unbrauchbar geworden und heut von mir verabschiedet.

136. EHRENBERG an LICHTENSTEIN

[Eingegangen in Berlin 23. Nov. 1825]

Bulac am 26sten Sept. 1825

Theuerster Herr Professor

Das Loos ist gefallen! Die lezte unsrer Hoffnungen zertrümmert, grässlich zertrümmert! HEMPRICH starb am 30sten Juny in meinem Arme nach 40 tägigem Krankenlager. — Er war eben von einer herrlich belohnten kleinen Excursion an der abyssinischen Küste bey Arkiko gesund zurückgekehrt als an demselben Tage die in Massaua epidemisch zu werden anfangende Febris intermittens perniciosa, welche mich selbst bereits ergriffen und auf Gebrauch von Medicin vor wenig Tagen verlassen hatte, ihn samt 4 seiner Begleiter ergriff. Mühsam genasen 2 Araber und FALKENSTEIN, NIEMEYER starb ebenfalls am 15ten July.

Ich selbst war durch das Fieber sowohl als durch die Sorge und Mühe um HEMPRICH und die übrigen Kranken sehr angegriffen und kraftlos. FALKENSTEIN war noch immer gefährlich krank an hartnäckigen Leberobstructionen in Folge des Fiebers, konnte nur am Stocke gehen und war, vielleicht für mehrere Monate, ganz unfähig zur Arbeit. CAROFALI litt an wiederholten gastrischen Fieberanfällen und bösen Fussgeschwüren; MARTIN BRETZKA hatten wir im Verlauf von HEMPRICHS Krankheit verabschiedet, weil er durch das Fieber und seine unausbleiblichen Folgen wenn es vernachlässigt wird, völlig unbrauchbar geworden war und weder sich zu einer vernünftigen Diät noch zum Gebrauch von Medicin verstehen wollte. Der Maler allein war gesund. Die 1½ monatlichen Krankheiten hatten die Zeit und das disponible Geld aufgezehrt. — Dieß war der Zustand meiner Verhältnisse nach dem Tode des Freundes.

Um unsre noch übrigen Personen und die vorhandenen Resultate der bisherigen Anstrengungen zu retten und um nicht ein Überschreiten der von Sr. Majestät und Sr. Excellenz gnädigst überwiesenen Summen nöthig zu machen, war an eine Fortsetzung der Reise nicht mehr zu denken, vielmehr war der Aufenthalt in Massaua, besonders des schlechten Wassers halber, so schleunig als möglich abzubrechen, wenn an einen Einhalt in die uns zerstörenden Krankheiten zu denken seyn sollte. So bin ich denn eben nach vielen Gefahren und wiederholten Krankheitsanfällen über Cosseir in Cahira angekommen und habe mich möglichst zu beeilen, um mit den geringen Resten von Gesundheit und Geld Alexandrien zu erreichen.

Ich besitze baar in Cassa:	450 Coll.
Der Rest des Soldes der Leute beträgt in Summa	354 Coll.
Rest	96 Coll.

Meine Casse reicht eben hin um den Sold der Leute in Cahira noch zu bestreiten, und mit Hülfe des Verkaufs der noch übrigen Effecten deckt sich vielleicht noch der nöthige Aufenthalt in Alexandrien. Die Überfahrtkosten und die Quarantainespesen für 3 Personen (2 unsrer Leute waren sie im Contract bedungen) a Person circa 40 Coll. sowie die nöthigen Equipirungskosten für die Reise bis Berlin hatten wir bereits in frühern gemeinschaftlichen Briefen der Gnade Sr. Excellenz sowohl als Ihrer gütigen Vermittlung anempfohlen. In Ihrem hier vorgefundenen freundlichen Schreiben vom 11ten März d. J. findet sich leider keine Autorisirung zur Aufnahme des noch übrigen nöthigen Geldes. Mein Gesundheitszustand erlaubt nicht in Egypten auf Antwort auf meine Briefe zu warten, da ich in der Zwischenzeit völlig unthätig seyn und Pestquarantaine machen müßte, wäre auch öconomisch zweckwidrig.

Ich bin, nicht durch meine Schuld (denn seit mehr als einem Jahre haben Ew. Hochwohlgeb. unsre dießfalsigen Bitten und Vorstellungen erhalten) in der Nothwendigkeit entweder einen Wechsel auf 100 Coll. abzugeben oder die Überfahrts und Quarantainekosten von den in meinen Händen befindlichen 1000 Coll. der Königl. Bibliothek zu entnehmen. Da das letztere Geld todt im Koffer liegt und neue Wechsel neue Unkosten verursachen, so halte ich für zweckmässiger diese zu vermeiden und die nöthigen Ausgaben mit jenem zu bestreiten.

[. . .] Vereinigen Sie endlich Herr Professor Ihre kräftigen Bitten mit der meinigen um von der Gnade Sr. Excellenz die der dürftigen Mutter HEMPRICHS bisher gewordene Unterstützung (womöglich etwas erhöht) auf Lebensdauer festgesetzt zu erlangen und suchen Sie gefälligst das traurige Ereigniß der unglücklichen armen Familie auf eine minder überraschende Weise bekannt zu machen.

Ich, leider ohne den armen Freund, der ein Opfer unseliger Zögerungen wurde, welche die Vorsehung über unsre Reise verhängte, habe die Ehre mich mit größter Hochachtung und inniger Verehrung zu nennen

Ew. Hochwohlgeb.

dankbarer
Dr. C. G. EHRENBERG

137. *EHRENBERG an CHAMISSO u. A.

Triest, den 6ten December 1825

Lieber CHAMISSO, SCHLECHTENDAL, EYSENHARDT.

Gott sey Dank in Europa! Hätt ich doch nimmermehr gedacht, daß ich so weit von Euch entfernt war. Schon fünf Monate bin ich unterwegs und kann Euch noch immer nicht erreichen und habe doch auch nicht ausgeruht. Es ist schwül in der Welt und wenn man arbeitet wird man müde. Ich bin müde und hoffe bey Euch auszuruhen. Ruhen werde ich nicht können, aber ich werde mich freuen mit Euch, wie ich mich mit HEMPRICH freute. Unglückliche Vergangenheit! — Alle Leute halten mich für einen alten Mann, doch bin ich noch jung und hoffe jünger zu werden, wenn ich eine Zeit lang wieder bey Euch bin und die Unart der vielen Sorgen abgelegt habe. Ist's doch manchmal, als ob sich alles Ungemach auf Einen legen wollte. Was gescheh'n ist sage ich Euch nicht, mir bricht das Herz es zu erzählen. Still davon! Wenn wir beysammen sind, laßt uns eine Thräne weinen! oder ist's männlicher dem eisernen Geschick einen eisernen Kopf entgegen zu setzen? Ich bin zu weich dazu. Mein Glaube zittert vor meinem Verstande und dieser schämt sich vor sich selber. — Gestern Nacht wieder, gerade zur Mitternacht dachte ich noch den Geistern näher zu seyn als Euch. Es ging mir nahe vorüber, mein Schiff krachte am Felsen, der Patron schrie: verloren! verloren! Fünf Stunden habe ich im Finstern mit dem Knochenmann gewürfelt. Er warf 6, ich 7 und er hätte mir noch gern die Augen ausgestochen, doch die Zahlen wollten sich nicht ändern. — Jezt habe ich festen Fuß gefaßt und glaube noch einiges unverloren, was mir Freude geben kann. Euch Ihr Lieben werd' ich oft bedürfen. Haltet an einander und an mir. Ob Geister leben weiß ich nicht, der Eine, den ich formlos sahe, ist zu hoch und alle Formen wechseln fürchterlich. Zwey reichen nicht für einander, es müssen mehr seyn. Ich bin Euer und ich rechne auf Euch. Das sind Grillen meynt Ihr die Ihr von mir nicht erwartet, sind auch weiter nichts als Alltagsgedanken, die mir aber gerade jetzt vor die Feder treten und nicht überhört seyn wollen. — Schuß und Hiebwaffen hab' ich nicht mehr nöthig, aber es erinnert mich an den lang vergeßnen Meister Floh im Hoffmann. Muß jezt die Feder wetzen und die Augen auswischen um mit Kraft unter Euch zu treten, die gleiche Waffen tragen und um Euch helfen zu können und gleichartige Hülfe zu erwarten. — Ich war krank und allein, meine Leute theilten sich schon in das Bischen unglückliche Habe und — bald bin ich wieder bey Euch. Ich fürchte das mütterliche Clima nicht und gehe nicht erst den Winter über nach Italien, wie viele mir riethen. In Italien bin ich fremd und Gesellschaft, den Edelstein Italiens lieb ich nicht, weiß auch noch nicht was ich von literarischen Dingen dort eigentlich zu suchen habe, da ich nicht Lust habe noch mehr Stoff in das vor mir liegende Chaos zu verwickeln. Säh ich schon so klar durch das Firmament wie ich's wünsche, so würde es allerdings nützlich seyn aus Italien hie und da Verbesserungen und Ausfüllungen zu holen. Wer alles auf einmal angreift, thut — gar nichts, also eins nach dem andern.

Schmerzlichen und Herzlichen Gruß Euch meine lieben Freunde. Eysenhardt hat die längsten gewichtigsten Briefe geschrieben, Chamisso hat die innigsten und erheiterndsten Blättchen für uns in die Welt gesandt; Schlechtendal hat nur Einen, klage nur Einen, aber — zu rechter Zeit geschrieben.

In treuer Liebe

Euer

Ehrenberg

138. *Ehrenberg an Nees von Esenbeck

Triest am 10ten December 1825

Innig verehrter Herr Präsident.

Endlich habe ich wieder festen Fuß auf festen Landen und sende Ihnen meine herzlichsten Grüß, hoffend daß ich des frühern günstigen Verhältnisses zu Ihnen noch so werth bin als ich es sonst war. Seit ich Ihnen nicht geschrieben, hat großes Unglück mich fast zu Boden gedrückt. Über unsern Hemprich hat Gott befohlen. Sind wohl die Resultate dieser Reise 9 Menschenleben, oder auch nur das Eine werth?? Ich ging leichtsinnig, gesund und froh von Ihnen und komme krank, betrübt und schwermüthig wieder. Was ich thun konnte habe ich treulich gethan, unter bessern Verhältnissen hätt' ich selber mehr gethan. Aus 3 Jahren, die wir uneigennützig aufopfern wollten, sind, ohne es pflichtgemäs ändern zu können, 6 geworden und das letzte raubte den Gewinn des

Ganzen. Es kam nicht unerwartet, wir hatten es oft uns selbst gesagt, wir wollten oft umkehren und wenn gereist seyn sollte lieber von Neuem anfangen, aber wenn es zur Ausführung des Vorsatzes kam erlaubte das Ehrgefühl keinem von uns zuerst den Fuß zurückzusetzen und Erlaubniß dazu, ungefordert, erhielten wir nicht. Die Schaam zurückzukehren mehr als die Lust vorwärts zu gehen war es, was im Gleise hielt. Ein angebohrnes gesundes Gefühl erlaubte uns nicht unsere Schwächen für Tugenden zu halten, wir sahen unsre Mängel klar und deutlich ein, sahen nur kein unzweydeutiges Mittel ihnen abzuhelfen. Die Befehle lauteten: vorwärts! und wir drückten mit einer Thräne im Auge nicht weil wir sterben könnten, sondern, weil uns die Überzeugung mangelte ein dieß werthes Resultat zu erlangen, einander die Hand und gingen. Seitdem dachten wir an Vollendung der lezten Reise und vergaßen die Heymath. Darum erhielten Sie seit langer Zeit keinen Brief von mir.

[. . .] Ein großer Theil der Zeit welche wir, unsern Mitteln nach, auf Abyssinien verwenden konnten und mit ihr die Mittel selbst verschwanden im Unglück. Ich allein, krank mit kranken Leuten, ohne mehr hinreichende Mittel etwas nützliches zu thun, hatte keine Wahl als die der Rückkehr. Der Anfang zur Rückkehr war ein dreytägiger Sturm in offner Barke auf hohem Meer, der mir alle Gefahren des Meeres vor Augen stellte und durch Naßwerden und gespannten Geisteszustand meine rückgebliebenen Kräfte vollends raubte. Mehr todt als lebendig erreichte ich Djedda und glaubte damals nicht Egypten zu erreichen. Ein europäischer Arzt der türkischen Armee überließ mir etwa *Chinchorina* und *Lichen islandicus*, Dinge die ich für meinen Zustand nützlich hielt und in Verein mit einer glücklicheren Fahrt (auf der aber auch 5 Passagiere starben) nach Cosseir mir neue Lebenskraft einflößten. Die Schwäche der Reconvalescenz brachte mir auf der Wüstenreise von Cosseir nach Gineh ein rheumatisches Fieber, welches mit allen Arten von Localitäten begleitet war und zuletzt in Dysenterie überging mit der ich in Cairo ankam, die jedoch durch etwas Rhabarber, strenge Diät und am meisten wohl durch Körper und Geistesruhe beseitigt wurde.

Einige Säugethiere, 30. 40. Arten neuer Vögel, 300 Arten Fische, ohngefähr auch so viel Arten Schaalthiere, ein paar Hundert Arten nackter Mollusken und Würmer, nahe an 100 Arten Krebse, einige Tausend Insecten und einige Hundert Forskol unbekannter, samt arabischen, die Mehrzahl seiner bekannten, Pflanzen, etwas mehr als ein Drittheil der Fische und Krebse in colorirten Abbildungen und von dem übrigen weniger, sind nebst den Tagebüchern und Beschreibungen ungefähr das gesammte Material unsrer unglücklichen Thätigkeit auf dieser letzten Excursion welche so glänzende Resultate versprach. [. . .]

139. *Ehrenberg [an Rudolphi?]

[Triest, etwa Januar 1826]

Ihr gütiger theilnehmender Brief ist in meinen Händen. Je näher ich dem Vaterlande komme, desto tiefer fühle ich den erlittenen Verlust. Warum hat sich das Geschick nicht umgekehrt. Zum Suchen u. Finden war ich gut, zum Ordnen er besser. Gut daß Sie nicht den braven Hemprich in seiner aufgeblühten Gestalt kennen lernten, Sie hätten doppelt mehr an ihm verloren. Ich werde allerdings für heiligste Pflicht halten unser innigst verschmolzenes Thun u. Treiben zur öffentlichen Kunde zu stellen u. bin überzeugt in Ihnen den väterlichen Freund wiederzufinden, den ich verlassen habe. Glauben Sie nicht, daß eine überschwängliche Last auf mir liegt. Ich kenne zu gut das Schwierige meiner Lage und mich ermannend vertraue ich auf Ihre und der übrigen Freunde der

Wissenschaft hülfreiche Hand. Die übersandten Sammlungsgegenstände sind sämmtlich lebendig durch meine Hand gegangen und nur eins unter Hunderten vielleicht wegen ungünstiger Umstände ohne schriftliche Bemerkung geblieben. Die Revision der gesammelten Gegenstände aber u. das Nachholen der Litteratur der versäumten 6 Jahre so wie das in dem gleichen Zeitraum Vergessene wird mir seiner Vielseitigkeit halber schwer fallen und in manchen Branchen werde ich mich von Grund aus erst hineinarbeiten müssen. Muth, Geduld, Thätigkeit und Mühe sollen meinerseits nicht fehlen, wenn Zeit u. Muße mir durch die Gnade eines Hohen Gouvernements verliehen werden. Ein übereiltes Ausplaudern von zu widerrufenden wissenschaftlichen Kraftsprüchen wäre kein sonderliches Resultat so bedeutender Aufopferungen unsererseits und von Seiten unserer Regierung. Die dürre Sammlung ist ja wohl eben so wenig für unser Zeitalter mehr ein würdiger Zweck solches Aufwandes. Ich vertraue auf allseitige Unterstützung. Mit kalter Überlegung u. wiederholter Prüfung läßt sich allerdings bei unseren Materialien eine Arbeit vollenden, welche uns u. denen die uns sandten Ehre macht. Muß übers Knie gebrochen werden, so bedaure ich mich u. meinen armen Freund!

Doch warum soll ich so trübe Gedanken hegen! Liegt ja doch Ihnen u. Anderen der Herrn Akademiker das Resultat am Herzen wie mir selbst. Ihr votum hat mich schon freundlich begrüßt u. ich sehe ruhig meinem ersehnten Wirkungskreis entgegen!

140. *Ehrenberg an Alexander von Humboldt

[Triest, etwa Januar] 1826

Nach meiner Rückkehr in die Nähe des Vaterlandes nehme ich mir die Freiheit Ew. Hochwohlgeboren für die Menge von Empfehlungsbriefen zu danken, mit welchen Sie die Gewogenheit hatten mich u. meinen Freund Hemprich auszurüsten u. von denen Vortheil zu ziehen wir in Syrien Gelegenheit fanden. Das unglückliche Geschick, welches unsere Reise in ihrer ganzen Ausdehnung verfolgte ist Ihnen durch Herrn Prof. Lichtensteins Mittheilungen hinlänglich bekannt. Auch schwachen Kräften können günstige Verhältnisse reiche Ausbeute gewähren, aber in ungünstigen doch etwas gethan zu haben ist der leidige Trost, den ich beim Verlust von 8 Begleitern und des Freundes mit mir bringe. Es wird schwer halten der Meinung, welche Herr Prof. Lichtenstein und andere Freunde von uns ausgestreut haben, nahe zu kommen und desto schwerer je enger wir durch finanzielle Fesseln an die Bereicherung der Museen gebunden waren und je enger diese Fesseln mich fernerhin umschließen werden, da Sammeln von uns als Hauptsache zur Pflicht gemacht war. Nebenbei haben wir wohl hier und da durch glücklichen Zufall artige anatomische u. physiologische Beobachtungen gemacht, doch brauche ich Ihnen nicht zu sagen, daß dergleichen weit häufiger u. fast ausschließend bei müßiger heiterer Anschauung der Naturkörper und ihrer Zusammenstellung resultiren. Was uns so gern Hauptsache gewesen wäre, mußte Nebensache werden, drum ist das Hauptresultat unserer Reise eine durch den Transport u. die Quarantaineanstalten halb zerstörte Naturaliensammlung[63a].

Doch haben wir allerdings sowohl die allgemeineren u. specielleren Landeseigenthümlichkeiten, als die besonderen Verhältnisse der zusammengetragenen Körper zu einander u. zum Lande, ihren lebenden Zustand, ihren inneren Bau u. wo es anging ihre allmälige Entwicklung beobachtet u. schriftlich festgehalten. Auch enthielt die Masse der überall nach dem Leben entworfenen Pflanzen u. Thierbeschreibungen der naturgeschichtlich wenig untersuchten Länder nothwendig manchen Stoff zu interessanten Combinationen u. es fehlt nicht an ächt afrikanischen Neuigkeiten. Ueberdies habe ich viele Zeit verwendet, um alle vergänglichen Naturkörper durch colorirte Zeichnungen oder wenigstens durch genaue Umrisse auf der Stelle festzuhalten, u. es schien uns wichtig genug auf der letzten unglücklichsten Reise einen etwas im Zeichnen erfahrenen Europäer an uns anzuschließen, um besonders die noch so wenig gekannten Formen der Fische des rothen Meeres wohl colorirt und genau gezeichnet in größerem Maße festzuhalten. Wir besitzen dadurch allein 300 Abbildungen verschiedener Fischarten, von denen 120 colorirt sind[64]. Die Formenreihe, welche zwischen den Mollusken u. Infusorien liegt, hat, wie Sie leicht glauben werden, im rothen Meer eine bedeutende Niederlassung u. ich habe ihrer Sammlung, Feststellung u. Beobachtung manche Zeit gewidmet. Besonders reich sind unsere Blätter u. unsere Sammlung der Anneliden[65], so daß sie weit über SAVIGNY's steuern. Eine merkwürdige hinlänglich große Form giebt den handgreiflichen Beweis der Verwandtschaft der Ascidien mit den Acephalen[66], wie sie durch CUVIER festgestellt ist, andere kleinere zeigen deutlich die Art, wie die SAVIGNY'schen zusammengesetzten Ascidien sich bilden u. vereinen. Uebrigens habe ich hinlänglich Gelegenheit gehabt, den mir wie Anderen auf den ersten Blick zu ideal erscheinenden meisterhaften Zergliederungen von SAVIGNY ihr Recht widerfahren zu lassen. Ich rechne es mir zu großer Ehre zuweilen mehr gesehen zu haben als er, doch häufiger fand ich was er sah nach vieler wiederholter Mühe, selten es anders. Wer was er sah oder zu sehen meinte in klarem scharfem Bilde wiedergiebt, thut weit besser als andere, die sich u. ihre Bilder in Rauch u. Nebel verhüllen. Ob die Bedeutung der einzelnen Theile die rechte sei, kümmert den Anatomen nicht. Die Corallenthiere von *Fungia* bis *Millepora* habe ich mühsam beobachtet u. abgebildet u. vielleicht, aber nur vielleicht, das Detail ihres inneren Baues einigermaßen errathen[67]. *Infundibulum* u. *Dentalium* haben wir häufig, mit aller Anstrengung aber nie lebend gefunden. Fruchtbare Beobachtungen dieser Art wollen viel Zeit u. große geistige u. körperliche Ruhe, Dinge, die uns sämmtlich mangelten. Die Eingeweidewürmer haben wir in allen Thieren berücksichtigt u. eine bedeutende Sammlung eingeschickt; viele habe ich lebendig gezeichnet u. einige anatomirt.

Von Spinnen habe ich über 100 Arten größtentheils Aegyptens mit manchem Detail gemalt. Von anatomischen Resultaten ist eines der merkwürdigsten, daß *Mygale* nicht 2 wie alle übrigen, sondern 4 Lungen hat[68].

Alle hartschaligen u. dauerhaften Insekten haben wir, ihre Entwicklung u. Anatomie ausgenommen wo sie begünstigt wurde, späterer Bearbeitung vorbehalten.

Die Amphibien habe ich alle auf der Stelle gemalt, wo es möglich war, u. nur wenige im Verhältniß sind zurückgeblieben. Die Fische sind fast alle oberflächlich anatomirt, einige specieller. Eins der interessanteren Resultate der Anatomie ist eine 9½ Zoll große Gehörschnecke mit 8 Windungen in einem neuen Nilfisch[69].

Die Vögel sind fast alle vor dem Ausbalgen gemessen u. die Dimensionen niedergeschrieben worden, ebenso bei Säugethieren in beiden Klassen sind häufig wenigstens oberflächliche Anatomie, in einzelnen specieller einzelner Organe veranstaltet worden. Von Pflanzen habe ich über 1000 Specialbeschreibungen gemacht u. hoffe zwar nicht, daß die Bekanntmachung aller nöthig sein wird, da gewiß blos unsere geringen litterärischen Reisehülfsmittel die scheinbare Neuheit dieser Masse bedingten, hege aber doch das Vertrauen, daß mir die Botanik manch neues Pflänzchen u. über manch altes interessante Notizen zuführte[70].

Wahre lebendige Mineralien (Krystalle) haben wir auf der ganzen Reise nur 3 Arten gefunden, aber die Massen des todten, welche weit überwiegender sind, haben wir in ihren todten Verhältnissen auch berücksichtigt.

Mögen Sie hieraus entnehmen daß wir zum Hauptaugenmerk hatten immer erst die Form u. dann den Inhalt festzuhalten, weil der Inhalt ohne Sicherheit der Form unnütz ist, darum sind wir aber auch freilich meist nur bei der Form geblieben. Einiges wird sich nachholen lassen, Alles zu berücksichtigen ist auf einer Reise für ein u. zwei Personen unmöglich.

Unsere Reisebemerkungen, die im Verhältniß nur wenig einzelne Körper übergangen haben, im Verein mit dem lehrreichen Umgang der vaterländischen Naturforscher u. mit der eifrigen Benutzung der Bibliotheken werden mich in den Stand setzen sowohl die Eigenthümlichkeiten u. wichtigeren Beziehungen aller gesammelten Körper darzustellen, als auch das Bekannte von dem Unbekannten scharf zu sondern. Alles wird ein Gegenstand meiner Beachtung sein, aber nur das als neu u. nützlich erkannte würde ich allmälig zur öffentlichen Kunde stellen. Ew. Hochwohlgeboren, so reich an Erfahrungen u. genialen Ansichten, versagen mir bei dieser Arbeit gewiß Ihren Rath, Ihre Belehrungen u. Zurechtweisungen nicht u. ich flehe darum.

Nach den neuesten Briefen Herrn Professor LICHTENSTEINS bin ich in bange Sorge versetzt über die hinterlassene Mutter u. Schwester meines Freundes Dr. HEMPRICH, welche zwar die Gnade Sr. Majestät des Königs ohne vorhergegangene Verwendung aus eignem Antrieb berücksichtigt habe, aber doch zu kärglich, als daß es zu ihrer Existenz hinreichend wäre. Auch haben Sr. Excellenz der Herr Minister ALTENSTEIN Bedenken getragen diesen Gegenstand weiter zum Vortrag zu bringen, da doch auch für mich etwas gethan werden solle. Wenn ich es wage Ew. Hochwohlgeboren um Ihr gütiges so viel vermögendes Fürwort in dieser Angelegenheit zu bitten, so geschieht es aus der Überzeugung, daß der Verstorbene hinreichende Kraft besaß diese, durch den ebenfalls im Dienste des Staates erlittenen Verlust des Vaters, unglückliche Familie ehrenvoll zu erhalten, u. daß seine rastlose uneigennützige Thätigkeit es in 5 Jahren verdient habe, daß der Staat an seine Stelle trete. Je weniger ich selbst auf irgend eine Art von Belohnung Anspruch mache u. je tiefer es mich betrüben würde, dieser unglücklichen Familie auf irgend eine Art im Wege zu stehen, desto dringender empfehle ich Ihnen jene Verlassenen u. vertraue darauf, daß durch Ihre gütige Verwendung die Gnade Sr. Majestät sich erweitern werde.

Indem ich die Ehre habe Ew. Hochwohlgeboren meine innigste Hochachtung u. Verehrung an den Tag zu legen, verharre ich in dankbarster Ergebenheit, mich Ihrer hochehrenden Gewogenheit empfehlend

Herr Baron

Ihr gehorsamster Diener
C. G. EHRENBERG

Anmerkungen

[1] [S. 12]. W. F. HEMPRICH (1820), Grundriss der Naturgeschichte. Berlin (Rücker). Dies ist HEMPRICHS in der Einführung erwähnte „Kleine Anleitung für die Cadetten", die 1828 zum zweiten Mal aufgelegt worden ist.

[2] [S. 12]. HEMPRICHS „Synopsis serpentium" ist unvollendet geblieben. Das Manuskript hat L. FITZINGER benutzt bei der Bearbeitung seiner „Neuen Classifikation der Reptilien". Wien 1826.

[3] [S. 14]. Die beiden Freunde waren am 15. Juni 1820 von Berlin aufgebrochen und über Breslau und Glatz nach Wien gereist.

[4] [S. 25]. Wie alle Kamele, so hatte MEHEMED ALI auch alle Grundstücke Ägyptens für sein Eigentum erklärt und ließ sich dafür Pachtgelder zahlen.

[5] [S. 27]. Hierüber: H. LICHTENSTEIN (1822), Über die aegyptische Stachelmaus; Abh. Akad. Wissensch. 1822 Phys. Kl. p. 21—24.

[6] [S. 28]. Um dem König beider Sizilien, den die Bevölkerung 1820 zur Einführung einer Verfassung gezwungen hatte, im Kampf gegen den Liberalismus beizustehen, setzte METTERNICH ein österreichisches Exekutionsheer in Marsch, das Neapel am 24. März 1821 einnahm und die alte Ordnung wieder herstellte.

[7] [S. 28]. Dieses Hartebeest (*Bubalis buselaphus* Pall.) ist inzwischen in der westlichen Wüste längst ausgerottet worden. Siehe J. ANDERSON, Zoology of Egypt, Mammalia. London 1902, p. 336.

[8] [S. 29]. Die ägyptischen Altertümer des Generals VON MINUTOLI sind auf dem Weg nach Berlin im Meer versunken, siehe p. 52.

[9] [S. 31]. Unter dem Einfluß METTERNICHS betrachteten damals die europäischen Kabinette den im März 1821 entbrannten Freiheitskampf der Griechen als Auflehnung gegen die Staatsautorität und mißbilligten ihn. Über den „neapolitanischen Leisten" vgl. Anm. 6.

[10] [S. 38]. Hierüber: H. LICHTENSTEIN (1825), Über die Springmäuse; Abh. Akad. Wissensch. 1825, Phys. Kl., p. 148.

[11] [S. 40]. Nilgänse, *Alopochen aegyptiaca.*

[12] [S. 43]. Hierüber: C. G. EHRENBERG (1831), Über das Pollen der Asklepiadeen; ein Beitrag zur Auflösung der Anomalien in der Pflanzen-Befruchtung. Abh. Akad. Wiss. 1829, Math.-Phys. Kl., p. 21—39.

[13] [S. 43]. Hierüber: C. G. EHRENBERG (1829), *Syzygites*, eine neue Schimmelgattung, nebst Beobachtungen über sichtbare Bewegung in Schimmeln; Verh. Ges. Naturf. Freunde zu Berlin I, p. 98—109.

[14] [S. 48]. *Strix nobilis* Hemprich (Typus von *Strix splendens* Brehm 1855) = *Tyto alba alba* (Scopoli).

[15] [S. 53]. Dieses Versprechen hat LICHTENSTEIN nicht gehalten, denn er beschrieb 1823 im „Verzeichniss der Doubletten des Zoologischen Museums der Kgl. Universität zu Berlin" viele Säugetiere, Vögel und Reptilien, die HEMPRICH und EHRENBERG von 1820 bis 21. Juli 1822 (Sendungen III—VII) gesammelt hatten, und benannte sie, ohne deren Namen dabei zu erwähnen.

[16] [S. 54]. „ABDIM BEY ist einer der ersten Anhänger und intimsten Freunde MEHEMED ALIS, ein Mann von circa 50 Jahren. Er ward zur Zeit des französischen Feldzugs in Egypten von den Franzosen verwundet und gefangen genommen. Elend und Tod erwartend hatte er sich sehr verwundert in den Officiren, Ärzten und Aufwärtern nur Freunde zu finden, die sich alle Mühe gaben ihn zu pflegen und aufzuheitern. Seit dieser Zeit hat jener Mann die höchste Meynung von den Europäern die nur durch spätere Erfahrungen etwas abgekühlt und berichtigt worden ist, die aber jeder brave Europäer bey ihm sogleich in ihrer ganzen Stärke wieder hervorrufen kann. Aber nicht bloss gegen Europäer ist er edelmüthig, sondern er ist einer der seltnen Menschen die ohne künstliche Bildung aus eignem angebohrnen edlen Sinne in dem erweckten Frohseyn andrer ihre grösste Freude finden, die lieber geben als nehmen und nur nehmen um geben zu können. In unsrer Reise wird sein Nahme oft erwähnt und einer seiner edlen Züge rettete mir das Leben." (EHRENBERG an LICHTENSTEIN, Triest den 25sten Januar 1826.) Schon im folgenden Jahr ist „dieser geschätzte Freund von seinen eigenen Soldaten auf eine erbärmliche Art ermordet worden" (RÜPPELL an CRETZSCHMAR, Kairo 18. Juni 1827, veröffentl. bei R. MERTENS 1949, p. 335).

[17] [S. 57]. Bei dem Fisch *Sudis niloticus* Ehrenberg MS = *Heterotis niloticus* Cuvier 1829 beschreiben die Kiemen zur Vergrößerung ihrer respiratorischen Oberfläche 8½ Windungen. EHRENBERG hat diese Bildung irrtümlich für eine „Gehörschnecke" gehalten. Siehe Symb. Phys., Zool. I, *Pisces* I und *Zootom.*, tab. VIII und IX (1899). Ferner: J. HYRTL, Beitrag zur Anatomie von *Heterotis ehrenbergii* C. V.; Denkschr. K. K. Akademie, math. nat. Cl. VIII, p. 85 und tab. III fig. 1.

[18] [S. 57]. Glocke = Campanula oder Pecten.

[19] [S. 61]. Hierüber: A. v. CHAMISSO (1829), Ein Zweifel und zwei Algen; Verh. Ges. Naturf. Freunde zu Berlin I, p. 173—180.

[20] [S. 63]. Hierüber: K. A. RUDOLPHI (1827), Über den Zitterwels; Abh. Akad. Wiss. 1824, Phys. Kl., p. 137—144.

[21] [S. 66]. Die folgenden wissenschaftlichen Benennungen sind gedeutet im Anhang: VIII. Sendung.

[22] [S. 66]. Dies ist ein Hinweis auf EDUARD RÜPPELL, der Ende Mai 1822, von der Sinai-Halbinsel kommend, in Kairo eingetroffen und von dort zunächst für einen Monat ins Fajum gereist war.

[23] [S. 70, 72]. EDUARD RÜPPELL war mit seinem Gehilfen MICHAEL HEY Anfang September 1822 in Alexandrien angelangt und schrieb am 25. September über „die Preussen" an Dr. P. J. CRETZSCHMAR: „Diese Gelehrten hatten sehr viele Widerwärtigkeiten auf ihrer Reise und wurden daher vom Ministerium von dieser Expedition zurückgerufen. Nach ihrer Versicherung erwartet uns reiche Beute im Kordofan, und dorthin fahren wir unverzüglich; ich habe begründete Hoffnung, eine Giraffe und einen *Hippopotamus* zurückzubringen, und wenigstens 150 Species afrikanischer Vögel! HEY und ich sind vom besten Muthe beseelt." (Brief veröffentlicht in R. MERTENS (1949), EDUARD RÜPPELL, Leben und Werk eines Forschungsreisenden. Frankfurt a. M., Verlag Waldemar Kramer.) — Hier schon, so wie später auch in Abessinien, hat der reiche Bankierssohn RÜPPELL, der nach seinen eigenen Worten „das Geld in Strömen fließen liess", mit glücklicher Hand geerntet, was „die Preussen" unter unsäglichen Entbehrungen gesät hatten. Seinem Freunde HEMPRICH klagte EHRENBERG 1823: „Die Herren in Berlin haben uns das Gefäss zerschlagen, und die herausfallenden Körner sammelt nun Herr RÜPPELL ein."

[24] [S. 73]. Was RÜPPELL über die Begegnung mit HEMPRICH in seiner Autobiographie schreibt (MERTENS a. a. O., p. 225—226), sind Verdrehungen der Wahrheit und böswillige Verdächtigungen. Die neue Nagergattung *Psammomys obesus*, die RÜPPELL bei Alexandrien „entdeckt" zu haben glaubte, war HEMPRICH längst wohlbekannt, denn er hatte mehrere davon schon 1820 aus der Libyschen Wüste nach Berlin geschickt (III. Sendung). Die schlechten Absichten, die RÜPPELL in den anschließenden Sätzen HEMPRICH sowohl wie EHRENBERG unterstellt, entspringen seiner mißtrauischen Phantasie. Unsere Freunde sind dem Frankfurter Reisenden mit Aufrichtigkeit und Wohlwollen begegnet. Später hat EHRENBERG freilich die bittere Erfahrung machen müssen, daß er es mit einem „Rüpel" zu tun hatte.

[25] [S. 76, 78]. Hierüber: H. LICHTENSTEIN (1824), Über die Antilopen des nördlichen Afrikas; Abh. Akad. Wiss. 1824, Phys. Kl., p. 195—240.

[26] [S. 81]. Siehe Anm. 17.

[27] [S. 81]. Hierüber: HEMPRICH und EHRENBERG (1829), Vorläufige Übersicht der in Nord-Afrika und West-Asien einheimischen Skorpione; Verh. Ges. Naturf. Freunde zu Berlin I, p. 348—362. Ferner: Symb. Phys., Zool. II, *Arachnoidea* tab. I, II.

[28] [S. 84]. Deutsche Freiwillige hatten sich nach dem Peloponnes (Morea) begeben, um den Griechen gegen die Türken zu helfen. Anfang 1823 löste sich die Befreiungsarmee wieder auf, weil sie ihre Aufgabe erfüllt zu haben meinte.

[29] [S. 87]. Das bezieht sich auf die verächtliche Behandlung, welche CHAMISSO an Bord der „Rurik" widerfahren war.

[30] [S. 88]. Dem Brief Nr. 65 hatte CHAMISSO seine „Tragische Geschichte" eingefügt. Sie beginnt mit den Versen: „'S war einer, dem's zu Herzen ging, dass ihm der Zopf so hinten hing. Er wollt es anders haben."

[31] [S. 88]. Diese Philhellenen nannten sich BURCKHARDT und FALKENSTEIN. Sie hatten sich in den holsteinischen Herzogtümern der militärischen Dienstpflicht entzogen und konnten sich darum nicht wieder nach Hause wagen.

[32] [S. 88]. MARTIN BRETZKA.

[33] [S. 90]. *Sterna bergii velox.*

[34] [S. 90]. *Larus fuscus*, imm.

[35] [S. 90]. Der durch den Minister am 24. Oktober 1821 befohlene Rückruf (p. 44) hatte LICHTENSTEIN veranlaßt, alle Aufträge, die die beiden Reisenden zur Ergänzung ihrer Ausrüstung nach Marseille, Triest usw. gerichtet hatten, sofort unwirksam zu machen.

[36] [S. 91]. Hierüber: C. G. EHRENBERG (1829), Erläuterungen über das eigenthümliche Getös in Nakuhs am Berge Sinai; Verh. Ges. Naturf. Freunde zu Berlin I, p. 398—406.

[37] [S. 92]. Hierüber: H. LICHTENSTEIN (1829), Über die afrikanischen und asiatischen Arten der Gattung *Sorex*; ibid. p. 381—387.

[38] [S. 82]. *Perdix* = *Ammoperdix heyi*; *Columba* = *Streptopelia roseogrisea*.

[39] [S. 93]. Siehe Anm. 35.

[40] [S. 97]. Die neuen Wasserkäfer vom Sinai sind abgebildet in Symb. Phys., *Insecta*, tab. XXXIII, XXXIV.

[41] [S. 99]. *Raja mastigophora* ist abgebildet als *Cephaloptera stelligera* in Symb. Phys., *Zool.* I, *Pisces*, tab. II. *Labrus gibbus* = *Genyoroge gibba* Forskål.

[42] [S. 99]. Hierüber: C. G. EHRENBERG (1827), Über die Manna-Tamariske, nebst allgemeinen Bemerkungen über die Tamariscineen; in: Linnaea II, p. 241—282. Ferner: Symb. Phys., *Zool.* II, *Insecta*, tab. X: *Coccus manniparus* auf *Tamarix mannifera*.

[43] [S. 100]. Hierüber: A. E. GRUBE (1869), Beschreibung neuer oder wenig bekannter, von Herrn EHRENBERG gesammelter Anneliden des Rothen Meeres; Monatsber. Akad. Wiss. Berlin 1869, p. 484—521.

[44] [S. 101]. Hierüber: C. G. EHRENBERG (1834), Die Korallenthiere des rothen Meeres physiologisch untersucht und systematisch verzeichnet. Berlin 1834. gr. 4°, 156 S.

[44a] [S. 101]. Hierüber: Symb. Phys., *Zool.* II, *Phytozoa*, tab. I, II, III.

[45] [S. 101]. Die genannten Vögel sind: *Aquila clanga*, *Egretta schistacea*, *Alectoris graeca*, *Otus brucei*, *Muscicapa parva*.

[46] [S. 102]. Hierüber: Symb. Phys., *Zool.* I, *Amph.*, tab. I, „*Psammosaurus arabicus*".

[47] [S. 102]. Siehe Anm. 36.

[48] [S. 107]. H. SALT (1814), Account of a voyage to Abyssinia. London.

[49] [S. 108]. Siehe Anm. 43.

[50] [S. 108]. Nach EHRENBERG (MS) „verknüpft *Amathusia verecunda* N. die Ascidien mit den Austern, und *Jo* verknüpft die Ascidien mit den Zoophyten".

[50a] [S. 115]. Hierüber: Symb. Phys., *Zool.* II, *Insecta*, tab. XLI (Dungkäfer) und tab. XXXVII (Gallwespen).

[51] [S. 121]. Doubletten dieses „vorzüglich schönen" Karmingimpels vom Sinai-Gebirge verkaufte LICHTENSTEIN sogleich an TEMMINCK in Leiden, der sich beeilte, die auffallende Novität 1825 in seinen „Planches coloriées" (pl. 375) abzubilden und zu beschreiben, wobei seine Nachlässigkeit aus HEMPRICHS *Fringilla sinaitica* eine „*Fringilla synoica*" (!) machte. Dies ist nur ein Beispiel für viele den Vereinbarungen zuwiderlaufende Geschehnisse, welche die Empfindungen, die EHRENBERG bis zur Rückkehr für LICHTENSTEIN gehegt hatte, erkalten ließen.

[51a] [S. 121]. Bei seinen Bemühungen, die Seeschwalben des Roten Meeres zu bestimmen, hat LICHTENSTEIN viele Fehler gemacht. Siehe Anhang, Vögel VIII, 4.

[52] [S. 126]. Hierüber: P. G. LORENZ (1867), Über die Moose, die Herr EHRENBERG in den Jahren 1820 bis 1826 in Aegypten, der Sinai-Halbinsel und Syrien gesammelt. Mit 15 Tafeln. Abh. Akad. Wiss. Berlin.

[53] [S. 131]. Die Vogelspinne *Mygale* nimmt in der Tat mit 2 Paar Lungen (Fächertracheen) eine Sonderstellung ein.

[54] [S. 132]. Alte Manuskripte arabischer Ärzte, die für die Kgl. Bibliothek in Berlin angekauft werden sollten. Vgl. p. 73.

[55] [S. 138]. Der „neue Spatz" ist 1840 von RÜPPELL als *Ploceus galbula* beschrieben worden.

[56] [S. 141]. EHRENBERG hat seine Jagd auf Mantelpaviane im Wadi Kanune geschildert in Abh. Akad. Wiss. 1833, Phys. Kl., p. 348.

[57] [S. 141]. Hierüber: C. G. EHRENBERG (1827), Vorläufige Bemerkungen über eine, noch unbekannte, größere Insel im Rothen Meer, von den Insulanern Farsan genannt; Hertha IX, p. 312—319.

[57a] [S. 142]. Von der abenteuerlichen und für die Wissenschaft einträglichen Reise unserer beiden Freunde von Djedda nach Massaua konnte man sich bisher nur eine undeutliche Vorstellung machen, denn LAUE hat sich bei ihrer Schilderung allzu knapp gefaßt. In EHRENBERGS „Erinnerung" wird dieser Zeitabschnitt auf den Seiten 183—223 behandelt. Im folgenden bringen wir den genauen Wortlaut seiner Darstellung mit einigen Auslassungen.

„Am 25. Januar 1825, nachdem alle Effekten an Bord des gemietheten Schiffes gebracht waren, segelten wir mit Sonnenaufgang mit leichtem Schemal (Nordwind) von Djedda ab, der allmälig stärker werdend uns nachmittags an den Ankerplatz el Ghidań, nur dem Südwind (Asieb) geöffnet, führte. [...] Ein noch denselben Abend unternommener Ausflug ans Land zeigte eine reichlichere Vegetation der Wüstenebene, welche uns veranlasste einen Tag hier zu rasten. Eine größere Anzahl von blühenden Pflanzen wurde gesammelt, während Gazellen, Hasen, Trappen nur gesehen, nicht erbeutet wurden. Die großen Laufkäfer *Anthia* und *Ateuchus sacer* wurden mit einer Anzahl anderer Insekten gesammelt.

Mit Sonnenaufgang und schwachem Nordwinde verliessen wir am 27. el Ghidan. Auf der Weiterfahrt wurden keine Corallenbänke gesehen, nachmittags aber legten wir zwischen Corallen etwas fern vom Lande im Hafen el Sode an. Wir schossen auf einem Ausflug ins Land einen stark gerötheten alten Flamingo und sammelten mehrere Pflanzen und am Meeresufer ein *Rhizostomum*. Der Ankerplatz des folgenden Tages, zwischen Corallen gelegen, fern vom Lande hiess M a c h r a m , wo wir zwischen den Corallen mehrere verschiedene neue Fische, Krebse, Anneliden und Holothurien fanden. Auch sahen wir den ersten Tropikvogel (*Phaethon*).

Widrige Winde und Windstille erschwerten die Weiterfahrt sehr, so daß wir erst nach vielen Stunden den nur eine Stunde entfernten Hafen G a e l m a erreichten, einen offenen gefährlichen Ankerplatz. Wegen widrigen Windes hatte der Pilot Bedenken den Hafen wegen der vielen darin verstreut liegenden Corallenblöcke zu verlassen. Daher benutzten wir nun den Rasttag zu Ausflügen ins Land. Die niedrigen Sandhügel der Küste sind mit *Cyperus* bewachsen, außerdem wurden nur einige Küstenpflanzen gesammelt. Erst am 31. konnten wir kurz vor Sonnenuntergang das nur 4 Stunden von Ga el ma entfernte e l L i g h t erreichen dessen Hafen Mirse Ibrahim heisst. Eine Excursion in die nächsten Hügel von 1½ Stunden Entfernung brachte einige Pflanzen ein. Eine Stunde weit vom Meere fanden wir die Gegend flach und mit Salzpflanzen bedeckt, darunter besonders *Dactylus crypsoides*, *Statice teretifolia*, *Salicornia perfoliata* usw. Die Hügel trugen einige Akaziensträucher, während die hinter den vorderen Hügeln gegen das Innere sich hin fortziehenden Hügelreihen mit *Suaeda fruticosa* dicht besetzt waren, welche einen förmlichen Wald bildeten von einigen Stunden Ausdehnung. [...]

Widrige Winde und Windstille hielten uns zwei Tage hier zurück, so dass wir erst am 2. Februar die 5 Inseln G e n o b i a t erreichten. Wir legten uns vor der Insel S a n n a k e l k e b i r (der großen) vor Anker. Alle 5 Inseln sind kleine schwache Sandinseln auf Corallenbänken. Ein großer Fisch *Sphyraena brevirostris* wird während der Fahrt mit einem weissen Stück Leinwand an der Angel gefangen samt vielen anderen Fischen.

Den 3. und 4. Februar brachten wir am Vorgebirge R a s e l g u a n zu und erlangten dort eine reiche Ausbeute an Pflanzen. Ein günstiger Wind führte uns den folgenden Tag bis G o h r a b , wo wir als einzige Beute eine neue *Fucus*-Art, 4 Arten *Ardea* und 6 Stück *Sula* erbeuteten. [...] Mit frischem Wind erreichten wir am folgenden Tag, den 6. Februar den Hafen von G u m f u d e , welcher, wie der von Jambo, in einer flachen Gegend liegt und nur in weiter Ferne hinter sich gegen Ost die arabische Bergkette erblicken läßt. Von den Inseln Genobiat ab bis Gumfude ist das Meer mit einer großen Menge kleiner flacher Sandinseln bedeckt, welche gruppenweise Namen haben. Jede einzelne Insel ist von Corallenbänken umgeben, die oft mehrere der ersteren miteinander verbinden, so dass man von einer zur andern übergehen kann. Nur die Insel Serene ist erhaben und scheint der Insel Hassani sehr ähnlich zu sein.

Hier in G u m f u d e wurde ein längerer Aufenthalt beabsichtigt, um weitere Exkursionen in das arabische Gebirge zu unternehmen. HEMPRICH ging mit FINZI zuerst an Land, um dem Gouverneur HASSAN AGA unsere Empfehlungsbriefe abzugeben, der darauf hin uns seine Unterstützung zusicherte und für Kameele und Leute zu einer Exkursion ins Gebirge Sorge tragen wollte. Es befand sich hier ein türkisches Armee Corps von einem Bey commandirt, welches gegen die Wachabiten des Gebirges marschiren sollte. [...] Der Bey nahm HEMPRICH höflich auf und bestätigte die Sicherheit im näheren Gebirge. Es wurden bei dem Vezier 4 Kameele bestellt, und am 9. Februar zog HEMPRICH mit FALKENSTEIN, NIEMEYER und 2 Matrosen mit Sonnenaufgang ins nahe A s y r - G e b i r g e. Sie gingen zuerst in nordöstlicher Richtung zwei Stunden bis zu einem der vielen hier liegenden kleinen Dörfer wo die von den Türken mitgegebenen Kameeltreiber sich schon weiter zu gehen weigerten. Nach kurzer Rast, die einige Pflanzen und Insekten einbrachte, gingen sie nördlich bis zu dem Brunnen Aga und in das Thal W a d i L o m n e , wo an der Stelle der Tamarisken Akazien und *Suaeda fruticosa* das Gebüsch bildeten, in denen sie Finken umherfliegen sahen. Da die Araber auf keine Weise zu bewegen waren tiefer in das vorliegende Hochgebirge einzudringen, so war die bis zum 13. ausgedehnte Excursion in den Vorbergen auch nur von geringem Erfolg, obwohl mehrere Thäler durchforscht wurden. Die dürftige Vegetation war einförmig, und Gewitterregen, Donner und Blitz machten die Umkehr rathsam. Die Ausbeute an Pflanzen und Insekten war längs dem Wadi weniger ergiebig gewesen, die Jagd hatte nichts Erhebliches geliefert. [...]

Ich selbst trat am 19. Mittags eine grössere Excursion ins benachbarte Asyr-Gebirge an und ging zuerst von Gumfude mit 6 Kameelen, drei unserer europäischen Jäger, vier Soldaten, einem Unterlieutenant und zwei Matrosen bis E r R a c h m a n , einem zwei Stunden entfernten nordöstlich gelegenen Dorfe, wo der Scheikh der Araber BENI SET wohnte, welcher auf Befehl des Bey 2 Wegweiser ins Gebirge mitgeben sollte. [...] Am andern Morgen erhielten wir wenigstens einen der gewünschten Wegweiser und verliessen mit Tagesanbruch die an Pflanzen arme Gegend. Nach zwei Stunden östlichen Marsches erreichten wir den andern Teil des Dorfes Rachman, wo wir unsere Wasserschläuche zu füllen hofften, aber kein Wasser im Brunnen fanden. Nach mehrstündigem Marsch erreichten wir den Brunnen bir el Marahaba, der einige 50 Fuss tief lauwarmes gutes Wasser hatte, mit dem wir die Schläuche zur Weiterreise füllten. FALKENSTEIN hatte auf diesem Wege zwei schwarze Ibisse [*Geronticus eremita*] durch einen Schuß tödlich getroffen, die wir als Beute mitnahmen. In der weiter einzuschlagenden Richtung nach W a d i K a n u n e passierten wir in südöstlicher Richtung das Dorf M a s c h k a l, wo alle Sonntag Markt war und der deshalb auch schlechtweg Suk (ein Sonntagsmarkt) hiess. [...] Hier nahmen wir noch einen zweiten Führer fürs Gebirge und erreichten noch gegen Sonnenuntergang den Ausgang des Baches in Wadi Kanune, neben dem wir auf weichem Sande uns zur Nacht lagerten.

Auf dem ganzen Weg von Gumfude bis hierher fand ich die Vegetation sehr dürftig. *Salicornia perfoliata* bildete in dürftigen Exemplaren den Anfang, der sich bald die beiden *Croton*-artigen Gumfudien zugesellten, auf deren einer der schon Forskal bekannte schöne aber sehr stinkende *Cimex* vorkam. Allmälig begannen noch andere Pflanzen wie *Eleusine indica*, *Panicum dichotomum* mit *Phaea truncata* und *Agrostis pungens* die Gegend mehr zu beleben. In der Nähe von Er Rachman war alles bebaut mit Dochen (Hirse) und Durra (Sorgh), zwischen denen *Rhodia rosea*, *Heliotropium dongolanum* und *Dolichos Didy* wucherten. Sträucher der *Tamarix orientalis* bildeten oft ein dichtes Gebüsch, um welches sich *Boerhavia splendens* schlang. Dichte Wäldchen von *Tamarix orientalis* und *Cynanchum pyrotechnicum* nebst *Cordaba rotundifolia* führten uns an den Brunnen Marahaba. Um diese Sträucher herum standen häufig *Aclespias villosa* mit noch 8 anderen meist neuen Pflanzen. Bei Maschkal begegneten wir Wäldchen von *Suaeda fruticosa* und vielen Sträuchern der *Indigofera pauciflora*, während *Tamarix orientalis* dichtes Gehölz bildete. Von Maschkal nach Wadi Kammar erschienen bald Akazien an Stelle der Tamarisken und zwischen ihnen einzelne Bäume der *Saera parvifolia*. Weiterhin ohnweit des Wassers gesellten sich zu diesen Sträuchern *Euphorbia fruticosa*, *Saelanthus quadrangulus* und mit ihnen viele andere neue Pflanzenformen, Vorläufer der nahen Gebirgsflora.

Wir blieben bis Mittag am Ausgang des Baches im Wadi Kammar [= Wadi Kanune], zogen aber noch denselben Tag weiter ins Gebirge, da die Ornithologie hier zu wenig Ausbeute gab. Nach Sonnenuntergang erreichten wir das Wadi Djara mit einem ansehnlichen Bach, der hier und da mannestief war. Wir fingen ein Chamaeleo [*Chamaeleon calyptratus* Duméril] und Schmetterlinge. Die Stimmen mehrerer Vögel und ein bedeutender Reichthum an schönen Pflanzen veranlaßten mich einen Tag hier zu bleiben und Excursionen zu unternehmen. Zwanzig neue Pflanzenformen und eine ziemliche Anzahl von Vögeln, darunter *Scopus*, sowie eine Flussschildkröte und Conchylien wurden eingetragen. Der Ort lag in einem engen Thale zwischen mässig hohen Bergen, auf denen ich zuerst Forskals *Hyperanthera peregrina* (*Moringia zeylonica*) bemerkte, die man aus der Ferne leicht mit *Tamarix orientalis* verwechselt. Sie war eben in voller Blütenpracht. Hohes Schilf bezeichnete den Lauf des Flusses, und darin blühte hin und wieder *Datura fastuosa*, während neben dem Flusse ein dichter Rasen die feuchte Ebene bildete.

Den folgenden Tag (23.) zogen wir das Thal weiter aufwärts bis zum Ort Djara. Das Thal wird breiter und üppiger. Die Berge stehen fast eine halbe Stunde voneinander entfernt, während im Osten nur niedrige Hügel das Wadi Djara vom Wadi Kammar trennen. [...] Das ganze Thal ist mit grünen Feldern bedeckt und es wird hier eine uns noch unbekannt gebliebene Getreideart, welche die Araber Duxa nennen, gebaut. Diese Duxa-Felder sehen den Reisfeldern ähnlich, stehen aber nicht ganz unter Wasser, sondern werden durch Zwischengräben bewässert. Die 2 Fuss hohe Pflanze ist eine *Eleusine*, die reichliche sehr kleine Frucht in horizontal kreuzförmig gestellten Ähren ist der Hirse (Dochen) ähnlich, steht ihr aber im Geschmack nach. Ausser der Duxa baut man hier Dochen und Durra. Die Bewohner dieses Thales, deren Gebiet mit Anfang des Gebirges beginnt, sind die Araber Sibchu. Sie bewohnen zerstreute conisch gebaute Strohhütten, gehen nackt bis auf einen Schurz und ein Kopftuch mit Quasten, welches stark mit Fett getränkt ist und einen üblen Geruch verbreitet. Ihre Waffen sind ein kurzes krummes Messer, das sie im Gurt tragen, und eine spitze Lanze. Wir lagerten uns an der Ostseite des Flusses auf einer Tenne neben dem Marktplatze, wo alle Sonnabend von den beiden Araberstämmen Sibchu und Harbe Markt abgehalten wurde. Dieser Platz ist mit kleinen Hütten aus Reisholz [= Reisig] besetzt.

Aus Furcht vor den uns begleitenden türkischen Soldaten waren die Thalbewohner alle entflohen. Nur in einem Hause fand sich eine zurückgebliebene alte Frau, die durch den Officier veranlaßt wurde, ihren Mann zurückzurufen. Bei der Rückkehr machte dieser aus der Ferne der Frau harte Vorwürfe, dass sie es mehr mit den Soldaten als mit den Arabern halte, was der Officier übelnahm und deshalb seine 4 Soldaten zum Aufsuchen der übrigen Bewohner ausschickte, um sie mit Gewalt zum Dorfe zurückzubringen. Kaum aber hatten diese nur einen Mann zurückgeführt, als plötzlich alle übrigen Männer sichtbar wurden und allmälig mit Entschuldigungen näher kamen. [...]

Am frühen Marktmorgen kehrten die ersten heranziehenden Kaufleute wieder um, weil ihnen die aufgeschlagenen Zelte der Fremdlinge Misstrauen einflössten, doch fing der Marktplatz von 9 Uhr an sich zu füllen, der durch seine Eigenthümlichkeit und Kleinheit mir ein grosses Interesse abgewann. Kein Kaufmann wollte auf einmal für mehr als ½ Piaster Zucker verkaufen, zehn bis zwölf Kaufleute hatten etwa zusammen ein halbes Pfund Zucker, in kleine Papierchen eingewickelt. Dieser Zucker wird hier nicht zum Süssmachen der Speisen benutzt, sondern gegen eine hier häufige Augenkrankheit, die die Hornhaut trübt (Augenfell, Pannus), gepulvert ins Auge geblasen. Desgleichen war auch Kochl (schwarzes Antimonium) zur Färbung der Augenlider und Augenbrauen nur so in winzig kleinen Papierchen aufgestellt. Tabak, Datteln und Rosinen gab es etwas mehr, ausserdem noch einige den Arabern nützliche Dinge wie trockene Akazienblätter zum Gerben. Etwas Kaffee, Butter, Dattelsyrup, Blumenkränze, Töpfe, Körbe, Natten und dergl. waren noch andere Handelsartikel. Diese Marktbuden glichen einem Kinderspielzeug. Ziemlich ansehnlich war dagegen der Viehmarkt. 3—400 Schaafe, 50—60 Kühe und Ochsen und 1 Kameel.

Als der Markt zu Mittag ziemlich voll war, erschienen gegen 20 junge Burschen mit neuen Leinwandschürzen und glänzend mit Fett besalbt. Man belehrte mich, dass diese ein Fest feierten, weil einige von ihnen beschnitten würden. Bald hatten sie auch die Blumenkränze sich gekauft und diese sich um die Köpfe gewunden. Einige trugen hochgelbe Rindenkränze vor der Stirn (aus einem Brei aus Baumrinde bereitet), nach dem Scheitel zu angeklebt, die von weitem wie Goldtressen aussahen. Alle hatten grosse Lanzen, einige auch Flinten. Nachdem sie sich geputzt und geordnet hatten, fingen sie an, militärische Tänze aufzuführen. Sie marschirten in zwei Gliedern dicht gedrängt und sangen dabei. Die Flügelleute sprangen abwechselnd heraus, tanzten, luden dabei ihre Flinten und feuerten sie im Tanz gegen den Boden ab. Dies war die angenehmste Festlichkeit, welche mir im Orient vorgekommen ist.

Nachdem ich auf dem Markt Butter und einige Viktualien gekauft und der Scheikh für einen anderen Führer gesorgt hatte, brachen wir Nachmittags die Zelte wieder ab und zogen fort, um uns am Anfang des Wadi Kammar zu lagern, wo es viel Affen und viel besondere Arten von Pflanzen und Vögeln geben sollte. [. . .] Am folgenden Morgen machte ich eine Excursion auf eine der Bergspitzen zur weiteren Untersuchung der Pflanzen und Thiere. Die häufigen Sträucher waren hier der Balsamstrauch *Amyris giliadensis* und *Amyris Kataf*. Ein biegsamer dicker Baum mit schönen roten dem Oleander ähnlichen, aber größeren Blumen *Nerium molle*, mehrere Akaziensträucher, eine strauchartige Euphorbie, eine strauchartige *Cassia* (*lanceolata*), eine strauchartige Schlingpflanze *Chlorina* und viele andere schöne neue Blumen. Falkenstein und Martin wurden währenddessen in der Morgenstunde auf die Affenjagd ausgesandt, sahen auch 5 Affen, die aber bald davonliefen, so dass sie ohne einen erlegt zu haben zurückkehrten.

Um die Affen aus diesem Thale nicht zu verjagen, wurde die Jagd auf Vögel und andere Thiere in einem der Nebenthäler fortgesetzt und Abends, wo die Affen regelmäßig wie des Morgens an den Fluss zum Trinken kommen, eine neue ebenfalls resultatlose Jagd auf sie ausgeführt. Am folgenden Morgen (28.) vor Sonnenaufgang ging ich selbst mit auf den Anstand gegen die Affen. Wir sahen auch sehr bald auf der kahlen Spitze eines Berges einen grossen alten *Hamadryas* sitzen, umgeben von 4 kleineren, welche, wie mir aus ihren Spielen mit dem großen Affen erschien, wohl weiblichen Geschlechts waren. Da die Bergspitze etwas isoliert war, so hoffte ich, dass wir sie von allen Seiten umstellen könnten. Den schroffen Abfall des Berges in das Thal, wo wir uns befanden, glaubte ich dadurch abzusperren, dass Martin Bretzka sich gerade unter dem Felsen aufstellte, um so die Aufmerksamkeit der weit über Schusshöhe über ihm stehenden Affen auf sich lenken, also keinesfalls selbst versuchen sollte zu schiessen. Wir übrigen Schützen vertheilten uns um den Berg und hofften beim langsamen Aufsteigen so einige Affen zum Schuss zu erlangen. Noch waren wir aber im unteren Anfange unseres Treibjagens, als plötzlich ein Schuss fiel, welcher aus der Richtung kam wo Martin stand. Beim Hinaufblicken sah ich, daß der grosse Affe aufgestanden war, so dass die rothen Schwielen seines Gesässes zu uns gewendet waren, die er sich langsam mit der Hand vom Sande zu reinigen schien. Da es nun nicht mehr möglich war die abziehenden Affen in Schussweite zu erreichen, so gab ich das Signal zur Rückkehr. Im Thale hatte sich die Scene höchst komisch gestaltet, indem die Araber mit hellem Gelächter den voreiligen Schützen begrüssten und die Pantomime des Affen beim Aufstehen auf den Fehlschuss deuteten, der vielleicht nur ein Viertel der Höhe erreicht haben konnte. . . .

Mein Wunsch noch bis zum Gebel Derwar vorzudringen mußte wegen nun eintretenden heftigen Regens aufgegeben werden, da die Araber uns warnten bei Regenwetter im Thale zu bleiben, da oft plötzliche Überschwemmungen eintreten und auch die Fieber gefürchtet würden. Da die Regenwolken sich mehrten, ein starker Sturm mit heftigem Regenguss uns das Zelt umwarf, fürchteten wir durch die Nässe die schon gemachten reichlichen Sammlungen wieder zu verlieren oder doch verderben zu sehen, und brachen deswegen sofort auf und erreichten noch in der Nacht wieder den Platz im Wadi Djara, welchen wir vor zwei Tagen verlassen hatten. [. . .]

Nachdem wir den Abschiedsbesuch beim Bey gemacht, der uns noch zum Mittagessen einlädt, was wir aber ablehnen, werden Kisten mit Vogelbälgen verpackt, Insektenkästen mit Papier verklebt, Pflanzen geordnet, die Flinten im Lager repariert, so dass wir am 4. März in unserer Barke von Gumfude abfahren konnten.

Nach unserer Abfahrt übernachteten wir im hohen Meere fern vom Lande, etwas oberhalb Hali bei Emmek. Nachmittags ankerten wir an der vulkanischen Insel K e t u m b u l, welche aus einem schroffen schwarzen Schlackenkegel mit geringem Landanhange besteht. Gegen das Meer hin ist sie kesselförmig schroff abfallend in halbmondförmiger Gestalt. Ich bestieg mit Niemeyer und Falkenstein den sehr schwierig zu erklimmenden Kraterrand, da der ganze Bergrücken aus lockeren Lapillen bestand. [. . .] Die Insel war ziemlich ergiebig an interessanten aber einzeln stehenden Pflanzen, welche fast sämtlich neu waren. Unter den Sträuchern waren besonders die Cappurideen ausgezeichnet. Es wurden im Ganzen 28 Pflanzenformen gesammelt, von denen 8 strauchartig oder verkrüppelt baumartig waren, darunter als neues Genus *Ketumbulia splendida*. Ein dicht an den vulkanischen Felsen hinlaufender Sandstein trug andere Pflanzenformen: *Cyperus*-Arten usw. Die die Insel umkreisenden Tropikvögel liessen sich der steilen und lockeren Inselbildung halber nicht erlangen. Es gab viel neue schöne Schmetterlinge, während im übrigen die Jagd wenig ergiebig war. [Es wurde hier ein *Falco biarmicus tanypterus* erbeutet.]

Mittags den 6. März steuerten wir in südsüdöstlicher Richtung ins hohe Meer. Mit schwachem Nordwinde, welcher abwechselnd in Windstille überging, erreichten wir Nachts 11 Uhr eine Inselgruppe, die unser Pilot, ein Insulaner aus Dhalak, Farsan nannte, welche aber auf Lord VALENTIA's Karte, deren Copie wir mit uns führten, nicht verzeichnet war. Wir erkannten im Mondschein die flache Küste der Insel und befahlen dem Kapitain in einen ihrer Häfen einzulaufen. Auf Veranlassung des Piloten ward bei Angesicht des Landes, weil er Untiefen fürchtete, im hohen Meere Anker geworfen. Wir hatten auch in der That bei sehr bedeutender Entfernung vom Lande nicht mehr als 10 Kame (Klafter) Wassertiefe. Die Nacht über und den ganzen folgenden Tag war Windstille. Durch anhaltendes Bugsiren und Mithülfe der südlichen Strömung zur Ebbezeit erreichten wir Nachmittags 2 Uhr kleine flache Inseln, als Einfassung der größeren, welche vorzugsweise den Namen Farsan el kebir führte. Da der Pilot das Einfahren in den Hafen ohne vorhergegangene Recognoscierung für gefährlich erklärte, so ward Anker geworfen und beschlossen, mit der Feluke (Schaluppe) einen Insulaner aufzusuchen, der uns sicher leiten könne. HEMPRICH bestieg daher mit zweien unserer bewaffneten Begleiter selbst die Feluke und nahm den Piloten und einige Matrosen mit sich, um sowohl auf die Entdeckung der wirklichen Zentralinsel Farsan als besonders eines ihrer Häfen auszufahren und von derselben einen Piloten zu holen, der uns in den Hafen brächte. Nach zweistündigem Fahren erreichten sie endlich den Hafen el Chor, von wo aus sie noch 1½ Stunden bis zum Dorfe Farsan hatten, das sie nach Sonnenuntergang erreichten. Der Scheikh der Insel IBRAHIM ABU SEFEN (Doppelschwerdt) kam erst um Mitternacht an, gab einen Piloten, und um 3 Uhr Nachts konnte HEMPRICH erst zu uns zurückkehren. Unterdessen war ich ohne Kapitain und ohne Piloten und Mannschaft auf dem Schiffe und fing an über das Schicksal der nach der Insel hin Gefahrenen immer unruhiger zu werden. Als sie um 10 Uhr Nachts noch immer nicht erschienen und, ungeachtet ich verschiedene Flintenschüsse abgefeuert hatte, kein Gegenzeichen gaben, wurde ein Kanonenschuss abgefeuert. Mit wachsender Entfernungszeit der Gefährten stiegen die Sorgen, so dass ich noch mehrere Kanonenschüsse als Signal abfeuerte, bis spät in der Nacht ihre Rückkehr glücklich erfolgte.

Mit Sonnenaufgang brachte uns der als Pilot mitgenommene Inselbewohner glücklich in den Hafen, wo wir drei Tage lang bis zum Morgen des vierten verweilten. [...] Die Einwohner nährten Schildkrötenfang und Perlenfischerei, die Perlen von Farsan und Dhalak gelten für die Besten und diese Gegenden für die Ergiebigsten des ganzen Meeres. Von den vielen schönen Schildkröten (*Chelonia Caretta*), die es an der Insel giebt, brachte man uns auch bald auf Verlangen eine, die jedoch zuviel zerbrochene Schilder hatte und überdies mit Balanen so stark besetzt war, dass sie für ein Museum zu schlecht gewesen wäre. Wir boten dafür 3 Colonati, man forderte 16 und trug sie wieder fort. Das edle Schildpatt liefert *Chelonia virgata* Duméril. Die schönen Perlen liefert *Meleagrina margaritifera* L. Ausserdem sind noch Perlmutter und Haifischflossen Handelsartikel, sowie Sirenenzähne, schwarze und weisse Corallen. Die Sirene, deren Fleisch gegessen, deren Haut benutzt und deren Zähne verkauft werden, ist ein Dugong (*Halicore*). [...]

Am 11. März mit Sonnenaufgang lichteten wir den Anker und fuhren aus dem Hafen el Chor von Farsan ab, in östlicher Richtung zwischen der Insel und dem anfangs unsichtbaren Festlande, der an der gegenüberliegenden Küste liegenden Stadt Gisan zu, welche wir nach zwei Stunden Mittags erreichten. Dort ging HEMPRICH sogleich ans Land, um die Empfehlungsbriefe an den Scherif ALI IBN HAIDAR abzugeben. ... Auf einer kleinen Excursion in das niedrige Gebirge neben der Stadt am Meere begleitete mich ein mit einer Luntenflinte bewaffneter Beduine als Führer, und ausserdem noch ein Jäger. Wegen Regenmangel war die Vegetation auf den Bergen sehr dürr, so dass ich nur eine neue Pflanze *Caesalpina arabica* fand, vielleicht dieselbe, welche FORSKAL für *Caesalpina elata* hielt. Man nannte mir als dort vorkommende Bäume und Sträucher Age und Murr. Es war unzweifelhaft, dass mit dem letzteren Namen die Myrrhen-Pflanze gemeint sei, allein ich konnte weder über diese noch über die Weihrauchstaude und Balsamstaude Nachricht erlangen. Da ich jedoch bemerkte, daß alle Nutzpflanzen als dort nicht existierend verheimlicht wurden und zu glauben veranlasst war, dass man fürchte, die Fremden könnten durch ihren Zauber ihrem Lande die nützlichsten Dinge entziehen, so drang ich in meine Begleiter mir die Richtung anzugeben, in welcher die beiden Stauden Age und Murr sich befänden. Im Gespräch hatte ich allmälig erfahren, daß auf einem Hügel in der Entfernung von etwa 1 Stunde sich solche Sträucher befänden, jedoch rieth der bei uns befindliche Soldat ab in jener Richtung weiterzugehen. Da schien es mir denn gerathen mich mit meinen europäischen Begleitern zu verabreden angeblich eine in der Ferne aufgetauchte Gazelle zu verfolgen und immer in der Richtung des Hügels möglichst schnell dieser Jagdbeute nachzueilen. So gelang es die arabischen Begleiter davon abzubringen uns weitere Hindernisse in den Weg zu legen nach jener Gegend zu gelangen. Obwohl sich nur verkrüppelte holzige Sträucher auf dem Gipfel des Hügels erkennen liessen, so war ich doch höchst erfreut an einem der knorrigen Stämme eine butterartige Masse hervorquellen zu sehen, die sich schon in der Ferne durch sehr starken balsamischen Geruch als Myrrhen-Harz zu erkennen gab. Es wurden deshalb die mit kleinen Blättern versehenen Zweige, unter denen einige noch mit Früchten waren, abgeschnitten und die hervorgequollene stark riechende, butterartige, gelblich weisse Substanz, von der Grösse einer doppelten Haselnuss in ein Papier abgeschabt. Die Araber, welche später als wir hinzukamen, nannten die Substanz Murr. So war ich denn offenbar so glücklich gewesen, dieses medicinisch wichtige Harz an seiner Ursprungspflanze zu entdecken. Andere kleine ebenso knorrige Stämme fanden sich noch in der Nähe zerstreut, hatten aber keine aromatischen Harzausschwitzungen und wurden mit dem Namen Age belegt. Die ganze Gegend war noch weithin steil und nur in der Ferne, wohin man nur mit größerem Zeitaufwande gelangen konnte, war das Gebüsch zahlreicher. Mit dieser Ausbeute wurde die Rückkehr angetreten. [...] Nachdem ein nach Abu Arisch zu Ibn el Haidar gesandter Bote uns Hühner und Eier von dort mitgebracht hatte, fuhren wir am folgenden Tage (25. März) von Gisan ab und erreichten die Insel Aschek. [...]

Gisan hatte uns eine reiche Beute neuer Fischarten geliefert, die Insel Aschek gab uns eine neue *Asclepias aphylla* und einen neuen *Scincus cryptocephalus* [= *Mabuya pyrrhocephala* (Wiegmann)].

Am 26. März liefen wir im Hafen von Lohaie ein. [...] Die Gegend war für unsere Forschungen sehr wichtig, weil der dänische Naturforscher Forskal hier hauptsächlich die arabische Flora gesammelt hatte, welche von Niebuhr zusammengestellt und herausgegeben worden. So ging denn Hemprich sogleich darauf ein, am nächsten Tage mit einigen gemietheten Kameelen, dem noch von Krankheit schwachen Falkenstein, Niemeyer, Carofali, zwei Matrosen und einem Soldaten eine Excursion in das Land zu machen. [...] Er brach am 28. mit drei Kameelen und den genannten Jägern nach dem Dorfe Mor im Wadi Surdud auf, und da Forskal die Entfernung von Lohaie bis Mor nur auf 2 Stunden angiebt, so machte Hemprich mit den Gesunden den Weg zu Fuss, während Falkenstein seiner Schwäche halber reiten mußte. Sie erreichten aber erst nach 8 Stunden Marsch sehr ermüdet den Ort. Der Weg führte an dem Berge Koscha entlang, an dem Salz gebrochen wurde, durch Gebüsch von *Kadaba*, *Indigofera oblongifolia*, *Salsola imbricata*, *Tamarix orientalis* und *Salvadora persica*. Mor ist ein ziemlich bedeutendes Dorf mit zwei aus gebrannten Steinen gebauten Festungen, von denen die eine, an der sie ihr Zelt aufschlugen, dem Amir Fatch Allah, Dola von Lohaie, die andere dem Scherif Hassan Ibn gehörte. [...]

Am folgenden Tage des Abends, nachdem Hemprich von einer kleineren Excursion zurückgekehrt war, die als Beute eine Gazelle, eine Trappe und mehrere Vögel eingebracht, hörten sie in der Ferne westlich vom Dorfe Hülfegeschrei. Die Dorfbewohner rückten alsbald aus fürchtend, daß vielleicht ihr Feind Scheich Ibrahim Kelfut im Anmarsch sei. Es begann auch bald darauf ein starkes Schiessen, das immer näher und näher kam. Kein Mensch liess sich sehen, das ganze Dorf schien ausgestorben, während das Schiessen, zu dem sich nun auch ein starkes Geschrei gesellte, immer näher gegen sein Zelt kam. Da sie nicht wissen konnten, ob nicht vielleicht die zurückgeschlagenen Bewohner von Mor sich auf sie zurückzögen, so liessen sie das Zelt nieder, warfen ihre Bettstelle um, stellten die Effekten dahinter und erwarteten hinter dieser Verschanzung mit geladenen Flinten das Weitere ab. Es kehrte aber nur die ausgezogene Mannschaft wieder heim, die keinen Feind gefunden hatte und durch in die Luft schiessen und Geschrei ihre Freude darüber zu erkennen gab.

Am 31. brach Hemprich von Mor auf nach Sohhra. Der dort befindliche Scherif nahm Hemprich freundlich auf, hatte aber viel gegen die Excursionen nach Wadi Surdud und in das Gebirge einzuwenden, da die Gegenden zu der Zeit durch die wechselseitigen Feindseligkeiten der Bewohner zu unsicher gemacht seien. Hemprich suchte ihn dadurch zu beruhigen, dass sie als wohlbewaffnete Fremde, die keine Sachen von Werth bei sich führten, nichts zu fürchten haben würden, und so versprach der Scherif Kameele und Leute für die Excursion zu geben. [...] Da aber in Lohaie die Soldaten mit dem Dola in beständigem Streite waren und öfter Schüsse wechselten, so schien es mir rathsam diese unsichere Gegend bald mit einer ruhigeren zu vertauschen, weshalb ich Hemprich durch einen rückkehrenden Boten brieflich bitten liess, sofort zurückzukehren. Da Hemprich auch bereits der Soldat des Dola aus Furcht entlaufen war, so entschloss er sich die Excursion ins Wadi Surdud aufzugeben und sogleich zurückzukehren. Noch in derselben Nacht überfielen die Leute des Kelfut das Dorf Bagile, wohin Hemprich hatte gehen wollen, töteten 14 Personen, darunter auch vier Weiber, und führten viel Vieh mit sich fort.

Während Hemprichs Abwesenheit hatte ich die Zeit auf dem Schiffe mit Ordnen der bisherigen Sammlungen und Beschreiben der sich als neu ergebenden Naturkörper und Zeichnen derselben ausgefüllt.

Die Häuser von Lohaie haben, obgleich größtenteils nur aus Matten gebaut, doch ein besseres Aussehen als in den übrigen Ortschaften Jemens. Sie sind regelmässig und regenfester gebaut, manche fast niedlich zu nennen, und in einem so heißen und zugleich feuchten Klima wohl gemauerten Wohnungen vorzuziehen, weil sie nicht soviel Ungeziefer nähren. Der Hausrath in den Fremdenzimmern, denn in das Innere des Harems kommt ein Fremder nicht, besteht in einer Zahl mit Rohr überflochtener Bettstellen (Gada), die uns von den Befehlshabern leihweis geliefert wurden. Über die Bettstellen waren im Hause Teppiche oder Natten gebreitet, auf die sich die Besucher niederlassen. Ausserdem fanden sich in den Zimmern ein paar niedrige viereckige Tischchen, auf die die Schische (persische Tabakspfeife) zu stehen kommt. [...] Von der Gegend von Jambo an schläft niemand mehr auf der Erde, weil man die Insekten fürchtet, sondern in den Gada genannten Bettgestellen. Außer den Kameelmilben (*Ixcdes*) giebt es dort noch ein schwarzes lästiges Insekt, ein kleiner *Acarus*, die gewaltig beissen und Fussgeschwüre verursachen. Auch scheint hier der Sandfloh oder eine ähnliche Form vorzukommen. [...]

Die schönen grossen Rispen der *Pandanus fragrantissima* wurden in Lohaie zum Markte gebracht und erfüllten die Luft mit Wohlgeruch. Den Baum selbst haben wir nicht gesehen. [...] Am 6. April lichteten wir die Anker, um von Lohaie abzufahren. [...] Der anfangs schwache Südwind verstärkte sich allmälig und verhinderte uns den Curs südlich nach der Insel Cameran zu nehmen, so dass wir an der Insel Ormuk anlegen mussten. Ormuk ist eine kleine flache Sandinsel, etwa 3 Stunden im Umfang, hat ein kleines Dorf und schlechtes Wasser. Zwei Dattelbäume und *Cyperus brachystachys* waren die einzigen gesehenen Pflanzen. Außerdem erbeuteten wir dort zwei neue Vögel und zwei Arten Corallenfische, die wir noch nie gesehen hatten. Der folgende Tag (8. April) brachte uns an die Insel Badie el Cameran, welche flach und steril ist. [...] Am 9. April wurde mit Sonnenuntergang in den Hafen von Cameran eingelaufen. [...]

Nachdem wir Wasser eingenommen, gingen wir am 11. wieder unter Segel um Massaua zu erreichen. Wir passierten die flachen und kleinen Inseln Badie, Hatabahn, Ketaban, Kossur und Fokfahsch, welche alle nördlich zur Rechten von uns liegen blieben und aus Corallenfels bestanden. Die größte von ihnen ist die Insel Fokfahsch. Ihr gegenüber zur Linken (südlich) liegt eine kleine Insel Okban. Wir segelten weiter gegen Sonnenuntergang an der Nordseite der ebenfalls flachen Insel Ketame vorüber, sahen am folgenden Mittag in blauer Ferne die bergige Insel Gebel Fehr und wurden Nachmittags 3 Uhr durch über uns schwebende Vögel von der Nähe des Landes in Kenntnis gesetzt. Bald ward eine blaue Stelle uns zur Linken sichtbar, welche ein Corallenriff verriet, und gegen 4 Uhr sahen wir Land vor uns. Die vor uns liegende Inselgruppe, die der Pilot Megaede nannte, besteht aus vier Inseln, drei davon liessen wir zur Rechten liegen und näherten uns bei einbrechender Nacht einem Felsen der dritten Insel, welcher die vierte bildet, um Anker zu werfen. Ein einzelner Windstoss aus Nord riss unseren Anker mit Sonnenaufgang los, den der Pilot benutzte, uns zwischen die beiden kleinen Inseln Aukan im Süden, Darganasch im Norden hindurch nach der etwas felsigen Insel Belhosse zu führen, wo wir Anker warfen. Der Fels der Insel ist Corallenstein, etwa 20 Fuss hoch, nach Westen zu in eine flache Sandebene sich verlaufend. Auf der ¾ Stunde großen Insel fehlt der Baumwuchs gänzlich. *Sceura marina*, *Suaeda fruticosa*, *Salvadora persica* und *Atriplex arabica* bilden die Sträucher, während als krautartige Pflanze *Zygophyllum portulacoides* in üppiger Fülle gedeiht. Ausserdem *Alsine acutiflora*, *Suaeda hortensis*, *Cyperus brachystachys*. Die Jagd brachte 9 Stück von *Sula arabica* [= *Sula leucogaster* Boddaert] und einige Falken [*Falco concolor*] ein. Am Strande fanden wir einen vom Meer ausgeworfenen Delphin, dessen Schädel wir mit uns nahmen [Typus von *Tursiops aduncus* (H. & E.)].

Am folgenden Morgen führte uns ein günstiger Nordwind bei der Insel Seit ambar und der flachen und kleinen Inselgruppe Gesiret el Messara vorüber. Diese Inselgruppe besteht aus drei Inseln, an welche sich mehr nördlich noch eine vierte mit besonderem Namen (Seit um Ali) anreiht und in der Nähe der Insel Dhalak sichtbar wurde.

Diese vielen kleinen zerstreut liegenden Inseln zwischen Cameran und Dhalak nannte BERGHAUS: die nördliche Gruppe die EHRENBERGS-Inseln und die südlich davon gelegene die HEMPRICHS-Inseln.

Nachmittags warfen wir bei der von hohen Gebirgen überragten Insel Hauakil Anker, neben welcher sich nördlich eine flache Insel Gesiret el Ajuse erstreckte. HEMPRICH ging sogleich ans Land und brachte neue Pflanzen und Insekten mit. In blauer westlicher Ferne tauchten die Gebirge von Abyssinien auf. Den folgenden Morgen durchforschte ich die Insel und brachte ebenfalls eine reiche Beute an Pflanzen und Sträuchern mit, darunter viel neue Arten. Unter den 5 Arten von Bäumen waren besonders viele Arten Akazien mit *Sceura marina*, unter den Sträuchern waren *Amyris gigleadensis* (Balsamstrauch) und *Orchradenus braccatus*, im ganzen 6 Arten, unter den 3 Arten von Halbsträuchern eine *Indigofera* und unter den 50 Arten von Kräutern, darunter vielen Gräsern, Boerhavien, Celosien, *Convolvulus* und viele andere. Im Ganzen 65 Arten. Die Insel selbst hat im Umfang 8—10 Stunden. Ihr westlicher gebirgiger Teil erhebt sich ungefähr bis zu 600 Fuss Höhe, während ihr östlicher Teil eben und niedrig ist, nur etwa 10—15 Fuss über dem Meeresspiegel erhaben. Die Form der Insel gleicht einem Winkelhaken. Ihre Südseite hat eine große für kleine Schiffe zugängliche Bucht, in deren Grunde ein aus etwa 20 Häusern bestehendes Dorf liegt. Die Gebirge sind von Thälern durchschnitten und bilden drei miteinander verbundene Gruppen. Das Wasser der Insel ist Regenwasser und versiegt im Sommer, wo dann die Einwohner ihr Trinkwasser von der benachbarten Insel Amfala holen. Wir fanden, da es vor kurzem geregnet hatte, viel Wasser als kleine Teiche in der Ebene vor. Kameele, Esel und Ziegen trafen wir an. [...] Die Hauptbeschäftigung der Einwohner ist Perlenfischerei, Schildkröten- und „Seelöwen"-Fang, worunter vielleicht der Dugong zu verstehen ist. Das Gestein der Gebirgsmasse ist ein mürber, porphyrartiger Tonstein ohne Schichtung, überall wo wir ihn sahen gleichartig bis zur Spitze eines der höheren Berge. Die Jagd auf Vögel lieferte einen neuen Eisvogel *Alcedo* [Typus von *Halcyon chloris abyssinica* Pelzeln], während wir den weissbrüstigen Raben [*Corvus albus*] hier zum ersten Male sahen, aber nicht zum Schuss bekamen. Einige neue Amphibien und ein Kistchen voll Insekten, darunter einige neue Formen, waren die weitere Ausbeute. [...]

Mit geringem Nordwind verliessen wir am 16. die Insel, passierten erst noch einige Mal die Insel Ajuse, liessen dann die flache Insel Tel Eht zur Linken und sahen zugleich mit der Insel Dhalak die kleine Insel Seit um Ali. Nachdem wir die flache Insel Schummaha auf ihrer Ostseite passiert, erreichten wir die kleinen Inseln, welche Dhalak umgeben und zu ihr gehören. Um 3 Uhr warfen wir Anker auf der Südseite der Insel D h a l a k , in der Rheede beim Dorfe Dhalak Kebir. Ein auf die Insel unternommener Ausflug brachte eine so glänzende Beute an Vögeln und Pflanzen, dass wir beschlossen einige Tage hier zu bleiben, theils um die so reichhaltige Insel näher kennen zu lernen, theils um die bisher gemachte Sammlung wohl zu verpacken und die Kisten mit Pech zu überstreichen. So wurde das Zelt am Ufer aufgeschlagen, und HEMPRICH ging zuerst mit den Jägern ans Land. Bis zum 23. wurden täglich Excursionen abwechselnd von uns ins Innere der Insel unternommen. Von Vögeln wurde mehrere Arten Geier, viele Falken, viele Singvögel und Rebhühner, Wasservögel, Flamingos, der schwarze Storch (*Ciconia Abdimii*), Löffelreiher [Typus von *Platalea leucorodia archeri* Neumann], der heilige Ibis und auch zum ersten Male der weissbrüstige Rabe erbeutet. Im Ganzen wurden 24 Vogelarten geschossen. Unter den 6 Arten von Bäumen war *Crucifera thebaica* mit mehreren Arten von Akazien, *Rhamnus Nabeca* und *Hemigymnus*. Unter den 7 Arten Sträuchern war eine *Cactus*-artige Euphorbie und *Indigofera*. Unter den 82 Arten Kräutern und Gräsern *Stapelia retrospiciens*, auf der die Raupe des *Papilio Meleager* lebte, und eine *Ipomoea*. In einem Felsen der östlichen Seebucht fanden sich viele Nester der *Ciconia Abdimii* mit 3—4 weissen Eiern von der Grösse und Gestalt der Gänseeier. Das Nest war von Reissholz [Reisig] nicht übermässig gross. Die ganz jungen Störche waren weissflaumig mit schwarzer Stirn, der Schnabel schwarz mit orangegelber Spitze. Die einjährigen Jungen hatten Gesicht und Kehle schwarz und befiedert.

Die Insel Dhalak ist flach und buchtig und soll von einem guten Fussgänger in einem Tage umgangen werden können. Ihr Boden ist Corallen-Kalkstein und ihre grösste Erhebung über dem Meer beträgt etwa 200 Fuss. In den Buchten ist der Fels steil und schroff, während die Südseite der Insel ganz allmälig abfällt. Neben den schroffen Abfällen des Felsens sind häufig tiefe Schluchten, in denen eine überreiche Fülle von Pflanzen wächst. Die grössten Buchten der Insel sind eine nordöstliche und eine südwestliche, welche sich beinahe berühren und die Insel in zwei grosse Theile trennen. Sieben Dörfer sind auf der Insel, die in geringer Tiefe gutes Wasser giebt. Die Einwohner sind Perlenfischer und fertigen Lederschläuche, Käse und Nudeln, die zum Verkauf nach Massaua gehen. Alle Schaafe waren während unseres Dortseins trächtig. Gazellen sind nicht selten, aber nicht so häufig wie in Farsan. Andere Säugethiere ausser Fledermäusen haben wir nicht angetroffen. Die Gazellen hielten unsere Jäger nicht für verschieden von denen aus Farsan und Arabien.

Am 24. April fuhren wir in westlicher Richtung bei Nordwind von Dhalak ab. Noch ehe wir die kleine Insel M o d a t erreichten, welche den halben Weg bis Massaua bezeichnet, that ein fernes Schiff einen Kanonenschuss und gab sich als eine türkische Canonierschaluppe zu erkennen. Wir hatten demnach Gehorsam zu leisten und stehen zu bleiben, was nach einigem Kreuzen geschah und wobei die Schaluppe dicht an uns heran kam. Die Kapitäne kannten sich, grüssten sich und nach einigen Fragen und Antworten von beiden Seiten ging jedes Schiff seines Weges. Die Insel blieb uns zur Linken liegen. [. . .] Zwischen ihr und Massaua kamen wir noch an ein grosses bedecktes Corallenriff, dem man bei Südwind nicht zu nahe kommt. Wir fuhren an seiner Südseite vorüber und erreichten Nachmittags 3 Uhr den Hafen der kleinen Insel M a s s a u a , welcher auf der Westseite gelegen ist. HEMPRICH ging sogleich mit dem Kapitain ans Land und gab die Briefe an den Commandanten ab, der sie beide gleich zu Tische behielt und zwei Kanonenschüsse für sie zu Ehren abfeuern liess. Der Commandant erklärte, dass alles im Lande ruhig und nirgends etwas zu riskieren sei, versprach seine Beihülfe, wo wir sie brauchen konnten. Mit Hülfe des Commandanten hatte auch HEMPRICH sogleich ein Haus in Massaua gemiethet, das dem Schreiber desselben gehörte, und am folgenden Tage wurde gleich mit dem Ausladen der Effekten und Unterbringen derselben in das Haus begonnen, das aus drei Magazinen von Stein besteht und einem freien Hofe. Ausser der Commandantur und einigen Kirchen sind auch die Kaufmannsgewölbe aus Stein, alle übrigen Häuser sind von Stroh, und Feuersbrünste verheeren oft das ganze stroherne Städtchen, deshalb hielten wir für räthlich, uns etwas zu sichern und kein Strohhaus zu miethen.

Die ganze Insel hat kaum ½ Stunde im Umfang und ist fast ganz mit Häusern bedeckt. Ihr Boden besteht aus Corallenfels, der etwa 10 Fuss über das Meer emporragt. Der Abstand vom festen Lande beträgt westlich kaum 400 Schritt, dort ist aber das Meer sehr tief."

[58] [S. 142]. Die Haie und Rochen dieser Reise wurden behandelt in: J. MÜLLER & J. HENLE, Systematische Beschreibung der Plagiostomen. Berlin 1841. Abbildungen in Symb. Phys., *Zool.* I, *Pisces* tab. IV—VII.

[59] [S. 142]. EHRENBERG hat seine (bzw. FINZIS) Fisch-Aquarelle und Fisch-Zeichnungen an G. CUVIER geschickt, siehe: CUVIER & VALENCIENNES, Hist. Nat. des Poissons I, 1828, p. 261—262.

[60] [S. 143]. Der italienische Koch der Expedition.

[60a] [S. 144]. Hierüber: Symb. Phys., *Zool. II*, *Mollusca* tab. II.

[61] [S. 144]. EHRENBERGS nubische und abessinische Pflanzen sind bearbeitet worden von G. SCHWEINFURTH in: Beitrag zur Flora Aethiopiens. Abth. I. Berlin 1867.

[62] [S. 144]. Einige Aquarelle EHRENBERGS sind veröffentlicht worden in: C. B. KLUNZINGER (1877), Die Korallenthiere des rothen Meeres. Berlin 1877. Theil I, tab. V, VII, VIII.

[63] [S. 144]. Hierüber: Symb. Phys., Decas I, *Zoologia*, *Mollusca*, Text (1831); ferner: A. ISSEL, Malacologia del Mar Rosso, Pisa 1869, worin auf p. 9, 10 alle von EHRENBERG aus dem Roten Meer beschriebenen oder erwähnten Mollusken zusammengestellt sind.

[63a] [S. 149]. EHRENBERG, „Erinnerungen“ p. 291: „Auf der Heimreise begriffen, erfuhr ich in Wien von Herrn v. SCHREIBERS, dass in Berlin grosse Auktionen von Naturalien des Museums stattgefunden hatten, und dort besonders viele afrikanische, wahrscheinlich von uns gesandte Doubletten veräussert worden wären, von denen auch das Kaiserliche Museum eine grössere Anzahl angekauft habe. Mich traf diese Nachricht sehr schwer, zumal ich schon andererseits erfahren hatte, dass viele der von uns so mühsam gesammelten Insekten, wohl 20 Kisten mit Tausenden von Individuen, dadurch, dass man die Kisten in der Quarantäne mit einem grossen Bohrer angebohrt hatte, um Luft hineinzulassen, ganz zerstört waren, da die Holzspäne auf dem Fahrwege nach Berlin die Leiber und Flügel fast aller Insekten zerrissen hatten.“

[64] [S. 150]. Siehe Anm. 59.

[65] [S. 150]. Siehe Anm. 43.

[66] [S. 150]. Siehe Anm. 50.

[67] [S. 150]. Hierüber: O. CARLGREN (1899), Icon. ined. der Symb. Phys. (Nachtr. Zool.), Text, p. 13. CARLGREN bezieht sich auf eine unveröffentlichte große Zeichnung EHRENBERGS, welche den Längsschnitt eines Aktinienkörpers (*Isacmaea crystallina*) mit anatomischem Detail vorstellt, und bemerkt: „Sie zeigt, daß EHRENBERG früher als jeder andere Forscher eine richtige Vorstellung des Schlundrohrs, der vollständigen und unvollständigen Mesentherien hatte.“

[68] [S. 150]. Siehe Anm. 53.

[69] [S. 150]. Siehe Anm. 17.

[70] [S. 150]. Hierüber: C. G. EHRENBERG (1829), Plantarum cotyledonearum nova genera; Linnaea IV, p. 396—404.

Index der Personen-Namen

A = Absender, E = Empfänger eines Briefes

Anhang

Wissenschaftliche Ergebnisse der Reise

Als es nach EHRENBERGS Rückkehr zunächst darum ging, die Bearbeitung der überwältigend großen Sammlungen und die würdige Publikation der Ergebnisse durch öffentliche Zuwendungen zu sichern, verlas ALEXANDER V. HUMBOLDT am 13. November 1826 einen Bericht, den zu erstatten ihm und den Herren LINK, LICHTENSTEIN, RUDOLPHI und WEISS seitens der Akademie der Wissenschaften aufgetragen worden war. In diesem sehr eingehenden Bericht heißt es:

„EHRENBERG und HEMPRICH, auf welche die Wahl der Akademie durch mehrere ausgezeichnete Arbeiten geleitet worden war, haben allen den Anforderungen, welche man im gegenwärtigen Zustande der Wissenschaften an gelehrte Reisende machen kann, auf das glücklichste entsprochen. Die einfache Aufzählung dessen, was beide geleistet, ist der unwiderleglichste Beweis davon. Sie haben gesammelt, als wäre Sammeln allein ihr Zweck gewesen; für Präparation, Aufbewahrung, spezifische Benennung der Gegenstände gearbeitet, wie vielleicht, unter ähnlichen Umständen, nie von Reisenden geschehen ist. Die an das königliche Museum übersandten Gegenstände füllten 114 Kisten (zu 20 bis 30 Kubikfuss) aus. Die Gesammtzahl der aufbewahrten Individuen von Pflanzen übersteigt 46.000, worunter 2900 Arten. Die Gesammtzahl der Thiere begreift 34.000 Individuen. [. . .] Die königliche Mineralien-Sammlung ist mit 300 Stück von Gebirgsarten bereichert worden, die nach ihrer Auf- und Anlagerung geordnet, über den inneren Bau des Erdkörpers in fernen, geognostisch-unentdeckten Ländern ein hohes Licht verbreiten. Aber alle diese Sammlungen von Mineralien, von phanerogamischen und kryptogamischen Gewächsen (unter denen die erstern allein wahrscheinlich 5 bis 600 unbekannte Arten enthalten), von thierischen Bildungen aller Klassen, besonders der unteren, gewöhnlich von reisenden Zoologen ganz vernachlässigten, sind (so wichtig auch an sich ihre freie Benutzung für die Erweiterung naturhistorischer Kenntnisse wird) doch nur als ein sekundärer Gewinn zu betrachten, als ein Gewinn, welcher demjenigen nachsteht, der aus einer öffentlichen Bekanntmachung der von Herren EHRENBERG und HEMPRICH angestellten Beobachtungen entspringen wird.“

EHRENBERGS Plan (veröffentlicht in der geographischen Zeitung der Hertha 1827, p. 92—94) sah nichts geringeres vor als die Herausgabe eines vielbändigen Werkes „Naturgeschichtliche Reisen in Nord-Afrika und West-Asien“, in zwei Abteilungen: die erste sollte die eigentliche Reisebeschreibung, die andere die ausführliche Darstellung und Beschreibung der beobachteten Naturkörper enthalten. Die zweite Abteilung bedürfe, wie an dieser Stelle gesagt wird, zu ihrer Ausführung höherer Beförderung und der Hülfe geschickter Künstler und werde am zweckmäßigsten in vier nebeneinander fortlaufende Teile zerfallen: 1. Beschreibende Zoologie mit Anatomie und Physiologie. 2. Abbildungen von neu entdeckten Tierarten und deren Zergliederung, mit kurzem Text in fortgesetzten Lieferungen. 3. Beschreibende Botanik. 4. Abbildungen von neuen Pflanzen und deren inneren Teilen, mit kurzem Text in Lieferungen.

So die großartige Absicht, welche beide Freunde, die monumentale „Description de l'Égypte“ der französischen Kommission (GEOFFROY, SAVIGNY, DELILE u. a.) vor Augen, schon in der Ferne gefaßt haben mögen. Was ist daraus geworden? Wer genauer erfahren will, welche Umstände es verschuldeten, daß sowohl die Reisebeschreibung wie die zweite Abteilung (die „Symbolae Physicae“) ein Torso blieben, sei auf HANSTEINS (1877) und LAUES (1895) EHRENBERG-Biographien verwiesen. An öffentlicher Unterstützung hat es nicht gefehlt: nicht weniger als 26 000 Thaler gab der preußische Staat auf ALTENSTEINS Betreiben allein von 1827 bis 1833 für das Reisewerk aus. Aber wie konnten solch großzügige Zuwendungen wieder gutmachen, was LICHTENSTEIN vor EHRENBERGS Heimkehr, vom Ministerium gedrängt, durch kurzsichtiges Unverständnis schon zerstört hatte? Mit Entsetzen hatte EHRENBERG bemerkt, was im Zoologischen Museum der Universität geschehen war und trotz seinem Einspruch auch weiterhin erfolgte. Schließlich griff er zur Feder und schrieb dem Minister VON ALTENSTEIN am 3. Januar 1827:

„[...] Die wissenschaftlichen Resultate des Unternehmens wurden laut § 8 der Instruction als unser Eigenthum anerkannt, dessen Verarbeitung und Bekanntmachung uns selbst überlassen bleiben sollte. Durch wissenschaftliche Ansicht geleitet haben wir die bedeutenden Mengen von Naturkörpern gesammelt und an die Königlichen Museen eingesandt. An Einsenden von Dubletten haben wir nie gedacht, weil wir deren nie fanden. Wir sandten einen Reichthum von Formen, welcher zur Feststellung der Idee ihrer Arten so hinreichend war, als überhaupt Übereinstimmung vieler einzelner Fälle zu Naturgesetzen führt, die alle nicht wahr, sondern Approximation zur Wahrheit sind und sich in dem Masse zu ändern pflegen, in welchem sich die Gelegenheit zur Vergleichung der ähnlichen Einzelheiten mehrt und ihre Vergleichung vertieft.

Leider ist durch die öconomische Lage der Königlichen Museen, welche ihren Vorstehern zur Pflicht macht, theils wegen Erhaltung der Hauptformen durch wenige Gehülfen eine grössere Zahl von Nebenformen aufzuopfern, theils aber aus dem Verkauf und Umtausch minder ausgezeichneter Individuen, oder sogenannter Dubletten, sich baare Summen und neue ausgezeichnetere Formen anzuschaffen, gerade unsre an sogenannten Dubletten sehr reiche, aber zu dem beabsichtigten wissenschaftlichen Zwecke nur eben und bey weitem nicht überall ausreichende Formen-Sammlung, mit dieser aber auch das Resultat derselben sehr beeinträchtigt worden. Besonders ein doppelter Übelstand wird immer fühlbarer.

Erstlich: Um bey dem geringen zur Conservation der Objecte bestimmten Personale das Verderben derselben zu verhüten und um den Einkünften des Museums zu Hülfe zu kommen, hat aller Reichthum an Individuen, den unsre Sammlungen bothen, möglichst bald an alle Museen von Europa versendet werden müssen. Durch diesen Verkauf und Tausch ist jenes uns zugestandne Recht der alleinigen eignen Publication der Reise-Resultate inhaltslos geworden, indem jeder Käufer und Besitzer nun dasselbe Recht mit besizt und je interessanter der neue Gegenstand war, desto mehr sich bemüht und beeilt davon Gebrauch zu machen. Vieles ist schon unter fremdem Nahmen publicirt und im Laufe meiner eignen Arbeit wird noch vieles publicirt werden, so dass besonders der systematische, das ist der dem grössern Publikum interessantere Theil und überhaupt das einflussreichere Neue unsrer Arbeiten grossentheils von andern in der Stube gefunden worden und unsre schriftlichen, auf der Reise mühsam gemachten Bemerkungen und Zeichnungen überflüssig machen wird.

Zweytens fehlt es nun an jenen Mengen zu vergleichender Individuen die wir zu einem gründlichen wissenschaftlichen Resultate oft mit vieler Anstrengung und nicht unbedeutenden Kosten zusammengehäuft hatten und die, erst nach völlig vollendeter Bearbeitung im Zusammenhange so weit entbehrlich waren als, falls die Königlichen Anstalten eine reiche Ausstattung nicht erlaubten, nicht gerade alle Übergangsformen aller Beziehungen, sondern nur die Extreme der Bildungen in denselben aufzustellen waren. Das letztere ist wohl geschehen, allein für eine gründliche zumal geographische Bearbeitung ist jedes fehlende Individuum ein wesentlicher Verlust und es kann nie Dubletten für dieselbe geben.

Diesem Übelstande hätte Anfangs ein sichres Mittel entgegengesezt werden können nehmlich: strenges Absondern und Zusammenhalten der Resultate unsres, laut unsrer Instruction, zu einem wissenschaftlichen Zwecke veranstalteten Reiseunternehmens von den übrigen öffentlichen Sammlungen und von allen ähnlichen ohne Zweck, oder zu einem andern Zwecke eingesandten Naturkörpern. Durch dieses strenge Vorenthalten der Publicität unsrer Reise-Resultate in ihrem Detail wäre, da ein ernster Zweck zum Grunde lag, dem Publikum kein Eintrag geschehen, aber ein wesentlicher Vortheil dem Zwecke selbst erhalten worden, welcher jezt verloren ist. Dieses einstweilige Absondern der nach wissenschaftlichen Ideen gemachten Sammlung würde ein eignes Local und eine besondre Inspection verlangt haben, welche Forderung vielleicht vor 5 Jahren anstössig, aber zur Erlangung des Zwecks unerlässlich war und jezt kaum mehr möglich zur Ausführung sein dürfte.

Bey meiner Ankunft im April des vergangenen Jahres in Berlin wo ich zuerst zu meiner tiefen Trauer die schon nicht mehr zu ändernde Lage der Sache erfuhr vermied ich auch den nutzlosen Anschein von Arroganz

Ew. Excellenz darauf aufmerksam zu machen um so mehr je weniger ich die Einmischung meiner Individualität dabey vermeiden konnte. Harte Stürme des Schicksals und allseitig auf mich einstürmende Hoffnung aus mitleidiger Theilnahme beschäftigten mich und raubten mir die Fähigkeit des starken Entschlusses. Jezt erst, wo es um mich und in mir kälter wird, seh ich mit eignem Mitleid auf das was ich mit dem Freunde wollte, was wir thaten und was sich daraus ergeben wird.

Nachdem ich Ew. Excellenz die Krankheit an welcher das Unternehmen leidet pflichtgemäß vor Augen gestellt habe, darf ich nicht unterlassen der Mittel zu erwähnen, die mir anwendbar dünken, um der Verkümmerung, oder dem Untergange noch zur Zeit vorzubeugen.

Dass der ideale Reiz, der mich begeisterte, grossentheils verschwunden und dass die Umstände in einem hohen Grade ungünstig sind, dürfte wohl aus dem Gesagten hervorleuchten. Die Idee des gründlichen und neuen Ganzen ist verloren. Es handelt sich nun um ein andres Ganzes, einen Theil des ersten, welcher vor einem Jahre grösser war als jezt und mit jedem Monat Verzug immer kleiner wird. Gewiss kann es nicht der Wunsch Ew. Excellenz und der Königlichen Academie seyn (so wie die letztere auch in einem bereits gedruckten Ew. Excellenz im Laufe dieses Monats vorzulegenden Berichte[1] es deutlich ausgesprochen hat), dass unsre Reise, deren Hauptabsicht instructionsgemäss naturgeschichtliche Resultate waren, sich mit dem nebenbey laufenden historischen Reiseberichte vor dem Publikum abfinde, und mir selbst darf diess nicht genügend seyn, denn für den so kleinen Zweck eines Lesebuchs hatten wir mit solchem Ernste nicht gehandelt. Eine historische Reisebeschreibung, welche weder der Zweck unsrer Sendung noch der Zweck unsrer Thätigkeit war, kann nur Nebensache bleiben und wird als Übersicht der unbearbeiteten Resultate an den Anfang gestellt weit bedeutungsloser seyn, als sie es als Übersicht der bearbeiteten Resultate am Ende werden könnte. Zur Aufrechthaltung dessen, was zu retten ist nehme ich mir die Freyheit Ew. Excellenz auf einige Punkte aufmerksam zu machen.

Einmal bedarf es eines bestimmten Befehles Ew. Excellenz über meine Befugniss mich der Sache für immer anzunehmen, die vom verflossnen 1sten Januar an völlig mangelt.

Bis jezt ist von Ew. Excellenz Hoher Gnade nur ein von meiner Individualität ausgehender Wunsch gebilligt worden; allein ich selbst darf meinem Wunsche bey der Sache weit weniger Gewicht beylegen, als der von Ew. Excellenz und der Königlichen Academie mir übertragenen Verpflichtung, durch die Reise und deren Kosten ein wissenschaftliches Resultat für die Naturgeschichte gewonnen zu haben, diess zu erhalten und so öffentlich auszusprechen, als ohne unsre Mitwirkung das Unternehmen überhaupt öffentlich geworden ist.

Diese Verpflichtung, da sie förmlich gegeben war, kann nun von Ew. Excellenz entweder förmlich unterstützt, oder förmlich aufgelöst werden, je nach dem Hohen Ermessen der Zweckmäßigkeit und Möglichkeit in der Ausführung. Zu meinem bürgerlichen Credite aber und zu meiner eignen Beruhigung ist die von Ew. Excellenz, bey übrigens so ausgezeichnet gnädiger Berücksichtigung, bis jezt ein Jahr lang verschmähte Förmlichkeit höchst nothwendig und ich setze meinen individuellen Wunsch so wenig in Werth, dass ich nach Anfang des neuen Jahres um keine zu bestimmende aber um Eine dieser Förmlichkeiten inständigst und unterthänigst ansuche.

Zweytens bedarf es einer Hohen Verfügung rücksichtlich aller zu dieser Sammlung gehöriger noch vorhandner für diesen Zweck abzuschliessender Naturkörper bis die gründliche wissenschaftliche Bearbeitung vollendet seyn wird.

Es ist zwar bey den höhern Thierklassen dadurch wenig mehr zu retten, aber für viele andere Abtheilungen, Thiere sowohl als Pflanzen, dürfte diese Massregel auch besonders desshalb noch von großem Einfluss seyn, als somit das Verlangen auswärtiger Gelehrter nach diesen Formen ohne Anstoss zurückgewiesen werden kann.

Drittens bedarf es des Hohen Befehls Ew. Excellenz dass die zu unsrer Sammlung gehörigen Naturkörper besonders auch die der niedern Thierklassen baldigst und vorzugsweise für die Conservation bearbeitet werden. Es ist von den zwey angestellten Personen, welche das Mechanische des zoologischen Museums besorgen nicht zu erwarten, dass sie, die alle Vorräthe gleichmässig zu beachten haben, in Jahren mit der Zubereitung und dem Aufstellen unsrer Formen zu Stande kommen und um so weniger, je mehr von Zeit zu Zeit hinzukommende neue Formen ihnen, dem Geschäfts-Gange gemäs, zur Bearbeitung vorgelegt werden. Jeder Monat Zögerung ist bey den stattfindenden Umständen ein wesentlicher Verlust an körperlichem und wissenschaftlichem Material und ich halte diesen Punkt für einen wichtigen, ja sogar für so wichtig, dass wenigstens ein besonders für diesen speciellen Zweck arbeitender Gehülfe nöthig seyn dürfte.

Endlich können die der Publicität nun einmal Preiss gegebenen Resultate unsrer Reise, zumal da noch anderweitige Collisionen, besonders durch die Naturaliensendungen des Herrn Rüppel nach Frankfurth, stattfinden, auf keine andre Weise wenigstens theilweis noch für den Zweck erhalten werden, als wenn entweder durch Ein Hohes Ministerium, oder durch Privat Unternehmung eines Buchhändlers mit Vorschüssen mehrseitig Künstler engagiert werden, die sobald als möglich sich der Ausarbeitung der Materialien unablässig annehmen, so dass in Kurzem aus allen Abtheilungen etwas zur Öffentlichkeit gelangt und dessen Fort-

[1] A. v. Humboldts Bericht, oben S. 5 und 163.

setzung nicht unterbrochen wird. Die Gelehrten Frankfurths haben die erlaubte Absicht, alles durch uns zuerst in Europa, aber freylich ohne gedruckten Nahmen bekannt gewordene auf ihren Landsmann Herrn RÜPPEL überzutragen und haben bereits grosse Fortschritte gemacht. Bevor ich aber über die Festigkeit meiner Lage in Berlin selbst die unumgänglich nöthige formelle Gewissheit habe, kann ich auch mit keinem Buchhändler, deren sich mehrere gemeldet haben einen formellen Contract abschließen indem diese Beschäftigung zur Erhaltung meiner Subsistenz sich gar nicht eignet und mich nur immer mehr von einem festen bürgerlichen Standpunkte, den ich ernstlich suchen muss, entfernt.

Verzeihen Ew. Excellenz wenn ich Hochdenenselben ungefragt meine Ansicht und meine Sorgen mittheile, die ich aus Abscheu vor Zudringlichkeit und Furcht vor Missdeutung zum Schaden der Sache vielleicht schon zu lange zurückhielt. Es war meine Pflicht mich auszusprechen. Mögen Ew. Excellenz diesen unterthänigen Bericht als das ernste Resultat meiner Überlegung, welches nur den Zweck hat die völlige Verkümmerung der von Ew. Excellenz beschirmten Unternehmung zu verhüten, was nach längerer Zeit aus mehreren Rücksichten nicht mehr möglich seyn dürfte, gnädig aufnehmen und berücksichtigen.

Ew. Excellenz gnädiger Entscheidung harrend habe ich die Ehre in tiefster Unterwürfigkeit zu seyn

Ew. Excellenz
unterthänigster
Dr. C. G. EHRENBERG“

Dieser Brief hatte die erhoffte Wirkung sogleich. Nicht allein, daß EHRENBERG durch eine unbefristete Remuneration in die Lage kam, fortan seine Sammlungen ohne pekuniäre Sorgen geruhsam zu bearbeiten; das freundschaftliche Wohlwollen des Ministers schuf ihm auch eigens zur Herstellung und Vervielfältigung farbiger Tafeln ein „Atelier der Universität“ und stellte eine Anzahl von Künstlern in den Dienst des Unternehmens. So waren EHRENBERGS Wünsche über Nacht in Erfüllung gegangen. Doch mit der Zeit stellte sichs heraus, daß er allein, ohne die Mitwirkung seines Freundes, der gigantischen Aufgabe nicht gewachsen war. Zum Suchen und Finden war er gut, zum Ordnen HEMPRICH besser gewesen. Diesem hatte er während der Reise von Anbeginn die Organisation, das Führen der Listen und die Abrechnungen überlassen. Nun sollte er allein nicht nur den Plan des Prachtwerkes bis ins einzelne entwerfen, sondern auch einen ganzen Stab von Künstlern nutzbringend beschäftigen und über das Material aus Wissensgebieten entscheiden, die ihm bisher ferngelegen hatten. Für die Insekten gewann er in KLUG einen freudigen Mitarbeiter von überragendem Wissen. Die Bearbeitung der mitgebrachten Säugetiere, Vögel und Reptilien aber, der Gruppen also, um die sich während der Reise HEMPRICH bemüht hatte, mochte er keinem ihrer Umwelt Unkundigen übertragen, am wenigsten dem vielbeschäftigten LICHTENSTEIN, dessen Oberflächlichkeit ihm zuwider war. So schien ihm denn nichts übrigzubleiben als sich selber damit zu befassen. Er versenkte sich in peinlich genaue und daher langwierige Untersuchungen über einzelne auffallende Arten auf Kosten vieler anderer, die ihn weniger interessierten. Angesichts ihrer Zahl verging ihm schließlich der Mut. Seine Schaffenslust schwand vollends, als er entdeckte, daß im Berliner Museum die Originaletiketten in vielen Fällen entfernt oder gar verwechselt worden waren, und daß man dort die Verschleuderung des kostbaren Gutes unbekümmert fortsetzte. Schließlich riß ihm der Faden der Geduld. Am 4. November 1832 richtete er ein Schreiben an LICHTENSTEIN, um ihn seinen Kummer spüren zu lassen.

Verehrtester Herr Geheimerrath

Ich höre daß von meinen und HEMPRICHS Sammlungen wieder ein großer Transport an den Pastor BREHM versandt wird. Es ist sehr unangenehm und traurig für mich, daß mein wissenschaftliches Interesse in einer so steten und unauflöslichen Collision mit dem ökonomischen Verkehr des Museums ist. Wer wie ich und mein armer Freund HEMPRICH so seine ganze Existenz an ein wissenschaftliches Ziel gesetzt hat und mit solcher Aufopferung im bittern Ernste es durchgeführt hat, dem verzeihen Sie es gewiß, wenn er es schmerzlich empfindet, daß es vor seinen Augen so unaufhaltsam zerrinnt. Ich bin innerlich viel zu sehr ergriffen von meiner traurigen Stellung gegen das Material meiner ehrlichsten Mühen und jugendlichen Begeisterung als daß ich mündlich mich gegen Sie über diese Angelegenheit noch äußern und je in ruhige Stimmung darüber kommen könnte, so lange und so viel ich mir auch schon Mühe deshalb gegeben habe. Der vorliegende Fall, die Versendung so vieler unbearbeiteter Gegenstände an den Pastor BREHM, der sich aus den freilich sogenannten Doubletten sie ausgelesen, stellt mir, ungeachtet meines Widerwillens Ihnen vielleicht unangenehm zu seyn, meine eigenen Pflichten gegen jenes Material wieder so lebhaft vor, daß ich schon um Erlaubniß bitten muß mich auszusprechen.

Ich bin jezt besoldet für die Herausgabe und sorgfältige Bearbeitung der wissenschaftlichen Resultate meiner Reise. Sollte es dann nicht möglich seyn bei den vielen Doubletten des Museums die unsrigen

> als das Material zu einem bestimmten wissenschaftlichen von der Akademie vorgelegten und von dem Gouvernement so liberal unterstützten Zwecke zu reserviren?

DEPPE'S, Dr. MEYENS und alle ähnlichen Sammlungen, an deren einzelnen Acquisitionen das Museum so reich ist, haben ja gerade in der Zwecklosigkeit und Vereinzelung einen anderen Character und da giebt es freilich Doubletten, die daseyn und fehlen können. Nicht ohne Trauer habe ich das Aufstellen der Einzelheiten der MEYENSchen Sammlung, die gewiß recht interessant aber weder einen Überblick über Amerika und Indien geben werden noch mit solcher Consequenz und Anstrengung für einen bestimmten wissenschaftlichen Zweck gesammelt sind, gesehen, während die von uns so unendlich mühsam completirte Fauna des rothen Meeres noch zum nicht geringen Theil in den Gläsern übereinanderliegt und vergeht.

Ich würde sehr gern die an BREHM verkauften Gegenstände wenigstens zuvor in allen Einzelheiten genau vergleichen und messen, wenn ich die Zeit dazu hätte, allein meine Arbeiten drängen mich und die Mühe ist umsonst, wenn ich nicht das ganze dazu gehörige Material vereine, was zu viel Zeit verlangt. Ich muß mich daher darauf beschränken Sie zu bitten mir zu retten und zu erhalten was sich erhalten läßt. Jedes Individuum der noch nicht publicirten Abtheilung meiner Sammlung ist mir natürlich eben so wichtig als das andere, sind es 100 desto besser, desto fester gründen sie die Überzeugung constanter Charactere, denn die neuen Species beschreiben leichtfertige Leute doch früher als ich. Noch zweyfle ich nicht an der Möglichkeit der Erreichung des mir vorschwebenden Zweckes und durch Schwierigkeiten und scheinbare Unmöglichkeiten habe ich mich schon oft durchgewunden.

Mögen Sie, verehrter Gönner und Freund, an diesem Briefe die Stimmung erkennen, die mich seit meiner Rückkehr quält und martert und zuweilen traurig macht. Unsre Interessen sind sich entgegengesezt. Ich kann von den meinen nichts ablassen, weil ich sonst das Ganze, dessen viele Theile schon verloren sind, vollends verliere. Entbindet mich das Gouvernement von meiner Verpflichtung, so überlasse ich das Material zu beliebiger Vereinzelung jedem der daran Interesse hat. Das Einzelne wäre aber nicht der Mühe und Anstrengung werth, die ich und HEMPRICH an das Ganze wendeten.

Sehen Sie diese Mittheilung nur als eine offenherzige Erklärung an, welche mir meine Stellung abnöthigt, und geben Sie mir Ihren Rath, wie sich unser beiderseitiges Verhältniß zu meinen Sammlungen so gestalten läßt, daß alles Trübe für uns beide daraus verdrängt wird.

In herzlicher Dankbarkeit für so viele Freundlichkeit in früherer Zeit

Verehrtester Herr Geheimerrath
Ihr
ganz ergebenster
EHRENBERG

Wenige Tage später, am 29. November 1832, starb EHRENBERGS verehrter Lehrer und Freund RUDOLPHI. Mit seinem Nachfolger JOHANNES MÜLLER hatte er sofort Streit. Nun obendrein noch an der freien Benutzung der Gegenstände gehindert, die er selber in das Zootomische Museum eingeliefert hatte, warf EHRENBERG voller Ingrimm die Feder beiseite. Umsonst, daß der Minister v. ALTENSTEIN den Herren LICHTENSTEIN und MÜLLER ihr Verhalten ernstlich verwies und den Erzürnten durch neue Beweise seiner Hochschätzung an das Werk zurückzuführen trachtete, darein das preußische Kultusministerium seinen Stolz gesetzt hatte. EHRENBERG mochte nicht mehr. Die Symbolae Physicae blieben „unvollendet, wie die oft zu groß angelegten Dome des Mittelalters" (M. LAUE).

Andern Forschern blieb es künftig überlassen, sich der zoologischen und botanischen Gegenstände anzunehmen, vor deren ungeheurer Zahl EHRENBERG allzu früh die Segel eingezogen hatte. Nach seiner Aufstellung hatten er und HEMPRICH insgesamt 34 000 Tiere in 3987 Arten gesammelt. Hiervon waren:

Säugetiere	135	Arten in	590	Exemplaren
Vögel	429	„ „	4 671	„
Amphibien	120	„ „	436	„
Fische	426	„ „	2 414	„
Mollusken	316	„	3 508	„
Anneliden	67	„ „	261	„
Crustaceen	103	„ „	675	„
Arachniden	120	„ „	275	„
Insekten	15—2000	„ „	20 000	„
Epizoen	von 102	Tierarten		
Entozoen	aus 198	„		
Echinodermen	385	Arten		
Acalephen	20	„ in	88	„
Korallen	62	„ „	376	„
Schwämme				
Infusorien beobachtet und gezeichnet	30	„		

Sehr vieles davon, besonders aus den Klassen der Wirbeltiere, wurde von Lichtenstein in den Jahren 1821—1857 verkauft oder vertauscht. Der stattliche Rest, 120 Jahre lang ein stolzer Besitz des Berliner Zoologischen Museums, ist beim Bombenangriff vom 3. Feburar 1945 geschmälert worden, hat aber auch in seiner jetzigen Verstümmelung für den Systematiker noch ein großes Interesse, vor allem weil sich darunter viele Typen neuer Arten befinden.

Als sie diese neuen Species beschrieben, haben sich die späteren Autoren an die Fundorte gehalten, die Lichtenstein auf den Etiketten vermerkt hatte, die Originalverzeichnisse und Briefe Hemprichs und Ehrenbergs dagegen nicht benutzt. Deren Studium hat mir mancherlei Richtigstellungen ermöglicht, die Lichtensteins bekannte „Großzügigkeit" erforderte. Ich glaube daher mit der Zusammenstellung der folgenden Tabellen sowohl dem Andenken unserer beiden Freunde wie der Gegenwart einen Dienst geleistet zu haben. In ihnen stellte ich, nach Sendungen getrennt, aus den Klassen der Säugetiere, Vögel, Reptilien und Amphibien die bemerkenswertesten Arten zusammen.

Erläuterungen:

Vor dem Gleichheitszeichen: Nummer(n) der Versandliste oder der Eingangsliste nebst Hemprichs (H) oder Ehrenbergs (E) Manuskriptnamen.

Hinter dem Gleichheitszeichen: Heute gültiger Name (in Klammern: synonyme, also ungültige Benennung). * bedeutet: der Name basiert auf diesem Exemplar oder auf dieser Serie.

Sendungen

Das Gesammelte wurde zu insgesamt 10 Sendungen zusammengestellt. Die I. Sendung ging 1820 von Triest nach Berlin.

III. Sendung: 1 Kiste, 1 Faß mit Spirituosen.
Verschickt aus Alexandrien am 15. Januar 1821.
Eingetroffen in Berlin am 21. Juli 1821.
Inhalt: Die Ausbeute der Reise in die libysche Wüste, 23. Sept. bis 9. Dez. 1820, bestehend aus: 5 Säugetieren (S), 48 Vögeln (V), 123 Amphibien (A), 7 Fischen (F), 300 Conchylien, 500 Würmern, 180 Mineralien.

IV. Sendung: 2 Fässer mit Spirituosen.
Verschickt aus Cahira im März 1821.
Eingetroffen in Berlin am 8. Dez. 1821.
Inhalt: 49 S, 11 V, 34 A, 69 F aus Unterägypten.

V. Sendung: 1 Kiste.
Verschickt aus Alexandrien im Juni 1821.
Eingetroffen in Berlin am 3. Januar 1822.
Inhalt: 111 Vogelbälge, gesammelt in der Umgebung von Cahira und Sakhara vom 18. Februar bis Mai 1821.

VI. Sendung: 4 Kisten, 1 Faß.
Verschickt aus Alexandrien im September 1821.
Eingetroffen in Berlin am 18. März 1822.
Inhalt: 86 S, 153 V, 6 A, 2 F, 3600 Insekten, 1000 Pflanzen (Pfl.), gesammelt im Fayum vom 7. Juni bis 21. Juli 1821.

VII. Sendung: 29 Kisten.
Verschickt aus Alexandrien am 1. Oktober 1822.
Eingetroffen in Berlin am 19. März 1823.
Inhalt: 233 S (davon 128 in Spiritus), 1622 V (davon 17 in Spir.), 242 A (davon 212 in Spir.), 23 F, 20 Kästen mit über 10 000 Insekten, über 400 Epizoen und Entozoen, 3 Kisten mit Pflanzenpaketen, usw., alles gesammelt auf der Expedition von Benisuef nach Ambukohl von Mitte Sept. 1821 bis 21. Juli 1822 (siehe p. 80).

VIII. Sendung: 28 Kisten.
Verschickt aus Alexandrien am 16. November 1823.
Eingetroffen in Berlin am 7. Mai 1824.
Inhalt: 105 S, 1051 V, 91 A, 702 F, 1600 Conchylien, 330 Würmer, 86 Insekten, 300 Korallen, 42 Pakete Pflanzen, 75 Pakete Sämereien usw., gesammelt: 1. von Ehrenberg vom 21. Juli bis Sept. 1822 in Ambukohl (siehe p. 78); 2. von H. & E. bei Damiette und am Menzaleh-See vom 5. März bis 20. April 1823; 3. von H. & E. bei Suez, Tor, auf den Inseln im Golf von Akaba, bei Moileh und auf dem Sinai vom 20. Mai bis 6. Okt. 1823 (siehe p. 120).

IX. Sendung: 20 Kisten.
Verschickt aus Alexandrien am 28. Oktober 1824.
Eingetroffen in Berlin im April 1825.
Inhalt: 145 S, 784 V, viele A., viele F., Skelette, Korallen, 5 Kisten Pflanzen-Pakete usw., gesammelt: 1. von Ehrenberg bei Tor vom 6. Okt. 1823 bis 6. März 1824; 2. von H. & E. in Syrien vom 18. Mai bis 6. August 1824.

X. Sendung: 23 Kisten.
Verschickt aus Alexandrien am 16. Nov. 1825.
Eingetroffen in Berlin am 3. April 1826.
Inhalt: 47 S, 855 V, viele A, viele F, 69 Crustaceen, 2275 Conchylien usw., gesammelt in Arabien, im Roten Meer und bei Massaua vom 2. Dez. 1824 bis Juli 1825.

A. Säugetiere. Neue oder bemerkenswerte Arten

III. Sendung, in Spiritus (1820—1821)[1]

Nr. des Verz.	
12	*Erinaceus libycus* H.[2], Hamam = *Hemiechinus auritus aegyptius* Fischer 1829.
11, 21—23	*Dipus jaculus?* El Keseir und zwischen Hamam und Gasr Estaebieh = ★*Alactaga tetradactyla* (Lichtenstein 1823)[3].
5, 26—29	*Meriones brevicaudus* H., Hamam und Bir Dachan = *Psammomys obesus* Cretzschmar 1828.
6, 24—25	*Meriones longicaudus* H., Dgara, Bir Dachan = ★*Meriones libycus* Lichtenstein 1823.
8	*Lepus lybicus* H., „in deserto ubique ab Hamam incipiendo non infrequens“ = *Lepus capensis aegyptius* Desmarest 1822.

IV. Sendung, in Spiritus (1821)

1	*Mustela subpalmata* H., Bulak = ★*Mustela nivalis subpalmata* H. & E. 1833.
4	*Mus gularis* H., Bulak (= ★*Mus gentilis* Brants 1827) = *Mus musculus praetextus* Brants 1827.

[1] (1820—1821) bedeutet: 1820 gesammelt, 1821 in Berlin eingetroffen.
[2] Hier und später bedeuten: H = Hemprich, E = Ehrenberg in MS.
[3] Hier und später bedeutet ★: Typus der Species oder Subspecies.

VI. Sendung (1821—1822)

67—68 *Vespertilio ferox* H., Sackhara = ?

69—71 *Vespertilio brevicauda* H., Sackhara = ?

2—5 *Canis Dib*, Sackhara und Fajum = ★*Canis aureus lupaster* H. & E. 1832 (= ★*Canis sacer* H. & E. 1832).

53—55 *Meriones major* H., Sackhara = *Arvicanthis niloticus* Desmarest 1822 (= ★*Hypudaeus variegatus* Lichtenstein 1823).

56—66 *Meriones pretiosus* H., Fajum = ? *Dipodillus pygargus* F. Cuvier 1838 (= ? *Dipodillus venustus* [Sundevall 1843]).

VII. Sendung (1821/22—1823)

Bälge

50—51 *Erinaceus auritus*, Dongola = ★*Parechinus aethiopicus* (H. & E. 1833).

42 *Mephitis* sp. = ★*Poecilictys libyca* (H. & E. 1833). Die Fundortangabe „Libyen“ ist falsch, siehe p. 48.

41 *Viverra* sp., Chondek = *Genetta genetta senegalensis* J. B. Fischer 1829. Siehe p. 59.

35 *Canis megalotis* H., Ambukohl, Juli = *Fennecus zerda* (Zimmermann 1780). Siehe p. 68, 76, 80.

34 *Canis pygmaeus* H., Dongola = ? *Vulpes pallida* (Cretzschmar 1826) (= ★*Canis sabbar* H. & E. 1832). Siehe p. 55, 63.

43—49 *Hyrax* sp. = ★*Procavia ruficeps* (H. & E. 1828). Siehe p. 48, 68, 76, 80.

2 *Antilope* cf. *strepsiceros* = *Strepsiceros strepsiceros chora* (Cretzschmar 1826). Siehe p. 68, 80.

4 *Antilope* cf. *oryx* = *Aegoryx algazel* (Oken 1816). Siehe p. 54, 68, 76, 80.

8 *Antilope dama* = *Gazella dama ruficollis* (Hamilton Smith 1827). Siehe p. 59, 80.

1 *Ovis tragelaphus* = *Ammotragus lervia blainei* (Rothschild 1913). Siehe p. 68.

65 *Meriones crassicaudus* H. = ? *Tatera robusta* Cretzschmar 1826. Siehe p. 54.

57—60 *Meriones quadrimaculatus* H. = ? Siehe p. 54, 80.

68—70 *Mus gentilis* H. = ★*Mus musculus gentilis* Brants 1827.

In Weingeist

55—56 *Vespertilio aurito* aff. = ★*Otonycteris hemprichii* Peters 1859 (Z. M. B. Nr. 441, 442). Siehe p. 48.

VIII. Sendung (1822/23—1824)

1. Ambukohl

72—74 *Herpestes leucurus* Ehrenberg, Ambukohl = *Ichneumia albicauda* (G. Cuvier 1829) (= ★*Herpestes leucurus* H. & E. 1832). Siehe p. 63, 66.

76 *Mephitis zorilla*, var., e Sennaar = *Ictonyx striatus sudanicus* Thomas & Hinton 1923.

2. Von Suez bis Moileh

63 *Sorex crassicaudus* H., Suez = ★*Suncus murinus sacer* Ehrenberg 1832. Siehe p. 92.

82 *Antilope arabica* H., Tor? = ★*Gazella gazella arabica* (Lichtenstein 1827).

IX. Sendung (1823/24—1825)

1. Tor, Sinai

26—29 *Hyrax sinaiticus* H., Tor = ★*Procavia habessinica sinaitica* (Gray 1868). Siehe p. 99, 101, 105, 107.

9, 10 *Antilope arabica* H. = ★*Gazella gazella arabica* (Lichtenstein 1827). Siehe p. 105.

1—8 *Capra caucasica*, Sinai = *Capra ibex nubiana* F. Cuvier 1825. Siehe p. 105.

30 *Lepus sinaiticus* H. = ★*Lepus capensis sinaiticus* H. & E. 1832.

89—92 *Mus arabicus* H., Tor = ★*Rattus rattus flaviventris* (Brants 1827). Siehe p. 101.

93—106 *Mus praetextus* H., Tor et Syria = ★*Mus musculus praetextus* Brants 1827. Siehe p. 101.

87 *Mus tetradactylus* E., Tor = *Acomys cahirinus dimidiatus* Cretzschmar 1826 (= ★*Mus hispidus* Brants 1827 = ★*Mus megalotis* Lichtenstein 1829). Siehe p. 100, 101, 107.

2. Syrien

15 *Mustela syriaca* H. = ? *Mustela foina syriaca* Nehring 1902. Siehe p. 123.

13 *Canis syriacus* H., Libanon = ★*Canis aureus syriacus* H. & E. 1832. Siehe p. 123.

11 *Ursus syriacus* H., Bairut = ★*Ursus arctos syriacus* H. & E. 1828. Siehe p. 122, 123, 131.

114 *Pteropus syriacus* H., Syrien = *Rousettus aegyptiacus* (Geoffroy 1810). Siehe p. 123.

34—52 *Sciurus syriacus* H., Libanon = ★*Sciurus anomalus syriacus* H. & E. 1828. Siehe p. 123.
31 *Lepus syriacus* H., Libanon = ★*Lepus europaeus syriacus* H. & E. 1832.
113 a, b *Spalax typhlus*, Syrien = *Spalax typhlus ehrenbergi* Nehring 1898. Siehe p. 123.
107—112 *Mus syriacus* H., Syria = ★*Microtus nivalis syriacus* Brants 1827 (= *M. n. hermonis* Miller 1908).

X. Sendung (1825—1826)

1. Arabien

26—27 *Antilope arabica* H., Insel Farsan = *Gazella gazella arabica* Lichtenstein 1827. Siehe p. 141.
22, 23 *Lepus arabicus* H., Gumfude und Lohaie = ★*Lepus arabicus* H. & E. 1832. Siehe p. 142.
Delphinus sp., Insel Belhosse, 13. April 1825 = ★*Tursiops aduncus* (H. & E. 1832). Siehe p. 142, 160.

2. Abessinien

4—8 *Hyrax* sp., Arkiko = *Procavia habessinica* (H. & E. 1828). Siehe p. 143.
42—44 *Canis riparius* H., Arkiko = ★*Canis aureus riparius* H. & E. 1832. Siehe p. 143, 144.
47 *Sus* sp., Arkiko = *Phacochoerus aethiopicus aeliani* Cretzschmar 1826 (= ★*Phacochoerus haroia* H. & E. 1832). Siehe p. 143.
28—37 *Antilope madoqua*, Arkiko und Eilet = *Madoqua saltiana* (Desmarest 1816) (= ★*Antilope Hemprichiana* Ehrenberg 1832). Siehe p. 143, 144.
9—12 *Sciurus hispidus*, bei Massaua = *Xerus rutilus* (Cretzschmar 1826) (= ★*Sciurus [Xerus] brachyotus* H. & E. 1832).
24—25 *Lepus abyssinicus* H. & E., Arkiko = ★*Lepus capensis habessinicus* H. & E. 1832. Siehe p. 143.

B. Vögel. Neue oder bemerkenswerte Arten

III. Sendung (1820—1821)

22 *Alauda brachydactyla*, Bir Hamam, Oktober = ★*Calandrella rufescens minor* (Cabanis 1851).
11 *Sylvia famula* H., Wadi Dachan, November = *Scotocerca inquieta* (Cretzschmar 1826).
13—16 *Sylvia moesta* H., zwischen Hamam und Gassr Eschtaebi, Oktober = ★*Oenanthe moesta* (Lichtenstein 1823).

V. Sendung (1821)

27—29 *Lanius aethiopicus* H., Sakhara, April, Mai = ★*Lanius nubicus* Lichtenstein 1823. Siehe p. 53.

VI. Sendung (1821—1822)

89—96 *Turdus Arsinoe* H., Fayum, Juli = ★*Pycnonotus barbatus arsinoe* (Lichtenstein 1823). Siehe p. 53.

VII. Sendung (1821/22—1823)

Niltal von Benisuef bis Ambukohl

707—742 *Fringilla lutea* H., Dongola = ★*Auripasser luteus* (Lichtenstein 1823). Siehe p. 80.
794—812, (♂) *Fringilla simplex* H., Nubien, Juni und Juli = ★*Passer simplex* (Lichtenstein 1823). Siehe
832—840 (♀) p. 80.
981—983 *Fringilla domestica, nubica* H., Syene und Suckot = ★*Passer domesticus arboreus* Bonaparte 1850.
813—831 *Fringilla thebaica* H., Luxor und Deram = ★*Erythrospiza githaginea* (Lichtenstein 1823). Siehe p. 80.
969—980 *Fringilla striolata* H., Ambukohl, Juni = ★*Emberiza striolata* (Lichtenstein 1823).
868—906 *Fringilla leucotis*, Ambukohl, Juni = ★*Eremopterix leucotis melanocephala* (Lichtenstein 1823).
907—908 *Fringilla frontalis* H., Ambukohl, Juli (= ★*Pyrrhulauda frontalis* Bonaparte 1850) = *Eremopterix nigriceps albifrons* (Sundevall 1850).
170—184 *Alauda deserti* H., Oberägypten = ★*Ammomanes deserti* (Lichtenstein 1823).
131—146 *Turdus bifasciatus* H. = *Alaemon alaudipes* Desfontaines 1787. Siehe p. 48.
538—551 *Motacilla maderaspatana*, Nubien (= ★*Motacilla Lichtensteini* Cabanis 1851 =) *Motacilla aguimp vidua* Sundevall 1850. Siehe p. 80.
553—554 *Motacilla melanocephala* H. = (★*Motacilla melanocephala* Lichtenstein 1823 nec Gmelin =) *Motacilla feldegg* Michahelles 1830. Siehe p. 80.

596—606 *Anthus pratensis, nubicus* H. = ★*Anthus rufogularis* Brehm 1824.

244—266 *Philedon lugubris* H., Dongola = *Cercotrichas podobe* (St. Müller 1776).

185—206 *Philedon Acaciae* H., Dongola = ★*Crateropus fulvus acaciae* (Lichtenstein 1823). Siehe p. 54.

61—126 *Nectarinia metallica* H. = ★*Nectarinia metallica* Lichtenstein 1823.

311—314 *Sylvia melanocephala* = ★*Sylvia melanocephala momus* (H. & E. 1833).

336—367 *Sylvia pallida* H. = ★*Hippolais pallida* (H. & E. 1833).

372—400 *Sylvia striata* H. = *Cisticola cisticola uropygialis* (Fraser 1843).

401—425 *Sylvia myiothera* H. = ★*Prinia gracilis* (Lichtenstein 1823).

462—463 *Sylvia* sp. = ★*Oenanthe xanthoprymna* (H. & E. 1833).

447—461 *Sylvia albiceps* H., Deram = ★*Oenanthe lugens* (Lichtenstein 1823).

468—489 *Sylvia gutturalis* = ★*Oenanthe deserti* (Temminck 1825).

490—495 *Sylvia brunnea* H., Dongola = *Oenanthe isabellina* (Cretzschmar 1826).

496—499 *Sylvia bimaculata* H., Luxor = *Oenanthe monacha* (Temminck 1825).

619—658 *Lanius aethiopicus* H. = ★*Lanius nubicus* Lichtenstein 1823. Siehe p. 54.

703—706 *Lanius excubitor*, Dongola = ★*Lanius excubitor leucopygos* H. & E. 1833.

1004—... *Hirundo littoralis* H., Insel Argo, April = ★*Riparia riparia littoralis* (Heuglin 1869).

... —1020 *Hirundo* sp., Dongola, Mai, Juni = ★*Riparia paludicola minor* (Cabanis 1850).

1021—1024 *Hirundo deserti* H., Okt., Nov., Juli = ★*Ptyonoprogne obsoleta* (Canabis 1850).

1039 *Cypselus saxicola* H., Ambukohl, Juli = *Micropus caffer streubelii* (Hartlaub 1861).

1040—1046 *Cypselus parvus* H., Mai—Juli = ★*Cypsiurus parvus* (Lichtenstein 1823).

1047—1056 *Caprimulgus aegyptius* H., Okt., Febr., Mai = ★*Caprimulgus aegyptius* Lichtenstein 1823. Siehe p. 48.

1057—1064 *Caprimulgus fasciatus* H., Mai—Juli = ★*Caprimulgus nubicus* Lichtenstein 1823.

38—60 *Merops viridis* = *Merops orientalis cleopatra* Nicoll 1910. Siehe p. 54.

3 *Cuculus Pica* H., Chondek = ★*Clamator jacobinus pica* (H. & E. 1833). Siehe p. 59.

1077 *Falco milvus* ?, var., Dongola = *Buteo rufinus* (Cretzschmar 1829). Siehe p. 54.

1073 *Falco ducalis* H. = *Hieraaetus fasciatus* (Vieillot 1819).

1132—1139 *Falco peregrinus* = *Falco peregrinus pelegrinoides* Temminck 1830. Siehe p. 56.

1130—1131 *Falco audax* H. = ★*Falco biarmicus tanypterus* Schlegel 1844. Siehe p. 56.

1135 *Falco musicus, minor* = *Melierax metabates* Heuglin 1861.

1156—1177 *Columba collaris* H., var. *major*, Jan.—März = ★*Streptopelia decipiens* (Finsch & Hartlaub 1870).

1178—1181 *Columba collaris* H., var. *minor*, Mai, Juli, Chondek, Ambukohl = *Streptopelia roseogrisea* (Sundevall 1857).

1182—1190 *Columba Turtur*, fera, März—Mai = ★*Streptopelia turtur isabellina* (Bonaparte 1850).

1233—1247 *Pterocles guttatus* H., Dongola, Chondek, Ambukohl = (★*Pterocles guttatus* Lichtenstein 1823 =) *Pterocles senegallus* (L.). Siehe p. 54, 80.

1248—1258 *Pterocles minor* H., Dongola, Benisouef = ★*Pterocles senegalensis* Lichtenstein 1823. Siehe p. 48, 54.

1272—1289 *Pterocles coronatus* H., Suckot, Dongola = ★*Pterocles coronatus* Lichtenstein 1823. Siehe p. 54, 80.

1309—1319 *Pterocles vittatus* H., Chondek, Ambukohl = ★*Pterocles lichtensteinii* Temminck 1825.

1542—1552 *Sphenorhynchus Abdimii* H., Dongola, Daebbe = ★*Sphenorhynchus abdimii* (Lichtenstein 1823). Siehe p. 57, 80, 161.

1372—1376 *Oedicnemus crepitans*, Sept., Febr., April = *Burhinus senegalensis* (Swainson 1837).

405—426 *Charadrius nubicus* H., Jan. bis Juni = *Charadrius pecuarius* Temminck 1823. Siehe p. 59.

480—485 *Rhynchops albirostris* H. = *Rhynchops flavirostris* Vieillot 1816. Siehe p. 57.

VIII. Sendung (1822/23—1824)

1. Ambukohl

100 *Turdus chalybaeus* Ehr. = ★*Lamprocolius chalybaeus* (Ehrenberg 1833). Siehe p. 67.

490 *Lanius orbitalis* Ehr. = ★*Lanius excubitor leucopygos* H. & E. 1833. Siehe p. 67.

668 *Falco hirundo* Ehr. (*F. hybris* Licht.) = *Accipiter badius sphenurus* (Rüppell 1836).

345—351 *Turdus rufescens* Ehr. = ★*Ammomanes deserti erythrochroa* Reichenow 1904.

2. Cahira

631—640 *Cypselus gularis* H., Fem., Cahira = (★*Cypselus murinus* Brehm 1840 =). *Micropus pallidus* (Shelley 1870).

3. Damiette

221—222 *Sylvia longirostris* H. = ★*Acrocephalus stentoreus* (H. & E. 1833).

4. Von Suez bis Moileh

163—179 *Fringilla sinaitica* H., Berg Sinai = ★ *Carpodacus synoicus* (Temminck 1825).

309 *Anthus nigripes* H., Suez = *Anthus spinoletta coutellii* Savigny 1828.

217—220 *Sylvia phoenicurus*, Suez = (★ *Phoenicurus mesoleucus* [H. & E. 1833] =) *Phoenicurus phoenicurus samamisicus* (Hablizl 1783).

184—185 *Sylvia monacha* H. = *Sylvia rüppelli* Temminck 1823.

141—156 *Sylvia nigricauda* H. = *Cercomela melanura* (Temminck 1824).

494—495 *Sylvia Lais* H., Tor = *Muscicapa parva* Bechstein.

133—140 *Philedon arabicus* H., Moileh = *Argyra squamiceps* (Cretzschmar 1826). Siehe p. 92.

675—686 *Falco schistaceus* H., Tor bis Moileh = ★ *Falco concolor* Temminck 1825.

890—892 *Ardea schistacea* H., Tor bis Moileh = ★ *Demigretta schistacea* (H. & E. 1833).

896—899 *Ardea brevipes* H., Tor bis Moileh = ★ *Butorides striatus brevipes* (H. & E. 1833).

736—756 *Charadrius Columba* H., Suez und Tor = *Charadrius leschenaultii* Lesson 1826. Siehe p. 92, 121.

910—915 *Pachycephalus oedicnemus* H., Tor bis Moileh = *Dromas ardeola* Paykull 1805. Siehe p. 92, 121.

946b—952b *Sterna albigena* H., Insel Maksur = *Sterna repressa* Hartert 1916. Siehe p. 92, 121.

923—937 *Sterna brevipes* H. = *Sterna bergii velox* Cretzschmar 1826. Siehe p. 90, 92, 121.

938—952 *Sterna makuriensis* H., Insel Maksur = *Sterna bengalensis arabica* Mathews 1912. Siehe p. 92, 121.

971—977 *Sterna frontalis* H. = ★ *Sterna anaethetus fuligula* Lichtenstein 1844. Siehe p. 92, 121.

986—987 *Larus marinus* = (*Larus leucophaeus* Licht. MS. =) *Larus argentatus* subsp.

1006 *Larus crassirostris* H. = ★ *Larus hemprichii* (Bruch 1853). Siehe p. 92, 121.

1007—1030 *Larus leucophthalmus* H. = ★ *Larus leucophthalmus* Temminck 1825. Siehe p. 92, 121.

1043 *Phoenix sinicus* H. = *Phaethon (aethereus) indicus* Hume 1876. Siehe p. 92, 121.

IX. Sendung (1823/24—1825)

1. Tor

241—244 *Anthus nigripes* H. & E. = *Anthus spinoletta coutellii* Audouin 1826.

124—125 *Muscicapa nana* H. & E. = ★ *Sylvia nana* (H. & E. 1833).

525 *Strix scops*, Nov. = (★ *Strix obsoleta* Cabanis 1876 =) *Otus brucei* (Hume 1873). Siehe p. 101.

760 *Larus arabicus* H. & E. = (★ *Larus gelastes* Keys. & Blasius 1840 =) *L. genei* Brème 1839.

2. Syrien

47—48 *Corvus pyrrhocorax* = ★ *Pyrrhocorax alpinus digitatus* (H. & E. 1833).

45—46 *Corvus glandarius* (*C. Iliceti* Licht.) = (★ *Pica stridens* H. & E. 1833 =) *Garrulus glandarius atricapillus* Geoffroy 1832.

433—438 *Fringilla chloris* = ★ *Chloris chloris chlorotica* Bonaparte 1850.

450—491 *Fringilla bella* H. = ★ *Carduelis cannabina bella* (Cabanis 1851).

492 *Fringilla syriaca* H. = ★ *Serinus syriacus* Bonaparte 1850.

393—400 *Fringilla rhodoptera* H. = *Rhodopechys sanguinea* Gould 1837.

348—387 *Fringilla variegata* H. (*Fr. rufibarba* Licht.), Bairut, Mai, Juni—August = *Emberiza caesia* Cretzschmar 1826.

245—273 *Accentor? bicornis* H. = ★ *Eremophila alpestris bicornis* (Brehm 1855).

17—23 *Sitta syriaca* H., Juli = ★ *Sitta neumayer syriaca* Temminck 1835.

75 *Sylvia languida* H. = ★ *Hippolais languida* (H. & E. 1833).

120—121 *Sylvia galactodes*, var., Bairut = ★ *Agrobates galactodes syriaca* (H. & E. 1833).

35 *Turdus merula*, Juli = ★ *Turdus merula syriaca* (H. & E. 1833).

29—34 *Turdus xanthopygos* H. = ★ *Pycnonotus capensis xanthopygos* (H. & E. 1833).

98—102, 109—115 *Sylvia alpina* H., Syrien = ★ *Phoenicurus ochruros semirufus* (H. & E. 1833).

162—175 *Saxicola libanotica* H., Juli = ★ *Oenanthe oenanthe rostrata* (H. & E. 1833).

27—28 *Cinclus rufiventris* H., Bischerre, Juli = *Cinclus cinclus rufiventris* Tristram 1884.

5—6 *Picus medius* (*P. fuliginosus* Licht.), Bischerre = ★ *Dryobates syriacus* (H. & E. 1833).

X. Sendung (1825—1826)

1. Arabien

310 *Fringilla euchlora* H., Gumfude = ★ *Auripasser euchlorus* Bonaparte 1850.

265 *Fringilla unicolor* H., Gumfude = ★ *Carpospiza brachydactyla* (Bonaparte 1850).

266—275 *Fringilla capistrata* H., Arabien = *Fringillaria tahapisi arabica* Lorenz & Hellmayr 1902.

313—349 *Fringilla personata*, Arabien (Djedda usw.) = *Ploceus galbula* Rüppell 1840. Siehe p. 138.
282—286 *Fringilla rufibarba* H., Arabien = ★*Estrilda rufibarba* (Cabanis 1851).
246 *Fringilla pallida* H., Gumfude = (★*Ammomanes pallida* Cabanis 1851 =) *Ammomanes phoenicura arenicolor* (Sundevall 1850).
266 *Alauda* nov. sp., Gumfude = ★*Mirafra cantillans simplex* (Heuglin 1868).
207—245 *Alauda djeddensis* H., Djedda = ★*Eremopterix nigriceps melanauchen* (Cabanis 1851).
138—140 *Sylvia melanura*, Gumfude = ★*Cercomela melanura lypura* (H. & E. 1833).
387—395 *Lanius ruficaudus* H., Berge der Wachabiten hinter Gumfude = ★*Lanius isabellinus* H. & E. 1828.
56—61 *Merops cupreo-viridis* H., Gumfude = ★ *Merops orientalis cyanophrys* (Cabanis & Heine 1860).
12—27 *Centropus superciliosus* H., Arabien und Abessinien = ★*Centropus superciliosus* H. & E. 1833. Siehe p. 142.
409—414 *Buceros bimaculatus* H., Gumfude und Lohaie = ★*Tockus nasutus forskalii* (H. & E. 1833). Siehe p. 142.
472—480 *Falco arabicus* H., Arabien = *Melierax metabates* Heuglin 1861.
529—531 *Columba collaris* H., Arabien = *Streptopelia roseogrisea arabica* Neumann 1904.
799—811 *Larus crassirostris* H., Gumfude, Ende Febr. = ★*Larus hemprichii* (Bruch 1853).

2. Abessinien

441—447 *Corvus albicollis* et var. *nigra*, Dhalak u. Arkiko = ★*Corvus phaeocephalus* Cabanis 1850 (partim: var. *nigra*). Siehe p. 143, 160.
62—81 *Nectarinia pectoralis* H., Arkiko u. Eilet = ★*Cinnyris habessinica* (H. & E. 1828).
380—383 *Lanius pictus* H., Arkiko = ★*Laniarius cruentus* (H. & E. 1828).
396—397 *Lanius senegalensi affinis*, Abessinien = ★*Tschagra habessinica* (H. & E. 1828).
407 *Muscicapa* ? = *Batis orientalis* (Heuglin 1871).
118—126 *Philedon lugubris* H. = ★*Cercotrichas podobe melanoptera* (H. & E. 1828).
131—137 *Nectarinia ruficauda* H. = ★*Agrobates galactotes minor* (Cabanis 1850).
10—11 *Picus arkikanus* H., Arkiko = ★*Dendropicos fuscescens hemprichii* (Ehrenberg 1833).
1—6 *Bucco erythropygos* H. & E. = *Trachyphonus margaritatus* (Cretzschmar 1826).
7—8 *Bucco striolatus* H. & E. = *Tricholaema melanocephalum* (Cretzschmar 1826).
29—35 *Alcedo abessinica* H., Insel Hauakel, 14. April 1825 = ★*Halcyon chloris abyssinica* Pelzeln 1856. Siehe p. 160.
408 *Buceros semirufus* H., Arkiko = ★*Tockus hemprichii* (Ehrenberg 1833).
247—248 *Colius abessinicus* H. = *Colius striatus leucotis* Rüppell 1839.
449 *Cypselus abessinicus* H., Abessinien = ★*Micropus affinis abessinicus* (Streubel 1848).
462—464 *Falco ruficeps* H., Insel Ketumbul und Abessinien = *Falco biarmicus abyssinicus* Neumann 1904. Siehe p. 157.
485—487 *Falco latrans* E. = *Aquila rapax raptor* A. E. Brehm 1855.
491—510 *Cathartes carunculatus* H., Dhalak und Abessinien = *Necrosyrtes monachus* (Temminck 1823). Siehe p. 142, 161.
489 *Vultur eulophus* E. = *Trigonoceps occipitalis* (Burchell 1824).
488 *Vultur aegypius*, iuv. = *Gyps rüppellii* (A. E. Brehm 1852).
746—747 *Platalea leucorodia*, var., Dhalak = ★*Platalea leucorodia archeri* Neumann 1928. Siehe p. 161.
520—527 *Pterocles ornatus* H., Arkiko = *Pterocles lichtensteinii abessinicus* Geyr 1916. Siehe p. 143.
518—519 *Perdix* sp., Abessinien = *Pternistis leucoscepus* (Gray 1867).

C. „Amphibien". Bemerkenswerte Arten

Der III. Sendung hat HEMPRICH ein erläutertes Inhaltsverzeichnis beigelegt, dessen Nummern hier wiedergegeben worden sind. Die VII. Sendung ist von LICHTENSTEIN in systematischer Anordnung inventarisiert worden; hier entsprechen die Nummern denen LICHTENSTEINS. Über die VIII. und die IX. Sendung lagen mir nur numerierte Namenverzeichnisse HEMPRICHS vor, daher ist mir eine Deutung seiner vielen Manuskriptnamen hier nur selten geglückt. Ebensowenig wie die VIII. und IX. hat LICHTENSTEIN die X. Sendung hinsichtlich der Amphibien (und Fische) im Zusammenhang registriert; die zugehörigen Verzeichnisse blieben im Besitz EHRENBERGS, der sich zeitlebens geweigert hat, sie dem Zoologischen Museum zur Verfügung zu stellen.

III. Sendung (1820—1821)

73—76 *Testudo graeca*, ab Hamam ad Gasr es Taebi = *Testudo leithi* Günther 1869.

19—23, 26, 80—100 *Gecko sthenodactylus* H., sub lapidibus ad Tscheile [el Achterieh] et Abusiris. Haec species novum Geckonum tribum format. Digiti non dilatati = ★ *Stenodactylus sthenodactylus* (Lichtenstein 1823).

28—29, 101—118 *Agama deserti* H., prope Gasr es Taebi = ★ *Agama deserti* Lichtenstein 1823 (= ? *Agama mutabilis* Merrem 1820).

78, 129—138 *Lacerta* sp., „Tscheile" et „prope Alexandriam vulgaris, Decembri lecta" = ★ *Acanthodactylus pardalis* (Lichtenstein 1823).

37—39 *Lacerta rubropunctata* H., in deserto aridissimo inter Sivam et Gasr es Taebi = ★ *Eremias rubropunctata* (Lichtenstein 1823).

18, 25, 34—36 *Lacerta* sp., Tscheile (el Achderieh) et Siva = ★ *Eremias guttulata* (Lichtenstein 1823).

65—72, 122 *Scincus quinquetaeniatus* H., prope Tscheile in junceti non infrequens = ★ *Mabuya quinquetaeniata* (Lichtenstein 1823).

40—53 *Bufo* (an *fuscus*?), Sivae in aqua subsala = *Bufo regularis* Reuss 1834.

VII. Sendung (1821/22—1823)

a) Trockene Bälge

17—27 *Agama tahb* H. = ★ *Uromastyx ocellatus* Lichtenstein 1823.

b) In Spiritus

34—50 *Lacerta marmorea* Lichtenstein = *Acanthodactylus scutellatus* Günther.

119—131 *Agama tahb* H. = ★ *Uromastyx ocellatus* Lichtenstein 1823.

IX. Sendung (1823/24—1825)

1. Tor (Kiste 13)

7 *Monitor arabicus* Ehr. = *Varanus griseus* (Daudin). Siehe p. 102.

2. Syrien (Kiste 14)

56—65 *Lacerta syriaca* H. = *Ophisops elegans* Ménétriès 1832 (= ★ *Amystes Ehrenbergii* Wiegmann 1835).

179—181 *Lacerta platyura* H. = *Acanthodactylus tristrami* Günther 1864 (= ★*Acanthodactylus dorsalis* Peters 1869).

(★) *Euprepes libanoticus* Peters 1864 = *Mabuya vittata* (Olivier 1804).

260 *Lachesis libanotica* H. = ? *Echis carinata* (Schneider 1801). Siehe p. 123.

70 *Salamandra terrestris* (?) = *Salamandra salamandra infra-immaculata* v. Martens 1885. Siehe p. 123.

X. Sendung (1825—1826)

1. Arabien

★ *Scincus meccensis* Wiegmann 1837, Djidda.

Euprepes pyrrhocephalus Wiegmann, Insel Aschek bei Lohaie, 25. März 1825 = ★ *Mabuya pyrrhocephala* (Wiegmann 1837).

Chamaeleon calyptratus Duméril 1851, ein Exemplar, Wadi Djara im Hinterland von Gumfude, 20. Febr. 1825. Siehe p. 156.

(★) *Rana ehrenbergi* Peters 1863, Arabien = *Rana cyanophlyctis* Schneider.

2. Abessinien

(★) *Scincus* (*Pedorychus*) *hemprichii* Wiegmann 1837.

(★) *Euprepes brevicollis* Wiegmann 1837 = *Mabuya pyrrhocephala* (Wiegmann 1837).

(★) *Pristurus longipes* Peters 1871, Massaua = *Pristurus crucifer* (Valenciennes 1861).

(★) *Rana abyssinica* Peters 1881, Eilet = *Rana mascareniensis* Duméril & Bibron 1841.

FSC
www.fsc.org
MIX
Papier | Fördert gute Waldnutzung
FSC® C083411

Kolibri 360 GmbH
Ferdinand-Jühlke-Straße 7
99095 Erfurt, Deutschland
produktsicherheit@kolibri360.de